教育部高等职业教育示范专业规划教材
电气工程及自动化类专业

电机与电气控制技术
项目式教程

唐惠龙　牟宏钧　编
孙秦超　主审

机械工业出版社

本书根据高职高专的教育特点突出了应用能力和实践能力培养的特色，结合高职高专教学改革和课程改革要求，本着"工学结合、项目引导、任务驱动、学做一体化"的原则而编写完成的。该书内容包括异步电动机变压器、直流电机、控制电机及三相交流异步电动机的拖动控制与典型电路、典型机械设备的电气控制系统分析和电气控制系统的设计，共7个模块。

本书在编写过程中特别注重能力的培养，以项目引导、任务驱动的体系结构将课程内容与学生技能认证的需要有机融合，做到理论与实践的有机结合，实现了教、学、做一体化的教学模式。为了培养学生的自学能力，该书在每个任务后都配有思考与练习环节，结合中级维修电工的国家认证考试，还附有样卷和试题库以辅助学生的技能认证考试。本书中的电气图形符号和文字符合均采用最新国家标准。

本书可作为高职高专院校、广播电视大学、成教学院机电一体化技术、电气自动化技术等专业的教学用书，也可作为中等职业教育的教学用书及专业技术人员的参考书。

为了方便教学，本书配有电子课件、思考与练习答案和模拟试卷及答案等，凡选用本书作为授课教材的学校，均可来电免费索取。咨询电话：010-88379375；Email：cmpgaozhi@sina.com。

图书在版编目（CIP）数据

电机与电气控制技术项目式教程/唐惠龙，牟宏钧编．—北京：机械工业出版社，2012.8
教育部高等职业教育示范专业规划教材．电气工程及自动化类专业
ISBN 978-7-111-38749-7

Ⅰ.①电… Ⅱ.①唐…②牟… Ⅲ.①电机学-高等职业教育-教材 ②电气控制-高等职业教育-教材 Ⅳ.①TM3 ②TM921.5

中国版本图书馆 CIP 数据核字（2012）第 123461 号

机械工业出版社（北京市百万庄大街 22 号　邮政编码 100037）
策划编辑：于　宁　责任编辑：苑文环　于　宁
版式设计：纪　敬　责任校对：吴美英
封面设计：鞠　杨　责任印制：杨　曦
北京京丰印刷厂印刷
2012 年 8 月第 1 版·第 1 次印刷
184mm×260mm ·13.25 印张·324 千字
0 001—3 000 册
标准书号：ISBN 978-7-111-38749-7
定价：26.00 元

前　　言

本书按照高职高专教育突出应用能力和实践能力培养的要求，结合高职高专的教学改革和课程改革，本着"工学结合、项目引导、任务驱动、学做一体化"的原则而编写完成的。

本书结合"电机与电气控制技术"的课程改革，将"电机学"、"电力拖动"和"电气控制"等课程的内容有机地结合起来。该书在编写过程中，特别注重能力的培养，以项目引导、任务驱动的体系结构将课程内容与学生技能认证的需要有机融合，做到理论与实践的有机结合，实现了教、学、做一体化的教学模式。

本书采用最新的《电气简图用图形符号》国家标准。该书在内容的文字表述上力求准确、简洁和通俗易懂，在每个任务后都配有与教学目标相关的思考与练习环节，以培养学生的自学能力。

本书结合中级维修电工的国家认证考试，还附有样卷和试题库以辅助学生的技能认证考试。

本书在编写上体现了职业教育教学的要求，使学生通过学习、实验和实训等教学环节，能尽快获得相关的职业技能，以满足职业技能培养的需求。

本书由宝鸡职业技术学院的唐惠龙和牟宏钧负责编写。唐惠龙编写了模块一、模块五和模块六；牟宏钧编写了模块二、模块三、模块四和模块七；全书由唐惠龙统稿；由秦川机床集团高级工程师孙秦超主审。

在本书编写过程中，还得到了相关单位和有关同志的大力支持和帮助，在此表示衷心的感谢。

此外，本书在编写过程中参考了大量的文献资料，在此对文献作者表示衷心的感谢！

由于编者水平有限，书中难免存在一些疏漏之处，恳请广大读者多提宝贵意见和建议，多多批评指正。

编　者

目　　录

模块一 异步电动机

项目一 三相交流异步电动机

三相交流异步电动机是工业生产、交通运输和家庭生活中各种电气设备的拖动装置，没有三相交流异步电动机，工业生产的"母机"——机床就没有了动力，交通运输设备就无法正常地工作，人们的正常生活就无法保障。

任务一 三相交流异步电动机的结构

一、任务引入

在工业企业的生产过程中，所有的生产机床都是由电动机拖动的，其中三相交流异步电动机的应用最为广泛。对工业生产中的电动机进行定期保养、维护和检修是保证电力拖动机械设备正常工作的先决条件。

二、任务目标

（1）了解三相交流异步电动机的基本组成。

（2）了解三相交流异步电动机的定子、转子结构和所用材料。

三、相关知识

三相交流异步电动机的结构主要由两大部分组成，一是固定不动的部分，简称为定子；二是可以自由旋转的部分，简称为转子。在定子与转子之间还有一个很小的气隙。此外，三相交流异步电动机还有端盖、轴承及风扇等部件。

图1-1为一台封闭式笼型异步电动机的结构。

1. 定子

三相异步电动机的定子主要由定子铁心、定子绕组和机座等构成。

（1）定子铁心 定子铁心是电动机主磁路的一部分，用来放置定子绕组。为了减小交变磁场在铁心中的磁滞和涡流损耗，定子铁心通常采用导磁性能良好、厚度为 0.35 ~ 0.5mm、两面均涂有绝缘漆的硅钢片叠压而成。为了放置定子绕组，硅钢片的内圆表面冲有均匀分布的槽，如图1-2所示。常见的定子铁心如图1-3所示。

（2）定子绕组 定子绕组是电动机定子的电路部分，其作用是通入三相对称交流电后产生旋转磁场。定子绕组是用绝缘铜线绕制而成的，三相绕组对称地嵌放在定子铁心槽内。三相交流异步电动机定子绕组的三个首端 U1、V1、W1 和三个末端 U2、V2、W2，都从机座上的接线盒中引出，根据电动机的容量和需要，定子绕组可以接成星形（Y）或三角形（△）。对于大容量的三相交流异步电动机，定子绕组通常采用三角形联结，对于中、小容量的三相交流异步电动机，定子绕组可按不同需要接成星形或三角形，具体接线如图1-4所示。定子绕组模型和散嵌线圈如图1-5所示。

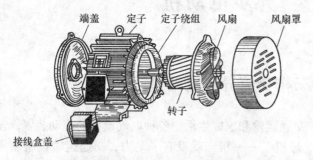

端盖　定子　定子绕组　风扇　风扇罩

接线盒盖

转子

图1-1　三相异步电动机的结构

图1-2　定子铁心硅钢片

图1-3　常见的定子铁心

（3）机座　机座是电动机的外壳和支架，它的作用是固定和保护定子铁心、定子绕组并支撑端盖，所以要求机座应具有足够的机械强度。中、小型电动机机座一般采用铸铁铸造，大型电动机的机座采用钢板焊接而成。

2. 转子

转子是异步电动机的转动部分，它是在定子绕组旋转磁场的作用下获得一定的转矩而旋转起来的。转子由转子铁心、转子绕组和转轴等组成。

（1）转子铁心　转子铁心也是电动机主磁路的一部分，通常由厚度为 $0.35 \sim 0.5\text{mm}$ 的硅钢片叠压而成。转子铁心冲片如图1-6所示。为了放置转子绕组，硅钢片的外圆表面冲有均匀分布的槽。中、小型异步电动机的转子铁心一般都直接固定在转轴上，而大型异步电动机的转子铁心则套在转子支架上，然后把支

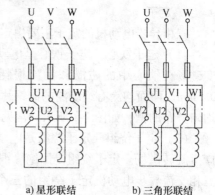

a) 星形联结　　　b) 三角形联结

图1-4　定子绕组接线图

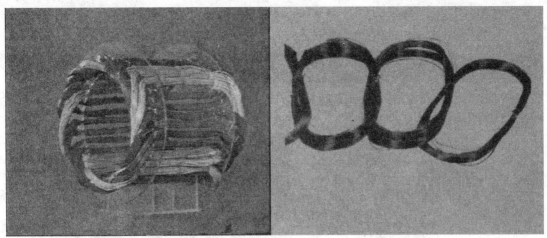

a) 定子绕组模型   b) 散嵌线圈

图 1-5 定子绕组模型和散嵌线圈

架固定在转轴上。

(2) 转子绕组 转子绕组是闭合的，它是转子的电路部分。它的作用是在旋转磁场的作用下，产生感应电动势和感应电流，由此获得一定的电磁转矩。按照转子绕组结构形式的不同，可将其分为笼型转子绕组和绕线转子绕组两种。

1) 笼型转子绕组。笼型转子绕组是由安放在转子铁心槽内的裸导线和两端的短路环连接而成，转子绕组就像一个"鼠笼"的形状，故称为笼型转子绕组，其结构如图 1-7 所示。

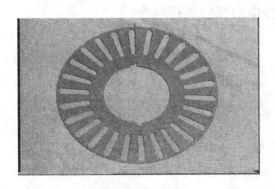

图 1-6 转子铁心冲片

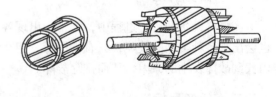

图 1-7 笼型转子绕组的结构

2) 绕线转子绕组。绕线转子绕组与定子绕组相似，也是一个对称三相绕组，嵌放在转子铁心槽内。三相转子绕组通常接成星形，三个末端连接在一起，三个首端分别与转轴上的三个集电环相连，通过集电环和电刷接到外电路的变阻器上，以便改善电动机的起动和调速性能。绕线转子绕组与外电路电阻的接线如图 1-8 所示。

(3) 转轴 转轴是支撑转子铁心和输出转矩的部件，它必须具有足够的刚度和强度。转轴一般用中碳钢车削而成，轴伸端铣有键槽，用来固定带轮或联轴器。

3. 气隙

三相交流异步电动机的定子与转子之间的空气间隙称为气隙，一般仅为 0.2 ~ 1.5mm，如图 1-9 所示。气隙的大小对电动机的性能影响极大，气隙过大，则磁阻增大，电网提供的励磁电流增大，导致电动机运行时的功率因数降低；气隙过小，会导致装配困难、运行不可靠及高次谐波磁场增强，从而使附加损耗增加，甚至会使电动机的起动性能变差。电动机的功率越大，气隙就越大。

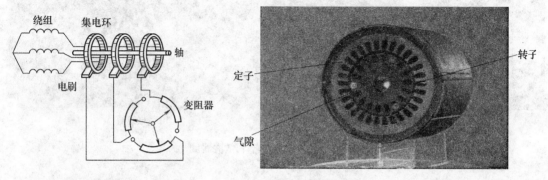

图 1-8　绕线转子绕组与
外电路电阻的接线图

图 1-9　定子与转子间的气隙

思考与练习

1. 三相交流异步电动机是由哪几个部分组成的？各部分的作用是什么？
2. 为什么三相交流异步电动机的定子、转子铁心要用导磁性能良好的硅钢片叠压制成？

任务二　三相交流异步电动机的工作原理

一、任务引入

在电气设备的运行过程中，常常会出现各种各样的故障，特别是三相交流异步电动机，也会出现各种类型的故障，只有掌握了三相交流异步电动机的工作原理，才能在最短的时间内找到故障发生的原因，从而排除故障。

二、任务目标

(1) 掌握三相交流异步电动机的工作原理。
(2) 能够利用工作原理分析查找三相交流异步电动机的故障原因并排除故障。

三、相关知识

三相交流异步电动机是利用定子绕组中通入对称三相交流电所产生的旋转磁场，与转子绕组中所产生的感应电流相互作用而获得一定的转矩来运行的。

1. 三相交流电产生的旋转磁场

(1) 旋转磁场的产生　图 1-10 为最简单的三相交流异步电动机的定子（每相一个线圈，共三个线圈，只需 6 个槽）。三相定子绕组对称地放置在定子槽内，即三相绕组的首端

U1、V1、W1（或末端 U2、V2、W2）在空间位置上相差 120°。三相绕组为星形联结，末端 U2、V2、W2 相连，首端 U1、V1、W1 接到三相对称电源上。将三相对称交流电流通入定子绕组，电流波形如图 1-11a 所示，当 $\omega t = 0$ 时，三相定子绕组中的电流方向如图 1-11b 所示。

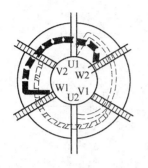

图 1-10　三相定子绕组的空间分布图

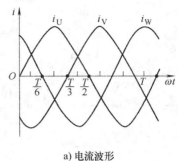

a) 电流波形

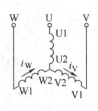

b) $\omega t=0$时的电流方向

图 1-11　三相交流电流波形及
其在 $\omega t = 0$ 时在绕组中的方向

首先规定，当电流为正时，电流由绕组的首端流入，末端流出；当电流为负时，电流由绕组的末端流入，首端流出。当三相交流电流流入定子绕组时，各相电流产生的磁场均为交变、脉振的磁场，而三相电流产生的合成磁场则是一旋转磁场。现以三相正弦交流电为例，来分析旋转磁场的形成。

1）当 $t = 0$（$\omega t = 0$）时，U 相绕组内没有电流；V 相绕组内的电流为负值，说明电流由 V 相绕组的末端 V2 流入，首端 V1 流出；而 W 相绕组内的电流为正，则说明电流是由 W 相绕组的首端 W1 流入，末端 W2 流出。此时，运用右手螺旋定则，就可以确定这一时刻的合成磁场，如图 1-12a 所示。

2）当 $t = T/6$（$\omega t = 60°$）时，U 相电流为正，则说明电流是由 U 相绕组的首端 U1 流入，末端 U2 流出；V 相绕组内的电流没有变化，仍然为负；W 相绕组内没有电流。此时，合成磁场如图 1-12b 所示，合成磁场沿顺时针方向旋转了 60°。

3）当 $t = T/3$（$\omega t = 120°$）时，U 相绕组内的电流仍为正；V 相绕组内无电流；W 相绕组内的电流为负。此时，合成磁场如图 1-12c 所示，合成磁场沿顺时针方向再次旋转了 60°。

4）当 $t = T/2$（$\omega t = 180°$）时，U 相绕组中无电流；V 相绕组内的电流为正；W 相绕组内的电流为负。此时，合成磁场如图 1-12d 所示，合成磁场又顺时针旋转了 60°。

综上所述，从电流变化的起始位置（$t = 0$）到电流变化半个周期（$t = T/2$）时，合成磁场顺时针旋转了 180°。同理可得，电流变化一个周期时，合成磁场在空间上旋转一周（360°）。

以上分析是以一对磁极（两极）的电动机为例来分析旋转磁场的。随着定子绕组中三相对称交流电流的不断变化，在定子绕组中所产生的合成磁场也在空间上不断地旋转。由两极旋转磁场可以看出，电流变化一个周期时，合成磁场在空间上也旋转一周（360°），且旋转方向与三相定子绕组中电流的相序有关。

上述电动机的定子绕组每相只有一个线圈，三相定子绕组共有三个线圈，它们被放置于定子铁心的 6 个槽内。当通入三相对称交流电流时，产生的旋转磁场相当于一对 N、S 磁极

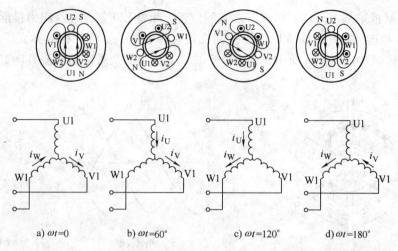

图 1-12 两极旋转磁场的产生

在旋转。若每相绕组由两个线圈串联组成，定子铁心槽数则应为 12 个，每个线圈在空间上相隔 60°，如图 1-13 所示。其中，U 相绕组由 U1U2 和 U1′U2′两个线圈串联而成，V 相绕组是由 V1V2 和 V1′V2′两个线圈串联组成，W 相绕组是由 W1W2 和 W1′W2′两个线圈串联组成。当三相对称交流电流流过这些线圈时，便能产生两对磁极（四极）的旋转磁场。

图 1-13 四极定子绕组图

当 $t = 0$ 时，U 相绕组中无电流，V 相绕组中的电流为负，电流由 V2′流入，V1′流出；W 相绕组中的电流为正，电流由 W1 流入，W2′流出。此时所产生的合成磁场如图 1-14a 所示。其他几个时刻的旋转磁场如图 1-14b、c、d 所示。从图中不难看出，四极电动机的旋转磁场在电流变化一个周期 T（360°）时，合成的旋转磁场在空间上只旋转了 180°。

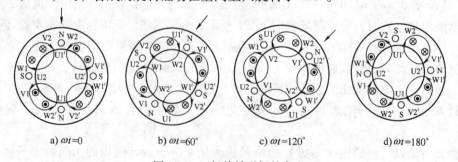

图 1-14 四极旋转磁场的产生

（2）旋转磁场的转速　从以上分析可知，旋转磁场的转速与磁极的对数、定子电流的频率之间存在着一定的关系。一对磁极的旋转磁场，电流变化一个周期时，磁场在空间上转过 360°（一周）；两对磁极的旋转磁场，电流变化一个周期时，其旋转磁场在空间上转过

180°（1/2 周）。由此类推，当旋转磁场具有 p 对磁极时，电流变化一个周期时，其旋转磁场就在空间上转过 $1/p$ 周。

通常，转速是以每分钟的转数来表示的，所以旋转磁场转速的计算公式为

$$n_1 = \frac{60f_1}{p}$$

式中，n_1 为旋转磁场的转速，又称同步转速（r/min）；f_1 为定子绕组中电流的频率（Hz）；p 为旋转磁场的磁极对数。

当电源的频率为 50Hz 时，三相交流异步电动机的同步转速 n_1 与磁极对数 p 的关系见表 1-1。

表 1-1　$f_1 = 50Hz$ 时的旋转磁场转速

磁极对数 p	1	2	3	4	5
同步转速 n_1/（r/min）	3000	1500	1000	750	600

（3）旋转磁场的旋转方向　旋转磁场在空间上的旋转方向是由定子电流的相序决定的。当电流的相序为 U—V—W 时，则旋转磁场的转向为顺时针；如果将三相电源中的任意两相对调，如调换 W 相与 V 相，则电流的相序变为 U—W—V，此时旋转磁场的转向就为逆时针。

2. 转子的转动

（1）转动原理　当向定子绕组通入对称的三相交流电流时，便在气隙中产生了旋转磁场。假设旋转磁场以 n_1 的速度顺时针旋转，则静止的转子绕组与旋转磁场之间就有了相对运动，这相当于磁场静止而转子绕组逆时针切割磁场运动，从而在转子绕组中产生了感应电动势，其方向可以用右手定则来确定，如图 1-15 所示。转子上半部分导体的感应电动势的方向是垂直纸面向外的，下半部分导体的感应电动势的方向是垂直纸面向里的。由于转子电路通过滑环连接而构成闭合回路，所以在感应电动势的作用下产生了转子电流 I_2，带有转子电流 I_2 的转子导体因处于磁场之中，又与磁场相互作用，必将受到电磁力的作用，从而形成电磁转矩，转子导体所受电磁力的方向可以根据左手定则来确定，如图 1-15 所示。电磁转矩的方向与旋转磁场的旋转方向一致，这样转子就以一定的速度沿旋转磁场的旋转方向转动起来。

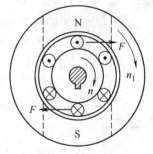

图 1-15　异步电动机
转子转动原理图

（2）转子的转速 n、转差率 s 与转动方向　从以上分析可知，异步电动机转子的旋转方向与旋转磁场的旋转方向一致，但转速 n 不可能达到与旋转磁场的转速 n_1 相等。因为产生电磁转矩需要转子中存在感应电动势和感应电流，如果转子转速与旋转磁场转速相等，两者之间就没有相对运动，转子导体将不切割磁力线，则转子感应电动势、转子电流及电磁转矩都不存在，转子就不可能以转速 n 旋转运动了。所以转子转速 n 与旋转磁场转速 n_1 之间必须有差别，且 $n < n_1$。这就是"异步"电动机名称的由来。另外，转子绕组中的感应电动势是通过电磁感应作用而产生的，所以异步电动机也称为"感应"电动机。

同步转速 n_1 与转子转速 n 之差称为转速差，转速差与同步转速的比值称为转差率，用 s 表示，即

$$s = \frac{n_1 - n}{n_1}$$

转差率是分析异步电动机运行情况的一个重要参数。如起动瞬间 $n=0$，$s=1$，转差率最大；空载时，n 接近于 n_1，s 很小，在 0.005 以下；若 $n=n_1$，则 $s=0$，此时称为理想空载状态，这在实际运行中是不存在的。异步电动机工作时，转差率在 1～0 之间变化，当电动机在额定负载下工作时，此时的转差率称为额定转差率，用 s_N 表示，$s_N = 0.01 \sim 0.07$。

例 1-1 已知一台三相交流异步电动机的额定频率为 50Hz，额定转速 $n_N = 1460\text{r/min}$，求电动机的额定转差率 s_N。

解： 该电动机的同步转速为

$$n_1 = \frac{60f_1}{p} = \frac{60 \times 50}{2}\text{r/min} = 1500\text{r/min}$$

电动机的额定转差率为

$$s_N = \frac{n_1 - n}{n_1} = \frac{1500 - 1460}{1500} = 0.027$$

思考与练习

1. 三相交流异步电动机为什么会旋转？怎样改变它的转向？

2. 什么是异步电动机的转差率？如何根据转差率来判断三相交流异步电动机的运行状态？

3. 异步电动机为什么又称为感应电动机？

4. 一台 6 极三相交流异步电动机接于频率为 50Hz 的三相对称电源上，其 $s=0.05$，求此时电动机转子的转速。

5. 在三相绕线转子异步电动机中，若将三相定子绕组短接，并通过滑环向转子绕组通入三相交流电流，若转子旋转磁场为顺时针方向，那么此时电动机能转动吗？若能转动，转向如何？

任务三　三相交流异步电动机的铭牌参数

一、任务引入

电气设备的铭牌参数用于表示该电气设备的性能、电气特征和工作特性等主要指标，由铭牌参数可以知道该电气设备的相关特性。因此，正确识读铭牌参数是设备管理人员、维修人员必须掌握的技能。

二、任务目标

（1）由铭牌参数掌握三相交流异步电动机的主要性能。

（2）由铭牌参数和相关测试掌握三相交流异步电动机的工作状态。

三、相关知识

三相交流异步电动机的铭牌如图 1-16 所示。铭牌上主要有电动机的型号、额定参数、接线方式、防护等级、绝缘等级、生产日期、标准编号及出厂编号等。它是表征电动机性能参数的重要标示。

1. 型号

（1）小型异步电动机 以 Y132S1—2 为例来介绍小型异步电动机的型号表示方法。

Y：异步电动机。

132：三相异步电动机的中心高度（mm）。

S：短机座（M 表示中机座，L 表示长机座）。

1：铁心长度代号。

2：磁极数。

图 1-16 三相交流异步电动机的铭牌

（2）中型异步电动机 以 YR355M2—4 为例来介绍中型异步电动机的型号表示方法。

YR：绕线转子异步电动机。

355：中心高度（mm）。

M：中机座。

2：铁心长度代号。

4：磁极数。

（3）大型异步电动机 以 Y630—10/1180 为例来介绍大型异步电动机的型号表示方法。

Y：异步电动机。

630：功率（kW）。

10：磁极数。

1180：定子铁心外径（mm）。

2. 额定值

额定值是制造厂家对电动机在额定工作条件下所规定的一个量值。

（1）额定电压 U_N 它是指三相交流异步电动机在额定状态下运行时，规定加在定子绕组上的线电压值（V 或 kV）。

（2）额定电流 I_N 它是指三相交流异步电动机在额定状态下运行时，流入电动机定子绕组中的线电流值（A 或 kA）。

（3）额定功率 P_N 它是指三相交流异步电动机在额定状态下工作时，电动机转子轴上输出的机械功率，（W 或 kW）。有

$$P_N = \sqrt{3} U_N I_N \eta_N \cos\varphi_N$$

式中，$\cos\varphi_N$ 为额定功率因数；η_N 为额定效率。

（4）额定频率 f_N 是指三相交流异步电动机所接交流电源的频率，我国电力系统的频率为 50Hz。

（5）额定转速 n_N 是指三相交流异步电动机在额定电压、额定频率下，电动机转子轴上输出额定功率时的转子转速（r/min）。

对于额定电压为 380V 的低压三相交流异步电动机，其 $\cos\varphi_N$ 和 η_N 的乘积大致为 0.8。

例 1-2 一台型号为 Y160M2—4 的三相交流异步电动机，已知额定参数：$P_N = 15\text{kW}$，$U_N = 380\text{V}$，$\cos\varphi_N = 0.88$，$\eta_N = 88.2\%$，定子绕组为 △联结。求该电动机的额定电流及对应

的相电流。

解：该电动机的额定电流为

$$I_N = \frac{P_N}{\sqrt{3}U_N\eta_N\cos\varphi_N} = \frac{15000}{\sqrt{3}\times380\times0.882\times0.88}A = 29.4A$$

由电路的基本知识可得，在三角形联结的电路中，线电压等于相电压，线电流为相电流的$\sqrt{3}$倍，所以相电流为

$$I_{N\phi} = \frac{I_N}{\sqrt{3}} = \frac{29.4}{\sqrt{3}}A \approx 17A$$

3. 接线方式

三相交流异步电动机的接线方式是指异步电动机在额定电压下运行时，三相定子绕组的连接方式。具体接线方式如图1-17所示，图1-17a为三相定子绕组的星形联结，图1-17b为三相定子绕组的三角形联结。在实际应用中，具体采用哪种接线方式取决于相绕组所能承受的电压设计值。例如，一台相绕组能承受220V电压的三相交流异步电动机，铭牌上的额定电压标为220/380V，△／丫联结，这时采用哪种接线方式由电源电压决定。若电源电压为220V，采用△联结；若电源电压为380V，则采用丫联结。在这两种情况下，每相绕组的电压都是220V。

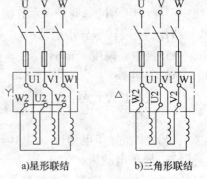

a)星形联结　　b)三角形联结

图1-17　定子绕组接线图

4. 防护等级

电动机外壳防护等级的标志方法，是以字母IP和后面的两位数字来表示的。IP是国际防护的英文单词缩写。IP后面的第一位数字代表第一种防护形式（防尘）的等级，共分为0～6七个等级；第二位数字代表第二种防护形式（防水）的等级，共分为0～8九个等级。数字越大表示防护能力越强。其中，第一种防护形式的等级说明见表1-2，第二种防护形式的等级说明见表1-3。

表1-2　第一种防护形式的等级

防护等级	定　　义	防护等级	定　　义
0	有专门的防护装置	4	能防止直径大于1mm的固体侵入
1	能防止直径大于50mm的固体侵入	5	防尘
2	能防止直径大于25mm的固体侵入	6	完全防止灰尘进入壳内
3	能防止直径大于12mm的固体侵入		

表1-3　第二种防护形式的等级

防护等级	定　　义	防护等级	定　　义
0	无防护	5	防止任何方向喷水
1	防滴	6	防止海浪或强力喷水
2	15°防滴	7	浸水级
3	防淋水	8	潜水级
4	防止任何方向溅水		

5. 绝缘等级

绝缘等级是指电动机内部所有绝缘材料允许的最高温度等级，它决定了电动机工作时允许的温升。各种绝缘等级的对应温度见表1-4。

表1-4 绝 缘 等 级

绝缘等级	A	E	B	F	H	C
允许最高温度/℃	105	120	130	155	180	180 以上
允许最高温升/℃	65	80	90	115	140	140 以上

6. 三相交流异步电动机的主要系列简介

（1）Y 系列　是一般用途的小型笼型全封闭自冷式三相交流异步电动机，取代了原来的 JO2 系列。Y 系列三相交流异步电动机的额定电压为 380V，额定频率为 50Hz，功率范围为 0.55～315kW，同步转速为 600～3000r/min，外壳防护形式有 IP44 和 IP23 两种。该系列异步电动机主要用于金属切削机床、通用机械、矿山机械和农业机械等，也可用于拖动静止负载或用于惯性负载较大的机械，如压缩机、传送带、磨床、锤击机、粉碎机、小型起重机及运输机械等。

（2）YR 系列：是三相绕线转子异步电动机。YR 系列三相交流异步电动机适用于电源容量小、不能用同容量笼型异步电动机起动的生产机械。

（3）YD 系列：是变极多速的三相交流异步电动机。

（4）YQ 系列：是高起动转矩的三相交流异步电动机，适用于起动静止负载或惯性较大的机械，如压缩机、粉碎机等。

（5）YZ 和 YZR 系列：是起重和冶金用的三相交流异步电动机。YZ 系列为笼型异步电动机，YZR 系列为绕线转子异步电动机。

（6）YB 系列：是防爆式笼型三相交流异步电动机。

（7）YCT 系列：是电磁调速三相交流异步电动机，主要用于纺织、印染、化工、造纸、船舶及要求变速的机械。

思考与练习

1. 已知一台三相交流异步电动机的额定参数为：$P_N = 4.5kW$，$\curlyvee/\triangle$ 联结，380/220V，$\cos\varphi_N = 0.8$，$\eta_N = 0.88$，$n_N = 1450r/min$。试求：

1）接线方式为 $\curlyvee$ 联结及 $\triangle$ 联结时的额定电流；

2）同步转速 n_1 及定子磁极对数 p；

3）带额定负载时的转差率。

2. 一台三相交流异步电动机的 $f_N = 50Hz$，$n_N = 960r/min$，该异步电动机的磁极对数和额定转差率是多少？另有一台 4 极三相交流异步电动机，其 $s_N = 0.03$，那么它的额定转速是多少？

3. 一台型号为 Y132M—4 的三相交流异步电动机机，其额定参数为：$P_N = 7.5kW$，$U_N = 380V$，$n_N = 1440r/min$，$\eta_N = 87\%$，$\cos\varphi_N = 0.82$。求其额定电流 I_N。

任务四 三相交流异步电动机的机械特性

一、任务引入

三相交流异步电动机的机械特性是分析电动机起动、调速和制动的基础，是研究电动机带负载起动能力和过载能力的理论基础。因此，了解三相交流异步电动机的机械特性是应用电动机的关键所在。

二、任务目标

（1）了解三相交流异步电动机的机械特性。
（2）了解三相交流异步电动机的机械特性表达式。
（3）掌握三相交流异步电动机的机械特性分类。
（4）掌握三相交流异步电动机机械特性曲线的画法。

三、相关知识

1. 三相交流异步电动机的机械特性

三相交流异步电动机的机械特性是指加在定子绕组上的电压和频率为常数时，电动机转子转速 n 与电磁转矩 T 之间的关系。由于 $n = (1-s)n_1$，故机械特性也可以是 T 与 s 之间的关系。当 $n = 0$ 时，$s = 1$；当 n 接近同步转速 n_1 时，$s = 0$。最大转矩 T_m 对应的转差率即为临界转差率 s_m。

（1）机械特性表达式

1）物理表达式。由于三相交流异步电动机的电磁转矩是由转子电流与旋转磁场相互作用而产生的，所以，电磁转矩的大小与磁通量的大小及转子电流的有功分量成正比，即

$$T = C_T \Phi_m I_2 \cos\varphi_2$$

式中，T 为电磁转矩；C_T 为电磁转矩常数；$I_2\cos\varphi_2$ 为转子电流的有功分量；Φ_m 为磁通量的最大值。

在上式中，I_2 和 $\cos\varphi_2$ 都随转差率 s 的变化而变化，因此电磁转矩也随转差率的变化而变化。

2）参数表达式。

电磁功率为

$$P_{em} = 3I_1^2 \frac{R_2'}{s}$$

定子电流为

$$I_1 = \frac{U_1}{\sqrt{\left(R_1 + \dfrac{R_2'}{s}\right)^2 + (X_1 + X_2')^2}}$$

定子角速度为

$$\Omega_1 = \frac{2\pi f_1}{p}$$

故电磁转矩为

$$T = \frac{P_{em}}{\Omega_1} = \frac{3I_1^2 \dfrac{R_2'}{s}}{\Omega_1}$$

代入 I_1 和 Ω_1 得

$$T = \frac{3pU_1^2 \dfrac{R_2'}{s}}{2\pi f_1 \left[\left(R_1 + \dfrac{R_2'}{s} \right)^2 + (X_1 + X_2')^2 \right]}$$

上述表达式中，P_{em} 为电磁功率；T 为电磁转矩；Ω_1 为定子角速度；R_2' 为转子回路等效电阻；s 为转差率；R_1、X_1 为定子回路的电阻和电抗；R_2'、X_2' 为转子回路的电阻和电抗；p 为磁极对数；U_1 为定子绕组所加的电源电压；f_1 为交流电源的频率。

3）实用表达式。三相交流异步电动机机械特性的实用表达式为

$$T = \frac{2T_m}{\dfrac{s}{s_m} + \dfrac{s_m}{s}}$$

式中，T_m 为最大电磁转矩；s_m 为临界转差率。

（2）特性曲线 三相交流异步电动机的机械特性曲线如图 1-18 所示。

在机械特性曲线中，最大电磁转矩 T_m 与额定电磁转矩 T_N 的比值称为电动机的过载能力，这个比值称为过载系数，用 λ_T 表示，即

$$\lambda_T = \frac{T_m}{T_N}$$

一般三相交流异步电动机的过载系数为 1.6~2.2。起重和冶金专用笼型电动机的过载系数为 2.2~2.8。

图 1-18 中，T_{st} 为起动转矩，用起动转矩与额定电磁转矩的比值表示电动机起动能力的大小，一般用 K_T 表示，有

$$K_T = \frac{T_{st}}{T_N}$$

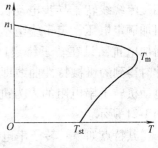

图 1-18 机械特性曲线

一般对于笼型电动机，$K_T = 1.0~2.0$；对于起重和冶金专用的笼型电动机，$K_T = 2.8~4.0$。

2. 机械特性分类

（1）固有机械特性 在三相交流异步电动机的特性曲线中，当定子绕组工作在额定电压、额定频率下，转子绕组没有外接附加电阻时，所得到的机械特性曲线称为固有机械特性曲线。如图 1-19 所示。

（2）人为机械特性 通过人为改变电动机的相应参数而得到的机械特性曲线称为人为机械特性曲线。

1）定子绕组降压的人为机械特性。三相交流异步电动机工作时，定、转子绕组不串接附加电阻和附加电抗，只改变加在三相交流异步电动机定子绕组上的电压，此时得到的机械特性曲线就是三相交流异步电动机定子绕组降压的人为机械特性曲线（**注意**：三相交流异步电动机工作时的电压只能在额定电压以下，所以称为降压的人为机械特性）。如图 1-20 所示。

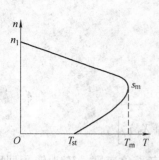

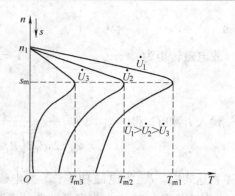

图 1-19 三相交流异步电动机的固有机械特性　　　图 1-20 定子绕组降压的人为机械特性曲线

从机械特性参数方程可知：最大电磁转矩、起动转矩与定子电压的平方成正比，而临界转差率与定子电压无关。

如果电动机在额定负载下运行，U_1 降低后将导致 n 下降，s 增大，转子电流将增大，导致电动机过载。长期欠电压过载运行，必然使电动机过热，缩短电动机的使用寿命。另外，电压下降过多，可能会出现最大电磁转矩小于负载转矩的情况，这时电动机将停转。

2）转子绕组串电阻的人为机械特性。三相交流绕线转子异步电动机工作时，定子绕组加额定电压，定子绕组不串接附加电阻和附加电抗，只在转子绕组回路中串入电阻，此时得到的机械特性曲线即为三相交流异步电动机转子串电阻的人为机械特性曲线，如图 1-21 所示。

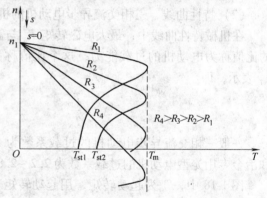

其特点如下：转子串电阻后最大转矩不变；随着转子电阻的增加，其临界转差率要增大，机械特性曲线变软；起动转矩随着转子电阻的增大而增大，但当 $s_m > 1$ 后，起动转矩随所串转子电阻的增大而减小。

图 1-21 转子绕组串电阻的人为机械特性曲线

思考与练习

1. 三相绕线转子异步电动机转子回路串接适当的电阻时，为什么起动电流减小，而起动转矩增大？如果串接电抗，会有同样的结果吗？为什么？

2. 三相交流异步电动机定子绕组降压、转子绕组串接对称电阻时，其人为机械特性各有什么特点？

任务五　三相交流异步电动机的起动

一、任务引入

在实际工作中，电动机均带有一定的负载，在带负载的情况下电动机能够正常起动，是保证电动机和生产机械可靠工作的条件。

二、任务目标

（1）了解电动机起动的定义。

（2）掌握电动机的起动过程。

（3）掌握电动机起动方法的选用和适用范围。

三、相关知识

电动机的起动是指电动机接通电源后，由静止状态加速到稳定运行状态的过程。

对三相交流异步电动机起动性能的要求是：

1）起动电流要小，以减小对电网的冲击。

2）起动转矩要大，以加速起动过程，缩短起动时间。

下面，我们来学习三相笼型异步电动机的起动。

1. 直接起动

直接起动又称为全压起动，起动时，电动机定子绕组直接接入电压大小为电动机额定电压的电网上，这是最简单的起动方法。直接起动不需要复杂的起动设备，但是它的起动性能与要求的性能相反，即

1）起动电流 I_{st} 太大。对于普通笼型异步电动机，$I_{st}=(4\sim7)I_N$。

2）起动转矩 T_{st} 不大。

由以上分析可见，笼型异步电动机直接起动时，起动电流大，而起动转矩不大，这样的起动性能是不理想的。过大的起动电流会使电网电压波动，同时，也会给电动机本身带来不利影响，因此，直接起动一般只适用于小容量异步电动机。

对于较大容量的电动机，一般情况下可根据下列经验公式来确定起动方式：

$$\frac{3}{4}+\frac{S_N}{4P_N}\geqslant\frac{I_{st}}{I_N}$$

式中，S_N 为电源变压器的容量（$kV\cdot A$）；P_N 为三相交流异步电动机的额定功率（kW）；I_{st} 为起动电流（A）；I_N 为电动机的额定电流（A）。

若上述公式成立，则电动机可以直接起动，否则，必须采取相应的措施减压后再起动。

2. 减压起动

减压起动的目的是限制起动电流。起动时，通过起动设备使加到电动机上的电压小于额定电压，待电动机转速升到一定数值时，再给电动机加上额定电压，保证电动机在额定状态下稳定工作。

（1）定子绕组串电阻（或电抗）减压起动　定子绕组串电阻（或电抗）减压起动，就是电动机起动时在其定子绕组上串接对称的电阻（或电抗），其接线图如图 1-22 所示。

起动时，通过控制设备使接触器 KM1 主触头闭合，在电动机的定子绕组中串入电阻 R，随着电动机转速的升高，使接触器

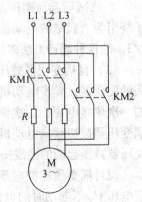

图 1-22　定子串电阻减压起动接线

KM1 主触头断开，同时接触器 KM2 主触头闭合，切除串接在定子绕组上的电阻。

设电动机在额定电压 U_N 下起动电流为 I_{st}，起动转矩为 T_{st}；串入电阻（或电抗）后定子电压为 U_1，这时的起动电流为 I_{st1}，起动转矩为 T_{st1}，设电压下降倍数为 K（$K>1$），则

$$\frac{U_N}{U_1} = K$$

由于起动电流与起动电压成正比，起动转矩与起动电压的平方成正比，所以有

$$\frac{I_{st}}{I_{st1}} = K$$

$$\frac{T_{st}}{T_{st1}} = K^2$$

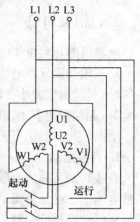

图 1-23　丫-△减压起动接线图

（2）丫-△减压起动　起动时，先将电路接成星形，定子绕组上的电压为相电压，起动后再改接成三角形，由于绕组星形联结时的电压比绕组三角形联结时的电压低，所以整个过程在低电压下起动，高电压下运行。丫-△减压起动的接线图如图 1-23 所示。

由于电动机丫-△减压起动时定子绕组为丫联结，绕组上所加的电压为相电压，起动完成后定子绕组为△联结，此时定子绕组上的电压为线电压，所以有

$$\frac{U_{st2}}{U_N} = \frac{U_{\curlyvee}}{U_{\triangle}} = \frac{1}{\sqrt{3}}$$

$$\frac{I_{st2}}{I_N} = \frac{I_{\curlyvee}}{I_{\triangle}} = \frac{1}{3}$$

$$\frac{T_{st2}}{T_{st}} = \left(\frac{U_{\curlyvee}}{U_{\triangle}}\right)^2 = \frac{1}{3}$$

式中，U_{st2} 为丫-△减压起动时的起动电压；I_{st2} 为丫-△减压起动时的起动电流；T_{st2} 为丫-△减压起动时的起动转矩。

由以上分析可知，丫-△减压起动时，起动电流和起动转矩都降为直接起动的 1/3。

丫-△减压起动操作方便，起动设备简单，因此应用广泛。但它仅适用于正常运行时定子绕组为△联结的电动机，由于起动转矩为直接起动时的 1/3，故这种起动方法多用于空载或轻载时的起动。

（3）自耦变压器减压起动　自耦变压器为三相中心抽头的变压器，异步电动机应用该方法起动时，自耦变压器的一次侧接电源，二次侧接电动机定子绕组；运行时，自耦变压器被切除，电动机定子绕组直接接到电源上。自耦变压器减压起动的接线图如图 1-24 所示。

设自耦变压器的电压比为 K（$K>1$），设电动机在额定电压 U_N 下起动时的电流为 I_{st}、起动转矩为 T_{st}；串入自耦变压器后定子电压为 U_1，这时起动电流为 I_{st3}，起动转矩为 T_{st3}，则

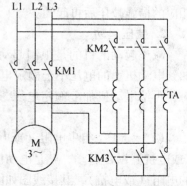

图 1-24　自耦变压器减压起动接线图

$$\frac{U_{N}}{U_1} = K$$

$$\frac{I_{st}}{I_{st3}} = K^2$$

$$\frac{T_{st}}{T_{st3}} = K^2$$

采用自耦变压器减压起动时，起动电流和起动转矩都降低到直接起动的 $1/K^2$。

自耦变压器减压起动适用于容量较大的低压电动机，应用这种方法可以获得较大的起动转矩，且自耦变压器二次侧一般有三个抽头，可以根据需要选用。这种起动方法在 10kW 以上的三相交流异步电动机中得到了广泛的应用。

（4）转子串电阻减压起动（适用于绕线转子异步电动机） 三相笼型异步电动机直接起动时，起动电流大，起动转矩不大；减压起动时，虽然减小了起动电流，但同时又使起动转矩随电压的减小而减小，所以三相笼型异步电动机只能用于空载或轻载时的起动。

对于绕线转子异步电动机，若在其转子回路中串入适当的电阻，则既可以限制起动电流，又能增大起动转矩，克服了笼型异步电动机起动电流大、起动转矩不大的缺点。这种起动方法适用于大、中容量异步电动机的重载起动。

为了在整个起动过程中得到较大的起动转矩，并使起动过程比较平滑，应在转子绕组中串入多级对称电阻。起动时，随着电动机转速的升高，逐段切除起动电阻，具体电路如图 1-25 所示。起动过程以三级起动为例，起动的机械特性如图 1-26 所示。

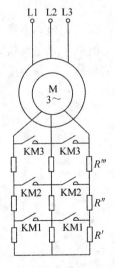

图 1-25 转子串电阻减压起动接线图

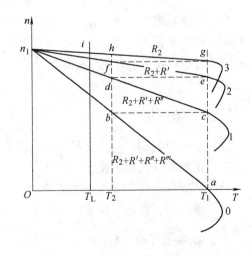

图 1-26 转子串电阻减压起动机械特性

当电源闭合后，全部电阻串入转子回路。电动机从 a 点起动，当转速沿曲线 0 上升到 b 点时，通过控制电路使 KM1 闭合，切除第一段电阻，由于转速不能突变，电动机的运行点由 b 点过渡到 c 点（第二级起动）；在 c 点，由于起动转矩大于负载转矩，所以转速沿曲线 1 上升至 d 点；当转速上升到 d 点时，通过控制电路使 KM2 闭合，切除第二段电阻，此时电

动机的运行点由 d 点过渡到 e 点（第三级起动）；在 e 点，起动转矩仍大于负载转矩，转速沿曲线 2 上升至 f 点；当转速上升到 f 点时，通过控制电路使 KM3 闭合，切除第三段电阻，此时电动机的运行点由 f 点过渡到 g 点（固有特性）；在 g 点，起动转矩大于负载转矩，转速继续沿曲线 3 上升至 i 点，到达 i 点后，电动机进入稳定运行状态，起动过程结束。

思考与练习

1. 一台三相笼型异步电动机，已知：$P_N = 55kW$，$K_T = 2$，定子绕组接线为△联结，电源容量为 1000kV·A，若满载起动，试问可以采用哪些起动方法，并通过计算说明。

2. 三相笼型异步电动机采用定子绕组串电阻或电抗减压起动时，当定子电压降到额定电压的 $1/K$ 时，起动电流和起动转矩降到额定时的多少倍？

3. 三相笼型异步电动机采用自耦变压器减压起动时，起动电流和起动转矩与自耦变压器的电压比有什么关系？

4. 什么是三相异步电动机的 $\curlyvee$-△ 减压起动？它与直接起动相比，起动转矩和起动电流有什么变化？

5. 三相绕线转子异步电动机转子回路串接适当的电阻时，为什么起动电流减小，而起动转矩增大？如果串接电抗，会有同样的结果吗？为什么？

6. 三相交流异步电动机直接起动时，为什么起动电流大，而起动转矩却不大？

任务六　三相交流异步电动机的调速

一、任务引入

电力拖动系统在工作过程中，生产机械的转速不是固定不变的，根据生产工艺要求，有时要求电动机的转速较高，而有时又要求电动机的转速较低，所以了解电动机的电气调速方法和调速过程以及每一种调速方法的特点，对电力拖动系统的可靠工作和节能具有非常重要的意义。

二、任务目标

（1）了解电气调速的定义并掌握调速方法。
（2）了解电气调速的技术指标。
（3）掌握每一种电气调速的特点。
（4）掌握每一种电气调速的调速过程和适用范围。

三、相关知识

1. 概述

电动机的调速是指人为地改变电动机的相应电气参数，从而达到改变电动机转速的目的，这种调速方式又称为电动机的电气调速。三相交流异步电动机的电气调速根据如下公式又可分为改变磁极对数调速、改变电源频率调速及改变转差率调速。

$$n = n_1(1-s) = \frac{60f_1}{p}(1-s)$$

2. 调速的技术指标

（1）调速范围　调速范围是指电动机在额定负载时（电动机的电枢电流保持在额定值不变）允许达到的最大转速与最小转速之比。即

$$D = \frac{n_{max}}{n_{min}}$$

（2）调速的平滑性　常用电动机的两个相邻调速级的转速之比来衡量调速的平滑性。即

$$k = \frac{n_i}{n_{i-1}}$$

式中，k 为平滑系数，k 越小，平滑性越好，当为无级调速时，$k=1$；n_i 为上一调速级转速；n_{i-1} 为相邻下一级调速转速。

（3）调速的稳定性　调速的稳定性是指负载转矩发生变化时，电动机的转速随之变化的程度，工程上通常用静差度来衡量。它是指电动机运行于某一机械特性上时由空载增至满载时的转速降与理想空载转速之比，即

$$\sigma\% = \frac{\Delta n_N}{n_1} \times 100\% = \frac{n_1 - n_N}{n_1} \times 100\%$$

（4）调速的经济性　主要由调速设备的投资，电动机运行时的能量损耗来决定。

（5）调速时电动机的允许输出　它是指电动机得到充分利用的情况下，在调速过程中所能输出的功率和转矩。

3. 变极调速

改变电动机的磁极对数，就可以改变三相交流异步动机的同步转速，从而达到调速的目的。那么，如何改变电动机的磁极对数呢？常用的方法是通过改变定子绕组的接法，从而改变绕组内电流的方向，达到变磁极对数的目的。

变极电动机多采用笼型电动机，转子磁极数会随着定子磁极数的改变而改变。如图 1-27 所示，此时，两组绕组为正向串联，磁极对数 $p=2$（$2p=4$）。

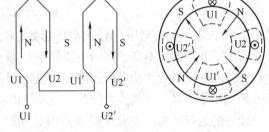

图 1-27　变极调速原理图（一）

当将两组绕组接成如图 1-28 所示的反向并联时，此时磁极对数 $p=1$（$2p=2$）。

仅改变绕组的接线方式，电动机的磁极对数就相应发生了变化，从而使电动机的转速发生改变。

4. 常用的变极调速方法

（1）丫-丫丫的调速方式　三相定子绕组接成丫时，相当于各相绕组中的两个线圈正向串联，此时磁极对数较多，为低速挡；当三相定子绕组接成丫丫时，相当于各相绕组中的两个线圈反向并联，此时磁极对数减少了一半，为高速挡。这两种接线方式如图 1-29 所示，图中箭头方向表示绕组中电流方向。

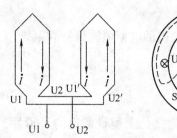
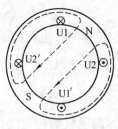
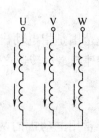
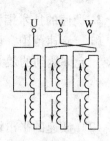

图 1-28　变极调速原理图（二）　　　　　　图 1-29　Ｙ-ＹＹ的调速接线方式

（2）△-ＹＹ变极调速方式　三相定子绕组接成△时，各相定子绕组中的两个线圈正向串联，此时磁极对数较多，为低速挡；当三相定子绕组接成ＹＹ时，相当于各相定子绕组中的两个线圈反向串联，磁极对数减少了一半，为高速挡。这两种接线方式如图 1-30 所示。

注意：在变极调速中需将定子绕组接成ＹＹ时，为了不改变定子绕组原先的相序，保持电动机转速方向不变，就必须交换相序，即将定子绕组任意两个接线端交换。

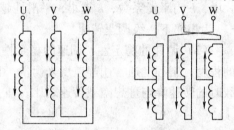

图 1-30　△-ＹＹ变极调速接线方式

5. 变频调速

当转差率 s 变化不大时，转速 n 基本上与电源频率 f_1 成正比。连续调节电源频率，就可以平滑地改变电动机的转速。但是，单一地调节电源频率，将导致电动机的运行性能恶化，其原因可分析如下。

电动机正常运行时，定子漏阻抗的压降很小，可以认为

$$U_1 = 4.44 f_1 N_1 K_w \Phi$$

式中，U_1 为定子绕组电压；N_1 为导体总数；K_w 为绕组系数；Φ 为主磁通。

若定子绕组电压不变，则当电源频率 f_1 减小时，主磁通 Φ 将增加，这将导致磁路过分饱和，励磁电流增大，功率因数降低，铁心损耗增大；而当 f_1 增大时，Φ 将减小，电磁转矩及最大转矩下降，过载能力降低，电动机的功率得不到充分利用。因此，为了使电动机能保持较好的运行性能，要求在调节 f_1 时，同时改变定子绕组的电压 U_1，从而确保 Φ 不变，以保证电动机的过载能力不变。一般认为，在各种类型负载下对电动机进行变频调速时，若能保持电动机的过载能力不变，则认为电动机的运行性能较为理想。为了实现以上功能，实际中专门用变频器对三相交流异步电动机进行变频调速。

6. 变转差率调速

三相交流异步电动机的变转差率调速包括绕线转子异步电动机的转子串电阻调速、串级调速和三相交流异步电动机的定子调压调速等。

（1）定子调压调速　该调速方法主要用于笼型异步电动机。由于最大转矩和起动转矩与电压的平方成正比，如当电压降到额定电压的50%时，最大转矩和起动转矩则降到了降压之前的25%。所以这种调速方式的起动能力与带负载能力都是较低的，其调速的机械特性曲线如图 1-31 所示。

由以上调速机械特性曲线可知，随着加在定子绕组上电压的降低，最大转矩、起动转矩都会减小，电动机的带负载能力因此减弱，所以调压调速适用于转矩随转速降低而减小的负载（如通风机负载）。

（2）绕线转子异步电动机转子串电阻调速

绕线转子异步电动机的转子回路串接对称电阻调速时的机械特性曲线如图1-32所示，由机械特性曲线可知，当负载转矩一定时，转子串入附加电阻时，n_1、T_m不变，但s_m增大，机械特性曲线的斜率增大，工作点的转差率随着转子串接电阻阻值的增大而增大，电动机的转速随转子串接电阻阻值的增大而减小。

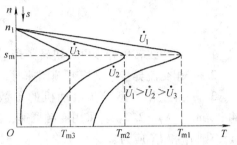

图1-31　定子调压调速机械特性曲线

绕线转子异步电动机转子串接附加电阻的阻值与转差率的关系如下：

$$\frac{R_2}{s_a} = \frac{R_2 + R}{s_b}$$

$$R = \left(\frac{s_b}{s_a} - 1\right)R_2$$

式中，R_2为转子回路电阻；s_a为电动机固有特性时的转差率；s_b为电动机转子串入电阻R后的转差率；R为转子回路串联电阻。

（3）串级调速　串级调速就是指在转子回路串接与转子电动势同频率的附加电动势，通过改变附加电动势的幅值或相位来实现调速的方式。

串级调速完全克服了转子串电阻调速的缺点，它具有高效率、无级平滑调速及低速时机械特性较硬等优点。

串级调速原理图如图1-33所示。

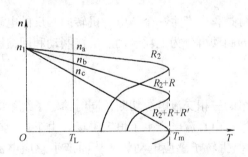

图1-32　绕线转子异步电动机
转子串电阻调速机械特性曲线

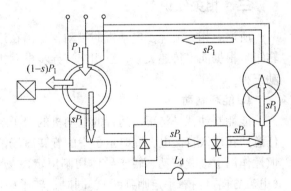

图1-33　串级调速原理图

当调节串接在转子回路中附加电动势的幅值或相位时，转子回路的电流发生了变化，从而改变了电动机的电磁转矩，最终使电动机的转速发生改变。

因为输入功率P_1基本不变，当要降低转速时，则将较大的转差功率sP_1通过晶闸管逆变回送电网，使输出机械功率降低，从而使转速下降。

当要升高转速时，则将回送的转差功率 sP_1 减小，使输出机械功率变大，转速增加。

若通过转子变流器将电功率从转子输入，则可使转速超过同步速度，实现超同步调速。

思考与练习

1. 三相绕线转子异步电动机转子串电阻调速时，其机械特性有何变化？

2. 三相交流异步电动机变频调速时，其机械特性有何变化？

3. 一台三相笼型异步电动机的参数如下：$P_N = 11kW$，$U_N = 380V$，$f_N = 50Hz$，$n_N = 1480r/min$，$\lambda_T = 2.2$。若采用变频调速，当负载转矩为 $0.8T_N$ 时，要使电动机转速为 1000r/min，则 f_1 和 U_1 应为多少？

4. 三相绕线转子异步电动机转子串电阻调速时，为什么低速时机械特性会变软？而轻载时调速范围不大？

任务七　三相交流异步电动机的制动与反转

一、任务引入

在电力拖动系统中，根据生产机械和生产工艺的要求，有时需要拖动系统立即停止转动，有时又需要电动机由正向旋转变为反向旋转，因此就产生了电气制动与反转控制。

二、任务目标

（1）了解电气制动的定义并掌握电气制动的方法。

（2）掌握每一种电气制动的特点。

（3）掌握每一种电气制动的制动过程和优缺点。

三、相关知识

所谓三相交流异步电动机的制动，是指在运行过程中产生一个与电动机转向相反的电磁转矩。根据能量传递关系，三相交流异步电动机的制动可分为能耗制动、反接制动和回馈制动三种。

1. 能耗制动

能耗制动就是将正常运行的电动机的定子绕组的三相交流电源切断，同时给定子绕组的任意两相通入直流电，此时定子中的旋转磁场消失，由直流电产生了恒定磁场。由于转子在惯性作用下继续转动，转子导体切割恒定磁场，产生转子感应电动势，从而产生感应电流（电流方向可由右手定则判断）；同时，转子中的感应电流又与磁场相互作用，产生与转速方向相反的电磁转矩，即制动转矩（转矩方向可由左手定则判断）。因此，转子转速迅速下降，当转速下降至零时，转子中的感应电动势和感应电流均为零，制动过程结束。制动期间，转子的动能转变为电能消耗在转子回路的电阻上，所以称这种制动为能耗制动。能耗制动的原理图如图 1-34 所示。

能耗制动的工作过程如图 1-35 所示。设电动机原来工作在固有机械特性曲线上的 a 点，制动瞬间，因转速不能突变，工作点由 a 点过渡到能耗制动机械特性曲线上（曲线 1）的 b

点，在制动转矩的作用下，电动机开始减速，工作点沿曲线1变化，直到原点（$n=0$，$T=0$），制动结束（对反抗性负载而言，如卧式车床的溜板箱、主轴等）。若电动机负载为位能性负载，则当电动机转速为零时，就要实现停车，必须立即采用机械制动的方法将电动机轴刹住，否则电动机将在位能性负载的作用下反转，机械特性曲线将进入第四象限。

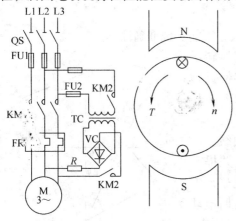 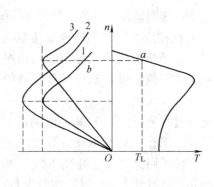

图1-34　能耗制动原理图　　　　　　　图1-35　能耗制动的工作过程

为了限制制动电流，在转子回路中串入了制动电阻 R_B，制动电阻的选择要适当，不能太大，否则制动效果不好，也不能太小，否则制动电流又太大，影响电动机的可靠工作。

能耗制动广泛应用于要求平稳准确停车的场合，也应用于起重机一类位能性负载的机械上，用来限制重物的下降速度，以使重物稳定下放。

2. 反接制动

反接制动又可分为电源反接制动和倒拉反接制动。

（1）电源反接制动　电源反接制动是通过改变运行中的电动机的电源相序来实现的，即将定子绕组的任意两相对调。如图1-36所示，设三相交流异步电动机正向运转，此时，将正向接触器 KM1 断开，反向接触器 KM2 接通，由于改变了电源相序，导致旋转磁场的方向与转子旋转的方向相反，所以电动机进入了反接制动运行状态。

电源反接制动过程分析：具体工作过程如图1-37所示，设电动机初始工作于固有机械特性曲线上的 a 点，通过控制电路改变电动机的任意两相电源相序时，因电动机的转速不能突变，工作点由 a 点过渡到反接制动机械特性曲线上的 b 点，这时电动机在制动转矩的作用下运行，其转速迅速下降，工作点从 b 点移动到 c 点，到达 c 点时，电动机转速为零，制动结束。

对于绕线转子异步电动机，为了限制制动电流并增大制动转矩，通常在定子绕组任意两相对调的同时，在转子回路中串接制动电阻 R_B，此时的机械特性曲线如图1-37中的曲

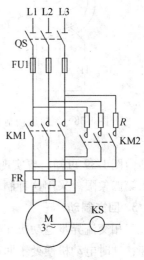

图1-36　电源反接制动接线图

线 3 所示。

对于电源反接制动而言，当转速为零时（图中 c 点），应立即切断电源，否则电动机将会反向起动，工作点由第二象限，进入第三象限，从而使电动机反向运行。如果电动机的负载为位能性负载时，则电动机将在位能性负载的拖动下，反向加速进入第四象限，高速下放重物。

电源反接制动制动迅速，效果好，但能耗较大，不能实现准确停车。

（2）倒拉反接制动　这种反接制动适用于绕线转子三相异步电动机拖动位能性负载的情况，它能够使重物获得稳定的下放速度。倒拉反接制动的原理图如图 1-38 所示。

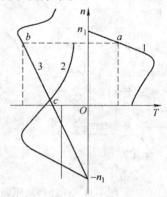

图 1-37　电源反接制动工作过程

制动过程分析：图 1-39 为电动机工作特性曲线。设电动机初始工作于固有机械特性曲线上的 a 点，并提升重物；当转子回路串入电阻 R_B 时，其机械特性变软，工作点由 a 点过渡到人为机械特性曲线上的 b 点；此时电动机的提升转矩 T 小于负载转矩 T_L，所以提升速度减小，工作点由 b 点下移到 c 点；此时电动机的转速降至零，但因对应的电磁转矩 T 仍小于负载转矩 T_L，重物将拉着电动机倒转，从而使工作点进入第四象限，当到达 d 点时，电动机的电磁转矩 T 等于负载转矩 T_L，此时，电动机将以稳定的速度下放重物。这时的负载转矩成为拖动性转矩，拉着电动机倒转，电磁转矩起制动作用。

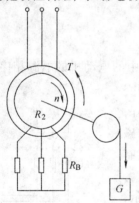

图 1-38　倒拉反接制动原理图

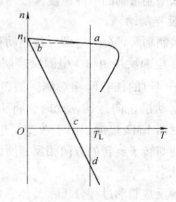

图 1-39　倒拉反接制动工作过程

由图 1-39 可知，要实现倒拉反接制动，在转子回路必须串入足够大的电阻，使工作点进入第四象限。采用这种制动方式的目的主要是限制重物的下放速度。

3. 回馈制动

三相交流异步电动机在电动状态运行时，由于某种原因，使得电动机的转速超过了同步转速，这时电动机便处于回馈制动状态。回馈制动分为下放重物时的回馈制动和变极或变频调速过程中的回馈制动。

（1）下放重物时的回馈制动　电动机下放重物时的回馈制动原理图如图 1-40 所示。工作过程如图 1-41 所示。

制动过程分析：设电动机初始工作于固有机械特性曲线上的 a 点，提升重物。当下放重物时，将电动机任意两相定子绕组反接，则会导致电动机的旋转磁场反向，同步转速变为 $-n_1$；反接瞬间，转速不能突变，工作点由 a 点过渡到 b 点，因转速不断下降，工作点又由 b 点过渡到 c 点，电动机反向运行，加速进入第三象限；在位能性负载的作用下，电动机反向运行并不断加速，最后转速超过同步转速 $-n_1$，工作点进入第四象限，到达 d 点时，电动机高速稳定下放重物。

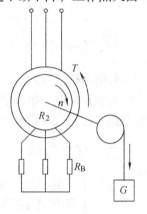

图 1-40　下放重物时
的回馈制动原理图

（2）变极或变频调速过程中的回馈制动　变极或变频调速过程中的回馈制动的制动过程分析：制动特性曲线如图 1-42 所示。设电动机初始工作于特性曲线 1 的 a 点，当电动机采用变极（磁极对数增加）或变频（频率降低）调速时，其特性曲线就会变为曲线 2，同步转速降低；在调速的瞬间，因转速不能突变，工作点由 a 点过渡到 b 点，而此时电动机的实际转速高于同步转速，故电动机处于回馈制动状态；电动机的转速沿特性曲线 2 下降，到达 c 点时，电磁转矩 T 和负载转矩 T_L 相等，c 点为调速后的稳定工作点。

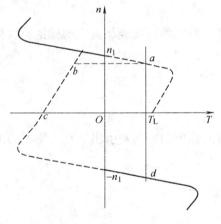

图 1-41　下放重物时的
回馈制动工作过程

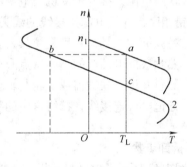

图 1-42　变极或变频调速
过程中的回馈制动

4. 反向旋转

电动机的反向旋转就是使电动机的旋转方向与初始状态相反。只要通过控制电路改变加在电动机定子绕组上的三相交流电源的任意两相的相序即可实现电动机的反向旋转。

思考与练习

1. 为使三相交流异步电动机快速停车，可采用哪几种制动方法？如何改变制动的强弱？

2. 当三相交流异步电动机拖动位能性负载时，为了限制负载的下降速度，可采用哪几种制动方法？如何改变制动时的运行速度？各种制动运行时的能量关系如何？

项目二　三相交流异步电动机的拆装

任务一　三相交流异步电动机的拆卸

一、任务引入

对电动机进行定期保养、维护和检修时，首先需要掌握其拆装方法。如果拆装方法不当，就会造成电动机部件损坏，从而引发新的故障。因此，正确拆卸电动机是确保维修质量的前提。在学习维修电动机时，应首先学会正确的拆卸技术。

二、任务目标

（1）了解电动机拆卸的基本步骤。
（2）了解电动机拆卸过程中的各项要求。
（3）熟练掌握电动机的拆卸工作过程。

三、相关知识

1. 拆卸前的准备

1）切断电源，拆开电动机与电源的连接线，做好与电源连接线相对应的标记，以免装配时搞错相序，并把电源连接线的线头做绝缘处理。

2）备齐拆卸工具，特别是拉具、套筒等专用工具。

3）熟悉被拆电动机的结构特点及拆装要领。

4）测量并记录联轴器或带轮与轴台间的距离。

5）标记电源连接线在接线盒中的相序、电动机的输出轴方向及引出线在机座上的出口方向。

2. 拆卸步骤

如图1-43所示，电动机的拆卸步骤有以下几步：

1）卸下带轮或联轴器，拆下电动机尾部的风扇罩。

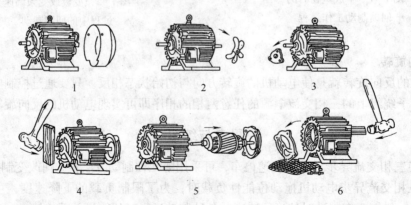

图1-43　电动机拆卸步骤图

2）卸下定位键或螺钉，并拆下风扇。

3）旋下前后端盖紧固螺钉，并拆下前轴承外盖。

4）用木板垫在转轴前端，将转子连同后端盖一起用锤子从止口中敲出。

5）抽出转子。

6）将木方伸进定子铁心，顶住前端盖，再用锤子敲击木方，卸下前端盖，最后拆卸前后轴承及轴承内盖。

3. 主要部件的拆卸方法

（1）带轮（或联轴器）的拆卸　先在带轮（或联轴器）的轴伸端（联轴端）做好尺寸标记，然后旋松带轮上的固定螺钉或敲去定位销，给带轮（或联轴器）的内孔和转轴结合处加入煤油，稍等渗透后，使锈蚀的部分松动，再用拉具将带轮（或联轴器）缓慢拉出，如图1-44所示。若拉不出，可用喷灯急火在带轮外侧轴套四周加热，加热时需用石棉或湿布把轴包好，并向轴上不断浇冷水，以免使其随同外套膨胀，影响带轮的拉出。

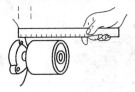
a) 带轮的位置标记

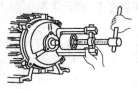
b) 用拉具拆卸带轮

图1-44　拆卸带轮

注意：加热温度不能过高，时间不能过长，以防变形。

（2）轴承的拆卸　轴承的拆卸可采取以下三种方法。

1）用拉具拆卸。将螺杆顶尖顶住电动机转轴的中心，用工具转动螺杆，直到拆下轴承。拆卸时拉具钩爪一定要抓牢轴承内圈，以免损坏轴承，如图1-45所示。

2）用铜棒拆卸。将铜棒对准轴承内圈，用锤子敲打铜棒，如图1-46所示。用此方法拆卸轴承时，要注意轮流敲打轴承内圈的相对两侧，不可敲打一边，用力也不要过猛，直到把轴承敲出为止。

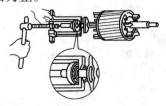

图1-45　用拉具拆卸轴承

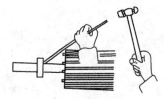

图1-46　用铜棒拆卸轴承

在拆卸端盖内孔轴承时，可采用图1-47所示的方法，将端盖止口面向上平稳放置，在轴承外圈的下面垫上木板，但不能顶住轴承，然后用一根直径略小于轴承外沿的铜棒或其他金属管抵住轴承外圈，从上往下用锤子敲打，直至轴承从下方脱出。

3）铁板夹住拆卸。用两块厚铁板夹住轴承内圈，铁板的两端用可靠支撑物架起，使转子悬空，如图1-48所示，然后在轴上端面垫上厚木板并用锤子敲打，直至使轴承脱出。

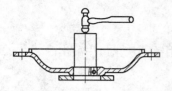
图1-47　用铜棒拆卸端盖内孔轴承

图1-48　铁板夹住拆卸轴承

（3）转子的拆卸　在抽出转子之前，应在转子下面的气隙和绕组端部垫上厚纸板，以免抽出转子时碰伤铁心和绕组。对于小型电动机的转子，可直接用手取出，一手握住转轴，把转子拉出一些，随后另一手托住转子铁心渐渐往外移，如图1-49所示。

当拆卸较大的电动机转子时，可两人一起操作，每人抬起转轴的一端，渐渐地把转子外移，若定子铁心较长，有一端不好出力时，则可在转轴上套一节金属管，当作假轴，以方便出力。中型电动机转子拆卸示意图如图1-50所示。

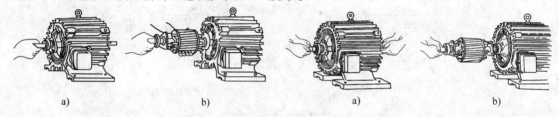

a)　　　　　　b)　　　　　　　　　　a)　　　　　　b)

图1-49　小型电动机转子的拆卸图　　　　　图1-50　中型电动机转子拆卸示意图

对大型电动机进行转子的拆卸则必需用起重设备吊出转子，如图1-51所示。

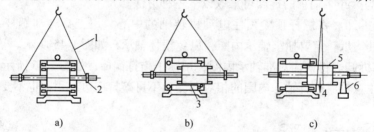

a)　　　　　　　　b)　　　　　　　　c)

图1-51　用起重设备吊出转子
1—钢丝绳　2—衬垫（纸板或纱头）　3—转子铁心可
搁置在定子铁心上，但切勿碰到绕组　4—重心
5—绳子不要吊在铁心风道里　6—支架

4. 单相异步电动机的拆卸

由于单相异步电动机的结构较三相交流异步电动机简单，且重量轻、体积小，通常只要会拆卸三相交流异步电动机的，就会拆卸单相异步电动机。只有在拆卸带起动开关的单相异步电动机时，步骤相对要复杂一些，因此在拆卸时，应注意不要碰坏起动开关。

思考与练习

1. 简述三相交流异步电动机的拆卸步骤。

2. 三相交流异步电动机拆卸时都需要哪些准备工作?

任务二 三相交流异步电动机的装配

一、任务引入

将电动机正确拆卸后,还需要对其进行正确的装配。如果装配方法不当,就会造成部分部件损坏,引发新的故障。因此,正确装配电动机是确保维修质量的前提。在学习维修电动机时,应首先学会正确的装配技术。

二、任务目标

(1)掌握电动机装配的基本步骤。

(2)了解电动机装配过程中的各项要求。

(3)熟练掌握电动机的装配工作过程。

三、相关知识

1. 装配前的准备

装配前,先备齐各种装配工具,将可清洗的零部件用汽油冲洗,并用棉布擦拭干净,再彻底清扫定、转子内部表面的尘垢。然后检查槽楔、绑扎带等是否松动,有无高出定子铁心内表面的地方,并做好相应处理。

2. 装配步骤

按与拆卸时相反的顺序进行,并注意将各零部件按拆卸时所做的标记复位。

3. 主要部件的装配方法

(1)轴承的装配 轴承的装配分冷套法和热套法。冷套法是先将轴颈部分揩擦干净,把清洗好的轴承套在轴上,然后用一段钢管(其内径略大于轴颈直径,外径又略小于轴承内圈的外径)套在轴颈外,再用锤子敲打钢管端头,将轴承敲进。也可用硬质木棒或金属棒顶住轴承内圈敲打。为避免轴承歪扭,应在轴承内圈的圆周上均匀敲打,使轴承平衡地推进,具体操作方法如图1-52所示。

图1-52 冷套法安装轴

热套法是将轴承放入80~100℃的变压器油中30~40min后,趁热取出并迅速将其套在轴颈外。如图1-53所示。

注意:安装轴承时,轴承上的标号必须向外,以便下次更换时查对轴承型号。

另外,在安装好的轴承中要按其总容量的1/3~2/3容积加注润滑油,转速高的按低值加注,转速低的按高值加注。轴承损坏时应立即更换。若轴承磨损严重,其外圈与内圈间隙过大,从而造成轴承过度松动,转子下垂并摩擦铁心,轴承滚动体破碎或滚动体与滚槽有斑痕出现,保持架有斑痕或被磨坏等,都应更换新轴承。更换的轴承应与损坏的轴承型号相同。

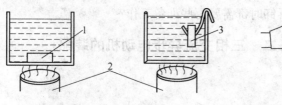 

a) 在变压器油中加热轴承   b) 热套轴承

图1-53 热套法安装轴承

1—轴承不能放在槽底 2—火炉 3—轴承应吊在槽中

（2）后端盖的装配 将轴伸端朝下垂直放置，在其端面上垫上木板，将后端盖套在后轴承上，用木锤敲打，如图1-54所示。把后端盖敲进去后，装轴承外盖。紧固内外轴承盖的螺栓时要注意对称地逐步拧紧，不能先拧紧一个，再拧紧另一个。

（3）前端盖的装配 将前轴承内盖与前轴承按规定加够润滑油后，一起套入转轴，然后在前轴承内盖以及与之对应的前端盖上的两个对称螺孔中穿入铜丝拉住内盖，待将前端盖固定就位后，再将铜丝穿入前轴承外盖，并将其拉紧对齐。接着在未穿入铜丝的螺孔中拧进螺栓，带上丝扣后，抽出铜丝，最后给之前穿入铜丝的两个螺孔拧入螺栓，并依次对称地逐步拧紧。也可用一个比轴承盖螺栓更长的无头螺钉（吊紧螺钉），先拧进前轴承内盖，再将前端盖和前轴承外盖相应的螺孔套在这个无头长螺钉上，使内外轴承盖和端盖的对应孔始终拉紧对齐。待端盖到位后，先拧紧其余两个轴承盖的螺栓，再用第三个轴承盖螺栓换下开始时用以定位的无头长螺钉（吊紧螺钉），如图1-55所示。

图1-54 后端盖的装配   图1-55 轴承内外端盖的固定

思考与练习

1. 装配一台三相交流异步电动机需要哪些零部件及辅助材料？有哪些工艺？
2. 用简易方法判断三相交流异步电动机定子绕组的首、末端。

任务三 三相交流异步电动机的常见故障与维修

一、任务引入

对电动机进行定期保养、维护和检修，是电力拖动系统可靠正常地工作的保证。了解三相交流异步电动机的常见故障并掌握及时排除电动机常见故障的方法是学好电力拖动的重要内容。

二、任务目标

（1）掌握三相交流异步电动机的常见故障。

（2）能熟练地查找出电动机出现的故障并进行排除。

三、相关知识

对异步电动机的定期维修和故障分析是异步电动机检修的基本环节，了解并掌握定期维修及故障分析的内容和方法是维修电动机的基本技能。

1. 定期维修

（1）维修时限　通常是一年进行一次。

（2）维修内容

1）检查电动机各零部件有无机械损伤，若有则作相应修复或更换。

2）对拆开的电动机进行清理，清除所有油泥、污垢。清理中，注意观察绕组的绝缘状况。若涂装部分为暗褐或深棕色，说明绝缘已老化，对这种绝缘要特别注意不要碰撞使它脱落。若发现有脱落应进行局部绝缘修复和涂装。

3）拆下轴承，将其浸在柴油或汽油中彻底清洗后，再用干净的汽油清洗一遍。检查清洗后的轴承是否转动灵活，有无异常响声，内外钢圈有无晃动等。根据检查结果，确定对润滑脂或轴承是否进行更换。

4）检查定子绕组是否存在故障。使用绝缘电阻表测量绕组的绝缘电阻，通过绝缘电阻的大小可判断出绕组的受潮程度或短路情况。根据判断结果进行相应处理。

5）检查定、转子铁心有无磨损和变形，若观察到有磨损处或发亮点，则说明可能存在定、转子铁心相擦的情况。可使用锉刀或刮刀将亮点处刮除少许。

6）对电动机进行装配、安装后，应测试其空载运行时的电流大小及对称性，最后检测其带负载运行的能力。

2. 故障分析

电动机的故障通常分为电气故障和机械故障两个方面。其中，电气故障占主要方面，常见的电气故障有以下几种。

（1）单相运行

1）原因：线路和电动机引线连接处有浮接现象，从而引起接触电阻增大，使连接处逐步氧化而造成断相。

2）特征：由于单相运行而烧毁的电动机，其绕组特征很明显。拆开电动机端盖，就可看到电动机绕组端部的 1/3 或 2/3 的极相组（即同一磁极且同一相下的绕组）被烧黑或变为深棕色，而其中的一相或两相绕组却完好或微变色，这就说明电动机故障是单相运行造成的。以二极电动机为例，其单相运行烧坏绕组的情况如图 1-56 所示。

在三相绕组丫联结时，U 相电源断开，电流从 V—W 相绕组流过，因此 V、W 相绕组被烧坏。在三相绕组△联结时，U 相电源断开，电流分两路，一路由 U、W 相绕组串联组成，另一路由 V 相绕组单独组成，后一路阻抗小于前一路，因而 V 相绕组首先被烧坏。

3）处理方法：重绕电动机绕组。

（2）绕组断路

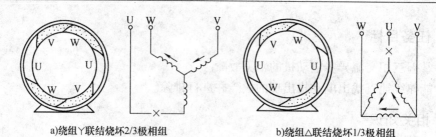

a)绕组丫联结烧坏2/3极相组　　　　b)绕组△联结烧坏1/3极相组

图1-56　单相运行烧坏绕组特征图

1）原因：同一相绕组的连接头接线质量不好，造成连接头虚接，断开。

2）特征：起动时，无起动转矩。运行时，绕组断路，电动机发出较强的"嗡嗡"响声，最终烧毁电动机，现象同单相运行。

3）处理方法：找到断线处，重新接线。

（3）匝间短路

1）原因：由于嵌线质量不高或机械擦损造成某相绕组中导线绝缘损伤而引起匝间短路。

2）特征：在线圈的端部，可清楚地看到线圈的几匝或整个线圈，甚至一个极相组被烧焦，烧焦部分呈裸铜线。其他部分均完好。

3）处理方法：可局部修理的，换一个线圈或一组线圈即可。不宜局部修理的，重绕全部绕组。

（4）相间短路

1）原因：端部相间绝缘、双层线圈层间绝缘没有垫妥，在电动机受热或受潮时，绝缘性能下降，绝缘被击穿而形成相间短路。也有线圈组间连线套管处理不妥，绝缘材料选用不当等原因。

2）特征：在短路处发生爆断，并熔断很多导线，附近有许多熔化的铜屑，而其他部分均完好无损。

3）处理方法：重绕电动机绕组，并注意要垫妥相间绝缘，选用合适的绝缘材料。

（5）接地

1）原因：嵌线质量不高，造成槽口绝缘破损；高温或受潮引起绝缘性能降低；雷击。

2）特征：用绝缘电阻表测试出的电动机绕组与地之间的绝缘电阻小于 $1M\Omega$。

3）处理方法：从嵌线质量、绝缘材料选用上提高要求。

（6）过载

1）原因：电动机端电压太低；接线不符合要求，未区分丫、△联结；机械方面，不注意电动机的使用条件和要求；电动机本身定、转子间气隙过大，笼型转子铝条断裂，重绕时线圈数据与原设计相差太大等。

2）特征：三相绕组全部均匀被烧黑。

3）处理方法：重绕电动机绕组后，再找原因，并有针对性地进行处理。

思考与练习

1. 如何检测三相交流异步电动机三相绕组之间对地的绝缘电阻？

2. 三相交流异步电动机的常见故障有哪些?

3. 定子绕组匝间短路会产生什么后果?

项目三 单相异步电动机

任务一 单相异步电动机的工作原理

一、任务引入

由单相交流电源供电的异步电动机称为单相异步电动机。单相异步电动机因结构简单、成本低、运行可靠以及只需要单相交流电源等优点,被广泛应用于家用电器、电动工具及医疗器械等方面。

单相异步电动机与同容量的三相交流异步电动机相比,体积大、功率因数和效率较低,因此容量一般不大,通常在几瓦到几百瓦之间。

二、任务目标

(1) 了解单相异步电动机的结构。

(2) 掌握单相异步电动机的工作原理。

三、相关知识

1. 单相异步电动机的工作原理

单相异步电动机的定子绕组通入交流电后,在气隙中产生的磁场如图 1-57 所示。此时在电动机中产生的磁场不再是旋转磁场,而变为脉振磁场,其磁场强度为

$$B = B_m \sin\omega t$$

这个脉振磁场可以分解为两个旋转磁场,这两各个旋转磁场转速相等,方向相反,且每个旋转磁场的磁感应强度的最大值为脉振磁场磁感应强度最大值的一半,即

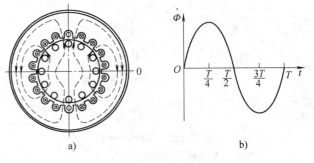

图 1-57 单相异步电动机的磁场与结构图

$$B_{1m} = B_{2m} = \frac{1}{2}B_m$$

在任意瞬间,这两个旋转磁场的合成磁感应强度始终等于脉振磁场的瞬时值。转子不动时,两个旋转磁场将分别在转子中产生大小相等、方向相反的电磁转矩,转子上的合成转矩等于零,故单相异步电动机无起动转矩,不能自行起动。

在单相异步电动机通入交流电时,气隙中产生的脉振磁场实际上是由正向旋转磁场和反向旋转磁场合成的,正向旋转磁场产生正向的电磁转矩 $T+$,如图 1-58 中的曲线 1 所示,反向的旋转磁场产生反向的电磁转矩 $T-$,如图 1-58 中的曲线 2 所示,由 $T+$ 和 $T-$ 合成的电

磁转矩 T 如图 1-58 中的曲线 3 所示。

2. 单相异步电动机的起动

单相异步电动机的起动转矩等于零,所以,单相异步电动机不能自行起动。为了解决单相异步电动机的起动问题,在电动机中增加一相起动绕组,使起动绕组和工作绕组对称,即匝数相等,在空间上相差 90°,向两绕组中通入相位差为 90° 的两相交流电,则可产生旋转磁场,这样,便达到了单相异步电动机自行起动的目的。下面学习单相异步电动机的起动方法。

(1)电容分相式单相异步电动机 电容分相式单相异步电动机的起动方法就是在起动绕组中串联一个电容,称为分相电容。电容分相式单相异步电动机的具体结构如图 1-59 所示。

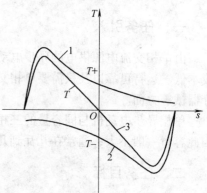

图 1-58 单相异步电动机
的转矩特性曲线

在起动绕组中串入电容,当交流电通过起动绕组时,由于电容的作用,通过工作绕组中的电流与起动绕组中的电流产生一个相位差,从而使起动绕组中的电流超前工作绕组中的电流一定的相位。若电容的容量选择合适,则起动绕组的电流可超前工作绕组的电流相位约 90°,如图 1-60 所示。因为这种电动机通过串入电容将单相电流分为两相电流,故称为电容分相式电动机。在两相电流的作用下,这种电动机便可产生两相旋转磁场,如图 1-61 所示。电容分相式单相异步电动机的原理分析与三相交流异步电动机相同,此处不再叙述。

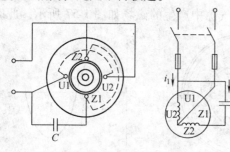

图 1-59 电容分相式单相异步
电动机的结构及定子接线图

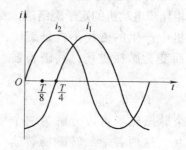

图 1-60 两相电流波形图

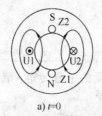

a) $t=0$

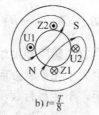

b) $t=\dfrac{T}{8}$

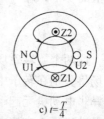

c) $t=\dfrac{T}{4}$

图 1-61 单相电动机的旋转磁场图

（2）电阻分相式单相异步电动机　　如果单相异步电动机的起动绕组采用较细的导线绕制，则它与工作绕组的电阻值就不相等，两绕组的阻抗值也就不相等，流过两绕组的电流也就存在着一定的相位差，因此便达到分相起动的目的。由于这种电动机是通过改变电阻来达到分相的目的，故称为电阻分相式单相异步电动机。通常起动绕组按短时运行设计，所以起动绕组要串接离心开关 S。

若需要分相电动机反转，则只要将任意一个绕组的两个接线端交换位置接入电源即可。

（3）罩极式单相异步电动机　　罩极式单相异步电动机的定子做成凸极铁心，然后在凸极铁心上安装集中绕组，组成磁极，在每个磁极截面的 1/3 处开一个小槽，然后在磁极上装上短路环，将部分铁心罩住，此时短路环就相当于起动绕组。给单相异步电动机通入交流电，就相当于给起动绕组和凸极铁心上安装的集中绕组通入了交流电，从而在定子中产生了旋转磁场，最终在转子中产生电磁转矩。由此，单相异步电动机就可以起动了。罩极式异步电动机的转子均为笼式结构，其结构及移动磁场如图 1-62 所示。

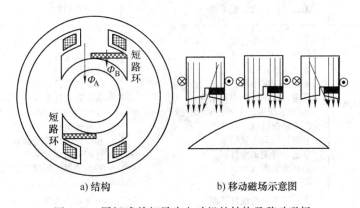

a) 结构　　　　　　　　b) 移动磁场示意图

图 1-62　罩极式单相异步电动机的结构及移动磁场

思考与练习

1. 单相异步电动机的结构与三相异步电动机的区别是什么？
2. 试分析说明单相异步电动机的工作原理？

任务二　单相异步电动机的常见故障与维修

一、任务引入

单相异步电动机由于结构简单、运行可靠而广泛应用于家用电器、医疗器械及电动工具等方面，电动机的可靠正常工作是这些电气设备处于良好工作状态的必要条件。当单相异步电动机出现故障时，能够及时排除故障是电气维修工作者必备的职业素质。

二、任务目标

（1）掌握单相异步电动机的工作原理。
（2）掌握单相异步电动机的常见故障并能及时排除故障。

三、相关知识

不同结构的单相异步电动机的故障也有所不同。根据单相异步电动机的实际运行情况，现将单相异步电动机的常见故障及相应处理方法介绍如下，见表1-5。

表1-5　单相异步电动机的常见故障及排除方法

序号	故障现象	故障原因	故障排除方法
1	电动机不能起动	①熔断器熔丝熔断 ②保护系统温度设置过低 ③无电压或电压过低 ④电动机接线错误 ⑤电源线开路 ⑥一次绕组或二次绕组开路 ⑦一次绕组或二次绕组短路 ⑧电容器损坏 ⑨开关损坏 ⑩轴承磨损或装配不良	①更换熔丝 ②重新设置保护温度 ③测量并调整电压 ④检查接线并纠正 ⑤用万用表找出电源线开路点并重新焊接 ⑥用万用表确定故障点，更换线圈 ⑦用短路侦察器确定故障点，并重绕线圈 ⑧更换电容器 ⑨更换开关 ⑩更换轴承
2	电动机发热	①电动机接线错误 ②绕组匝间短路 ③电压不正常 ④电源频率不对 ⑤定、转子气隙中有杂物 ⑥轴承润滑脂干固，轴承受损 ⑦电动机过载 ⑧机械传动不灵活 ⑨起动开关未能打开 ⑩环境温度太高	①检查接线 ②更换绕组 ③测量电压，使电压正常 ④调整电源频率 ⑤清除杂物并保持通风畅通 ⑥清洁轴承，换上新润滑脂 ⑦减轻负载 ⑧检查机械传动部分 ⑨调整起动开关 ⑩改善周围环境及通风条件
3	电动机声音异常	①转子未平衡或转子断条 ②轴承磨损过多 ③离心开关损坏 ④转子轴向窜动 ⑤电动机底脚螺栓松动 ⑥电动机或电动机附件未紧固 ⑦电动机与负载不同轴 ⑧气隙中有杂物 ⑨电动机轴弯曲 ⑩电动机与负载共振	①重新平衡转子 ②更换轴承 ③更换离心开关 ④在转子轴上增加垫片 ⑤紧固底脚螺栓 ⑥紧固螺钉 ⑦调整电动机与负载联轴器 ⑧清理气隙中的杂物 ⑨校正电动机轴 ⑩采用相应措施减振
4	电动机振动大	①电动机与负载不同心 ②螺栓未紧固 ③绕组匝间短路 ④电动机轴弯曲	①校正电动机与负载直至二者同心 ②紧固螺栓 ③更换绕组 ④更换电动机轴
5	电动机外壳带电	①电源线绝缘损坏 ②电动机引线绝缘损坏	①更换电源线 ②对电动机引线进行包扎

思考与练习

1. 一台家用潜水泵在工作过程中不能起动时，可能的原因有哪些？
2. 洗衣机在工作时出现了带负载能力降低的情况，可能的原因是什么？

模块二 变 压 器

项目四 变压器概述

在电力系统中，发电厂发出的电能需要通过远距离传输才能到达最终用户端。在电力传输过程中，首先要对电能进行升压，到达用户端后再进行降压，在升压、降压和用户使用时的变配电过程中都要用到变压器。下面就来学习变压器。

任务一 变压器的结构与工作原理

一、任务引入

变压器主要由铁心和线圈组成。所以，在分析变压器的工作原理时，首先应介绍变压器铁心中的电磁关系。

二、任务目标

（1）了解变压器的结构。
（2）掌握变压器的工作原理。

三、相关知识

1. 变压器的结构及分类

（1）变压器的组成 变压器由磁路部分——铁心和电路部分——一、二次绕组组成。在大型电力变压器中，还有其他辅助部件。变压器的具体结构如图 2-1 所示。

1）变压器磁路部分——铁心。

①铁心材料：变压器的铁心一般都采用高磁导率的电工材料硅钢片叠压而成。

选用高磁导率材料，是为了提高磁效率；采用硅钢片叠装则是为了减小铁心损耗，简称铁耗。

硅钢片分为热轧硅钢片与冷轧硅钢片两类，冷轧硅钢片的导磁性能较好，铁耗较小，是目前制作变压器铁心的主要材料。

②铁心结构：按照绕组套入铁心的形式，铁心可分为心式结构和壳式结构两种。如图 2-2 所示。

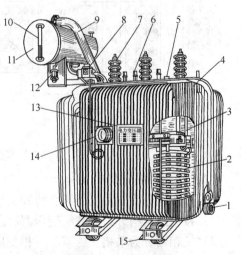

图 2-1 变压器结构图

1—油阀 2—绕组 3—铁心 4—油箱 5—分接开关 6—低压导管 7—高压导管 8—气体继电器 9—防爆筒 10—油位器 11—油枕 12—吸湿器 13—铭牌 14—温度计 15—小车

心式结构就是变压器的铁心被线圈包围；而壳式结构则是变压器铁心的最外层包围着线圈。心式铁心的结构简单、省料，因此被大多电力变压器所采用。

③铁心的叠片形式：

大中型变压器一般采用硅钢片交错叠装的方式，如图2-3所示，各层硅钢片接缝互相错开，从而减小气隙和磁阻。

小型变压器多采用E、F形等冲片交替叠装而成，如图2-4所示。

2）电路部分——绕组。绕组是变压器的电路部分，因此对它的电气性能、耐热能力及机械性能等均有严格的要求，从而保证变压器的安全运行。

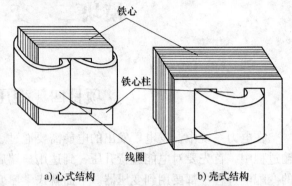

a) 心式结构　　　　b) 壳式结构

图2-2　变压器的铁心结构

在变压器中，接到高压侧的绕组称为高压绕组，接到低压侧的绕组称为低压绕组。高、低压绕组按其安放形式的不同可分为同心式绕组和交叠式绕组。如图2-5和图2-6所示。

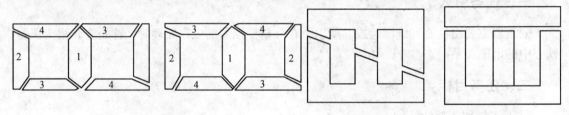

图2-3　大中型变压器铁心叠片形式　　　　图2-4　小型变压器铁心叠片形式

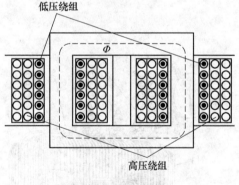

图2-5　同心式绕组

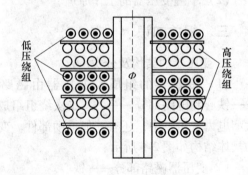

图2-6　交叠式绕组

（2）变压器的分类

1）按用途分为电力变压器、特种变压器及仪用互感器等。

2）按绕组结构分为双绕组变压器、三绕组变压器、多绕组变压器及自耦变压器。

3）按相数分为单相变压器、三相变压器及多相变压器。

4）按冷却方式分为干式变压器、油浸式变压器、油浸风冷式变压器及强迫循环导向冷却式变压器。

5）按变压器容量分为中小型变压器（容量小于6300kV·A）、大型变压器（容量为8000~63000kV·A）及特大型变压器（容量大于63000kV·A）。

2. 变压器铁心线圈中的电磁关系

（1）磁路　磁通经过的路径称为磁路。由于变压器铁心具有很强的导磁能力，故铁心的磁阻很小，所以大部分磁通经过由铁心构成的闭合路径形成磁路。如图 2-7 所示。

虽然大部分磁通在铁心中构成闭合路径，但总有一部分磁通不经过铁心，而是经过空气或其他材料构成闭合路径，通过铁心的磁通称为主磁通，铁心以外的磁通称为漏磁通。如图 2-8 所示。

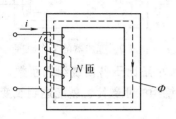

图 2-7　变压器铁心磁路

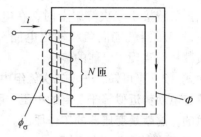

图 2-8　铁心线圈中的主磁通与漏磁通

（2）铁心线圈中的损耗　当交流电流通过铁心线圈时，由于磁路磁阻的存在，铁心也会发热，从而产生损耗。铁心损耗（简称铁耗）主要有两方面：一是磁滞损耗；二是涡流损耗。

铁心损耗与电源频率和电压有关。电源频率越高，铁损越大；电压越高，铁损越大。

（3）铁心线圈中的感应电动势　当向图 2-8 所示的交流铁心线圈中通入正弦交流电时，因为线圈中有电流通过，所以在铁心中就产生了主磁通 Φ 和漏磁通 Φ_σ。

根据电磁感应定律，线圈中的感应电动势为

$$e = -N\frac{\mathrm{d}\Phi}{\mathrm{d}t}$$

将 $\Phi = \Phi_m\sin\omega t$ 代入上式，可得

$$e = -\omega N\phi_m\cos\omega t = 2\pi Nf\Phi_m\sin\left(\omega t - \frac{\pi}{2}\right) = E_m\sin\left(\omega t - \frac{\pi}{2}\right)$$

在上式中，$E_m = 2\pi Nf\Phi_m$ 是电动势的最大值，其有效值 E 为

$$E = \frac{1}{\sqrt{2}} \times 2\pi Nf\Phi_m = 4.44Nf\Phi_m$$

式中，f 为交流电源的频率；N 为线圈的匝数；Φ_m 为铁心中磁通的最大值。

漏磁通 Φ_σ 经过空气形成闭合路径，在线圈中的作用可用空心线圈的分析方法来处理。与漏磁通对应的电抗 X 称为漏电抗。

由于实际铁心线圈中的电阻和漏磁通均很小，故可以忽略。因此，电源电压近似等于铁心线圈中主磁通产生的感应电动势，即

$$U \approx E = 4.44Nf\Phi_m \tag{2-1}$$

由上式可知，当电源频率和线圈匝数一定时，电压与磁通基本上成正比。

3. 变压器的基本工作原理

变压器的简单工作原理如图 2-9 所示。当给变压器的一次绕组通入交流电时，绕组中就

有电流 i_1 通过，从而在铁心中产生了与外加电压 u_1 频率相同的且与一、二次绕组同时交链的交变磁通 Φ。根据电磁感应定律，交变磁通 Φ 分别在一、二次绕组中产生同频率的感应电动势 e_1 和 e_2，即

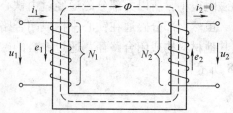

$$e_1 = -N_1 \frac{\mathrm{d}\Phi}{\mathrm{d}t} \qquad e_2 = -N_2 \frac{\mathrm{d}\Phi}{\mathrm{d}t} \qquad (2\text{-}2)$$

式中，N_1 为一次绕组匝数；N_2 为二次绕组匝数。

当把负载接于二次绕组上时，在电动势 e_2 的作用下，变压器就能向负载输出电能，即电流 i_2 流过负载从而实现了电能的传递。

图 2-9　变压器的工作原理

由式（2-2）可知，**一、二次绕组中感应电动势的大小正比于各自绕组的匝数，而绕组中的感应电动势近似等于各自的电压。所以，只要改变绕组的匝数比，就能达到改变输出电压的目的，这就是变压器的工作原理。**

4. 变压器的电压变换原理

实际应用中，变压器的工作情况是很复杂的，为了分析简单起见，可以忽略一、二次绕组的电阻和漏磁通及铁心的损耗。

根据图 2-9 所示的参考方向，根据电磁感应定律，一次绕组中的感应电动势为

$$E_1 = 4.44 N_1 f \Phi_{\mathrm{m}} \qquad (2\text{-}3)$$

同理可得

$$E_2 = 4.44 N_2 f \Phi_{\mathrm{m}} \qquad (2\text{-}4)$$

由此可得一、二次电动势之比为

$$E_1 / E_2 = N_1 / N_2 = K \qquad (2\text{-}5)$$

K 称为变压器的电压比，即变压器一、二次绕组的匝数比。忽略了漏阻抗后，有

$$E_1 \approx U_1$$
$$E_2 \approx U_2$$

式（2-5）可表示为

$$U_1 / U_2 \approx E_1 / E_2 = N_1 / N_2 = K \qquad (2\text{-}6)$$

式（2-6）表明，变压器一、二次电压之比约等于变压器一、二次绕组的匝数比。当 $K > 1$ 时，$U_1 > U_2$，变压器为降压变压器；当 $K < 1$ 时，$U_1 < U_2$，变压器为升压变压器。变压器通过改变一、二次绕组的匝数比，就可以很方便地改变输出电压的大小。

5. 变压器的电流变换原理

当变压器的一次绕组接上电源，二次绕组接上负载后，二次绕组中便有电流 i_2 流过，如图 2-10 所示。变压器工作时，若电源电压不变，铁心中的主磁通 Φ 也基本不变。因此，当变压器带上负载后，一次绕组的磁动势 $I_1 N_1$（I_1 为 i_1 的有效值）和二次绕组的磁动势 $I_2 N_2$

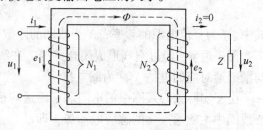

图 2-10　变压器的电流变换原理

（I_2 为 i_2 的有效值）与变压器空载时的磁动势 $I_0 N_1$（I_0 为 i_0 的有效值）基本相等，即

$$I_0 N_1 = I_1 N_1 + I_2 N_2 \qquad (2\text{-}7)$$

因为空载电流 i_0 很小，当变压器在满载（额定负载）或接近于满载的情况下运行时，

空载励磁磁动势 $I_0 N_1$ 比一次绕组的磁动势 $I_1 N_1$ 或二次绕组的磁动势 $I_2 N_2$ 小的多，故可以忽略不计。所以式（2-7）可简化为

$$I_1 N_1 + I_2 N_2 = 0 \qquad (2-8)$$
$$I_1 N_1 = -I_2 N_2 \qquad (2-9)$$

式中的负号表示变压器负载运行时，二次绕组的磁动势与一次绕组的磁动势相位相反，二次绕组的磁动势对一次绕组的磁动势起退磁作用，一次绕组中的电流和二次绕组中的电流在相位上几乎相差 180°。

当二次绕组中的电流增大时，二次绕组的磁动势 $I_2 N_2$ 增大，这时，一次绕组的电流 i_1 和一次绕组的磁动势 $I_1 N_1$ 也随之增大，以抵消 $I_2 N_2$ 的退磁作用，保证 $I_0 N_1$ 基本不变，即铁心中的主磁通不变。这就表明，变压器带上负载后，一次绕组中的电流是由二次绕组中的电流决定的。

若不考虑式（2-9）中的负号，则有

$$I_1 N_1 = I_2 N_2$$

即

$$\frac{I_1}{I_2} = \frac{N_2}{N_1} = \frac{1}{K} \qquad (2-10)$$

这就说明变压器是一种把电能转换为"高压小电流"或"低压大电流"的电气设备，起着传递能量的作用。

6. 变压器变阻抗的原理

若变压器的二次绕组接一负载 Z，如图 2-11 所示，那么，从一次绕组两端来看，等效阻抗 Z' 为

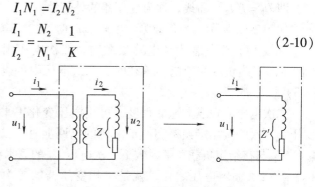

图 2-11 变压器的阻抗变换

$$|Z'| = \frac{U_1}{I_1} = \frac{N_1 U_2 / N_2}{N_2 I_2 / N_1} = \left(\frac{N_1}{N_2}\right)^2 \frac{U_2}{I_2} = K^2 |Z| \qquad (2-11)$$

$|Z'|$ 为折算阻抗的模，式（2-11）表明折算阻抗的模是原阻抗的模 K^2 倍，说明变压器起到了阻抗变换的作用。

思考与练习

1. 变压器是怎样实现变压的？为什么变压器能改变电压，而不能改变频率？
2. 变压器铁心的作用是什么？
3. 变压器有哪些主要部件，它们的功能分别是什么？

任务二　变压器的运行特性

一、任务引入

变压器在工作时，可以起到变换电压、电流和阻抗的作用。在变压器运行时，其工作效率的高低、带负载能力的高低及二次电压的变化对其正常工作和设计与选用都十分重要。

二、任务目标

（1）了解变压器的运行特性。

（2）掌握变压器二次电压随负载变化的规律。

三、相关知识

表征变压器运行特性的主要指标有两个：一是二次电压的变化率；二是效率。

1. 变压器负载运行时二次电压的变化

当变压器一次绕组接额定电压、二次绕组开路时，其二次电压即为空载电压 U_{20}，也是二次侧的额定电压 U_{2N}。若二次侧带上负载，则一、二次电流分别通过一、二次漏阻抗，产生内部压降，使变压器二次电压有所变化，且随负载的大小不同而变化。当变压器一次侧加额定频率的额定电压、且负载功率因数 $\cos\varphi$ 一定时，二次电压 U_2 随负载电流 I_2 的变化关系，即 $U_2 = f(I_2)$ 曲线，称为变压器的外特性。

如图 2-12 所示，当负载为纯电阻负载时，二次电压下垂较小（曲线1）；当负载为纯电感负载时，二次电压则严重下垂（曲线2）；当负载为纯电容负载时，二次电压则可能上翘（曲线3）。

二次电压下垂或上翘的程度，可用电压变化率来表示。当变压器一次侧接额定频率和额定电压的电网上时，二次侧空载电压 U_{20} 与在给定负载功率因数下二次电压 U_2 的算术差（$U_{20} - U_2$）与二次额定电压之比，就是单相变压器的二次电压变化率。通常用 $\Delta U\%$ 来表示，即

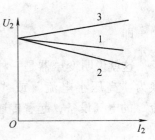

图 2-12　变压器的外特性曲线

$$\Delta U\% = \frac{U_{20} - U_2}{U_{20}} \times 100\% = \frac{U_{2N} - U_2}{U_{2N}} \times 100\% \tag{2-12}$$

二次电压变化率反映了变压器输出电压的稳定性及电能的质量。

在一般的电力变压器中，当 $\cos\varphi$ 接近于 1 时，二次电压变化率约为 2%~3%，因为变压器绕组的阻抗很小，所以由此引起的电压降也很小。但当功率因数下降到 0.8 时，电压变化率则增加至 5%~8%。因此提高功率因数可以适当减少电压变化率。

2. 变压器的损耗和效率

（1）变压器的损耗　变压器在传递功率时，存在着两种损耗。其一是铜耗 P_{Cu}，它是一、二次绕组中电流流过相应的电阻产生的，其值与电流的平方成正比。铜耗的大小随负载的变化而变化，称为可变损耗。

变压器中的另外一种损耗是铁耗 P_{Fe}，其值与铁心中磁通量的最大值有关。当电源电压不变时，变压器铁心中磁通量的最大值基本不变，铁耗也基本不变，因此，把铁耗称为不变损耗。

变压器的总损耗为上述两种损耗之和，即

$$\sum P = P_{Cu} + P_{Fe}$$

（2）变压器的效率　变压器的效率 η 是它的输出有功功率 P_2 与输入有功功率 P_1 的比值，计算公式为

$$\eta = \frac{P_2}{P_1} \times 100\% \tag{2-13}$$

当负载的功率因数一定时，变压器的效率随输出有功功率变化的关系 $\eta = f(P_2)$ 称为变压器的效率特性，变压器的效率特性曲线如图 2-13 所示。

从变压器的效率特性曲线可知，当变压器的输出有功功率从零开始增大时，效率很快升高到最大值 η_m。效率达到最大值后，随着输出有功功率的继续增大效率开始逐渐下降。

可以证明，任何生产设备的损耗都可以分为两部分：可变损耗和不变损耗。当可变损耗等于不变损耗时，设备的效率最高。

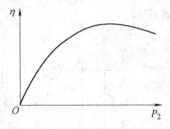

图 2-13 变压器的效率
特性曲线

电力变压器为连续运行的设备，其铁耗固定不变，而铜耗随负载的变化而变化，相对而言，减小铁耗比较重要。所以一般使 P_{Fe} 等于额定铜耗的 $\frac{1}{3} \sim \frac{1}{4}$，对应的输出功率为额定容量的 $\frac{1}{2}$ 左右时，变压器的效率最高。**因此，要提高变压器的运行效率，就不应使变压器工作在空载、轻载和过载的状态。**

思考与练习

1. 变压器二次侧接电阻、电感和电容负载时，从一次侧输入的无功功率有何不同？为什么？

2. 变压器负载运行时，一、二次绕组各有哪些电动势或电压降，它们产生的原因是什么？写出电动势平衡方程式。

3. 变压器负载运行时引起二次电压变化的原因是什么？二次电压变化率是如何定义的？它与哪些因素有关？二次绕组带什么性质的负载时有可能使二次电压变化率为零？

任务三　变压器的试验

一、任务引入

变压器运行性能的好坏与变压器的参数有直接的关系，在设计变压器时，可根据所使用的材料及结构尺寸把它们计算出来，而对于已经制成的变压器，则可通过试验的方法求得。

二、任务目标

（1）了解变压器的试验方式。

（2）掌握变压器的试验方法和试验步骤。

（3）掌握变压器参数的计算方法。

三、相关知识

1. 空载试验

对变压器进行空载试验的目的是通过测量空载电流 I_0、一次电压 U_1、二次空载电压 U_{20}

及空载功率 P_0 来计算电压比、铁耗 P_{Fe} 和励磁阻抗 Z_m，从而判断铁心的质量和检查绕组是否有匝间短路故障等。一般来说，空载试验可以在变压器的任何一侧进行，通常是在变压器的低压侧加额定电压，在高压侧进行测量。

（1）试验电路　单相变压器的试验电路如图 2-14 所示，三相变压器的试验电路如图 2-15 所示。

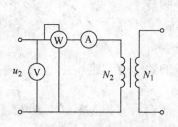

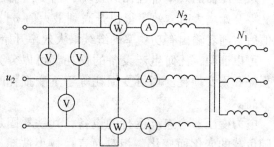

图 2-14　单相变压器空载试验电路　　　　图 2-15　三相变压器空载试验电路

对于三相变压器的接线，从理论上讲，空载试验既可以在高压侧测量（低压侧开路），也可以在低压侧测量（高压侧开路）。但在实际试验中，考虑到操作的安全方便，经常选择在低压侧测量，最后将计算出的励磁阻抗折算到高压侧即可。

由于变压器空载时的功率因数很低，故测量时应选择低功率因数表。

（2）参数计算　空载试验时，变压器没有输出功率，此时，空载功率 P_0 包含一次绕组的铜耗 $I_0^2 R_1$ 和铁心中的铁耗 $I_0^2 R_m$ 两部分。由于 $R_1 << R_m$，因此，$P_0 \approx P_{Fe}$。U_0、I_0 和 P_0 分别为变压器空载试验时电压表、电流表和功率表的测量值，有

$$Z_m = \frac{U_0}{I_0}$$

$$R_m = \frac{P_0}{I_0^2}$$

$$X_m = \sqrt{Z_m^2 - R_m^2}$$

式中，Z_m 为励磁阻抗；X_m 为励磁电抗；R_m 为励磁电阻。

2. 短路试验

短路试验的目的是通过测量短路电流 I_S、短路电压 U_S 及短路功率 P_S 来计算短路电压百分比 $U_S\%$、铜耗 P_{Cu} 和短路阻抗 Z_S。

（1）短路试验电路　单相变压器短路试验电路如图 2-16 所示，三相变压器短路试验电路如图 2-17 所示。

变压器短路试验的条件是：将变压器的低压侧短路，在高压侧加适当的电压值，使短路电流 I_S 由零升至 $1.2I_N$，分别测出它所对应的 I_S、U_S 和 P_S 的值。试验时，同时记录试验室的室温。

（2）短路参数计算　由于短路试验时外加电压比较低，变压器铁心中的磁通很小，所以磁滞损耗和涡流损

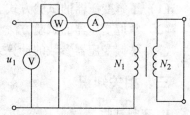

图 2-16　单相变压器短路试验电路

耗也很小,可以忽略不计。此时,可认为短路损耗即为一、二次绕组上的铜耗,即 $P_s = P_{Cu}$。因此,可以由下面的公式计算变压器的相关参数。

变压器的阻抗为

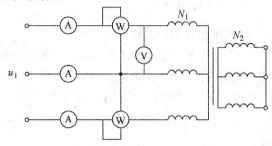

$$Z = \frac{U_s}{I_s}$$

变压器的电阻为

$$R = \frac{P_s}{I_s^2}$$

变压器的电抗为

$$X = \sqrt{Z^2 - R^2}$$

图 2-17 三相变压器短路试验电路

由于短路实验一般是在室温下进行的,故测得的电阻需换算到基准工作温度时的数值。根据国家标准规定,油浸变压器的短路电阻应换算到75℃时的数值。对于绕组为铝线的变压器,折算公式为

$$R_{75℃(Al)} = R\frac{228 + 75}{228 + \theta}$$

对绕组为铜线的变压器,折算公式为

$$R_{75℃(Cu)} = R\frac{234.5 + 75}{234.5 + \theta}$$

式中,R 为变压器绕组的电阻;θ 为实验室的温度。

思考与练习

1. 变压器空载试验一般在哪一侧进行?将电源电压分别加在低压侧和高压侧,所测得的空载电流、空载功率和励磁电阻是否相等?

2. 变压器短路试验一般在哪一侧进行?将电源电压分别加到高压侧或低压侧,所测得的短路电压、短路功率和计算出的短路阻抗是否相等?

项目五 三相变压器

任务一 三相变压器的结构与工作原理

一、任务引入

在电力系统中大量应用的三相变压器,有的为升压变压器,有的为降压变压器,有的为配电变压器。那么,三相变压器的结构和工作原理是怎样的呢?下面,我们就来学习三相变压器。

二、任务目标

(1)了解三相变压器结构。

(2)了解三相变压器的磁路系统。

（3）了解三相变压器绕组的联结方式。

三、相关知识

1. 三相变压器的结构

现代的电力系统大都是三相制，因而广泛使用三相变压器。三相变压器可由三台同容量的单相变压器组成，也称为三相组式变压器，如图2-18所示。目前大部分三相变压器采用三相绕组共用一个铁心的结构，将这种结构的三相变压器称为三相心式变压器，如图2-19所示。

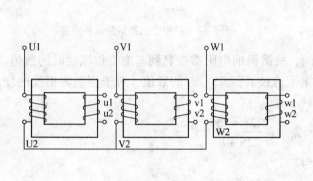

图2-18　三相组式变压器　　　　　　　图2-19　三相心式变压器

2. 三相变压器的磁路系统

三相组式变压器的磁路系统与单相变压器的完全一样，各相磁路相互独立。而三相心式变压器的磁路系统是相互联系的，如图2-20c所示，它是由三个独立的磁路演变而来的。如果把三个单相变压器的铁心放在一起（如图2-20a）所示，在绕组中通入三相对称电流时，三相主磁通也是对称的，其相量和等于零，即

$$\dot{\Phi}_U + \dot{\Phi}_V + \dot{\Phi}_W = 0$$

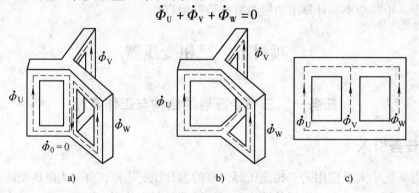

图2-20　三相变压器的磁路系统

可见，公共铁心柱中的磁通等于零，因此可以将三相变压器的铁心简化成图2-20b所示的铁心。实际制造时，通常把三相铁心柱布置在同一平面上，如图2-20c所示。这样三相磁路之间就有相互联系了，每相磁路都与其他两相的铁心柱组成闭合磁路。

3. 三相变压器绕组的接法

和单相变压器不同，三相变压器的输出电压不仅与一、二次绕组的匝数有关，而且还与绕组的接法有关。

由于三相绕组可以采用不同的联结方式，从而使三相变压器一、二次绕组的线电压之间产生不同的相位差。因此，可以按一、二次绕组线电压之间的相位关系把变压器绕组的联结方式分成不同的联结组别。三相变压器的联结组别不仅与绕组的绕向和首末端的标记有关，还与三相绕组的联结方式有关。实践证明，一、二次绕组之间的相位差总是 30°的整数倍，因此实际应用中常采用时钟表示法。

三相变压器的一、二次绕组既可以接成星形也可以接成三角形。国家有关标准规定，一次绕组星形联结用 Y 表示，有中性线时用 YN 表示，三角形联结用 D 表示。二次绕组星形联结用 y 表示，有中性线时用 yn 表示，三角形联结用 d 表示。变压器一、二次绕组的首端分别用 U1、V1、W1 和 u1、v1、w1 标记，末端分别用 U2、V2、W2 和 u2、v2、w2 表示，星形联结的中性点分别用 N、n 标记。

图 2-21 为三相变压器三相绕组的不同联结方法。

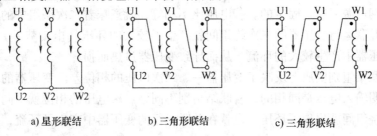

　　a) 星形联结　　　　　　b) 三角形联结　　　　　c) 三角形联结

图 2-21　三相变压器绕组的不同联结方法

思考与练习

1. 三相心式变压器与三相组式变压器相比较有哪些优点？
2. 什么是三相心式变压器的联结组别？如何表示？

任务二　三相变压器的并联运行

一、任务引入

大型企业中电力系统的供电多是由几台变压器同时为用电设备供电的，这就涉及变压器的并联运行问题。

二、任务目标

（1）了解三相变压器的并联运行。
（2）掌握三相变压器并联运行的条件。

三、相关知识

1. 变压器的并联运行

变压器的并联运行是指几台变压器的一、二次绕组分别连接到电力系统一、二次侧的公共母线上，共同向负载供电的运行方式，具体接线如图 2-22 所示。

在电力系统中，变压器的并联被广泛应用。这种运行方式不但可以提高变压器的运行效率和供电的可靠性，而且还可以减小设备容量和总投资。

2. 变压器并联运行的条件

变压器要并联运行，必须满足一定的条件，只有满足条件，并联运行的变压器才能安全可靠地工作。变压器并联运行的条件如下：

①各并联变压器的一、二次侧额定电压必须相同，即电压比要相等。

②并联变压器的联结组别必须相同。

③各并联变压器的短路阻抗或短路电压要相等。

并联变压器的一、二次绕组都接到了相同的母线上，

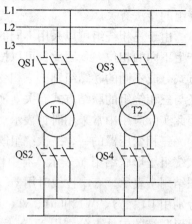

图 2-22　变压器的并联运行图

输入端接于电网电源，这是固定的。若电压比不相等，就意味着二次绕组中的感应电动势不相等，于是在并联运行变压器的二次绕组间就产生了较大的环压（电动势差），因此就会在并联运行的变压器中产生较大的环流，从而导致变压器过热而损坏。

变压器的联结组别实质上反映了变压器一、二次电压的相位差。变压器的一次侧接同一电网电压，说明输入电压是同相的，若联结组别不同，二次电压的相位就不同，因此在并联变压器的二次绕组间就出现了环压，也就在并联运行的变压器中产生了环流，从而导致变压器过热而损坏。

如果两台变压器的电压比相等，联结组别相同，但短路阻抗或短路电压不等时，由并联分流原理可知，并联运行的变压器负载电流分配与其短路阻抗成反比，所以短路阻抗越大的变压器分配的负载电流就小，短路阻抗小的变压器分配的负载电流大。这就造成了并联运行的变压器负载分配不均，承担重负载的变压器会过热，严重时会损坏。所以并联运行的变压器其短路阻抗必须相等，允许误差不超过 10%。

思考与练习

1. 三相变压器并联运行的条件是什么？试分析当某一条件不满足时并联运行所产生的后果。

2. 三相变压器并联运行的优点是什么？

项目六　特种变压器及变压器的常见故障与维修

任务一　特种变压器

一、任务引入

变压器的种类很多，除了前文讲述的双绕组变压器外，其他类型的变压器称为特殊变压

器。它们在结构或使用等方面具有不同特点。

二、任务目标

（1）了解各种特种变压器的结构。

（2）掌握各种特种变压器的工作原理。

三、相关知识

1. 自耦变压器

（1）自耦变压器的工作原理　自耦变压器的具体接线如图 2-23 所示，与普通变压器相比，普通双绕组变压器只有磁的耦合，而无电的直接联系，而在自耦变压器中，这两种联系同时存在。它是一个一、二次侧共用一个绕组，带有可滑动抽头的变压器，由于它调节电压方便，在实验、试验中，被广泛采用。

自耦变压器的电压比等于电动势比，等于一、二次绕组的匝数比。设自耦变压器的一次绕组匝数为 N_1，二次绕组匝数为 N_2，忽略漏抗电动势，可得

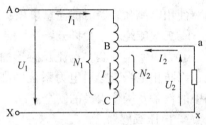

图 2-23　自耦变压器接线图

$$E_1 = 4.44fN_1\Phi_m$$

$$E_2 = 4.44fN_2\Phi_m$$

$$\frac{U_1}{U_2} = \frac{E_1}{E_2} = \frac{N_1}{N_2} = K$$

自耦变压器输入、输出电流比与电压比成反比。由图 2-23 可得 $I = I_1 + I_2$。根据磁动势平衡关系，有

$$I_1(N_1 - N_2) + IN_2 = I_0N_1$$

$$I_1N_1 + I_2N_2 = I_0N_1$$

忽略 I_0N_1，可得

$$I_1 = -\frac{N_2}{N_1}I_2 = -\frac{1}{K}I_2$$

自耦变压器的输出功率由电磁功率与传导功率两部分组成。自耦变压器的输出功率为

$$S_2 = U_2I_2$$

根据 $I = I_1 + I_2$ 可得

$$S_2 = U_2I_2 = U_2(I - I_1) = U_2I - U_2I_1$$

（2）自耦变压器的优点及使用中应注意的问题

1）主要优点是：

①由于自耦变压器的设计容量小于额定容量，故在同样的额定容量下，自耦变压器的主要尺寸较小，有效材料和结构材料都较节省，从而降低了成本。

②有效材料的减少使得铜耗、铁耗相应减少，故自耦变压器的效率较高。

③由于自耦变压器的尺寸小，重量轻，因此便于运输和安装，减小了占地面积。

2）使用中应注意的问题：

①自耦变压器的短路阻抗标幺值较小，因此短路电流较大，设计时应注意绕组的机械强度，必要时可适当增大短路阻抗以限制短路电流。

②由于一、二次绕组间有电的直接联系，运行时，一、二次侧都需装设避雷器，以防高压侧产生过电压时引起低压侧绕组绝缘的损坏。

③为了防止高压侧产生单相接地时引起低压侧非接地相对地电压较高，造成对地绝缘的击穿，自耦变压器的中性点必须可靠接地。

2. 电流互感器

电流互感器主要用于电网中的大电流测量。

电流互感器特点：一次绕组匝数很少（一匝或几匝），二次绕组匝数较多；二次侧接仪用电流表或其他电流线圈，由于电流线圈阻抗很小，故电流互感器相当于变压器短路运行。

电流的测量值等于电流互感器的读数乘以电流比（电流比 $K_i = N_2/N_1$）。一次侧额定电流为 $10 \sim 15000\mathrm{A}$，二次侧额定电流均采用 $5\mathrm{A}$。电流互感器的具体接线如图 2-24 所示。

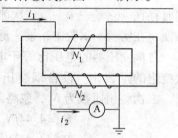

根据误差的大小，电流互感器的准确度等级可分为 0.2、0.5、1.0、3.0 和 10.0 五种。

使用电流互感器时的注意事项：

①二次侧绝对不允许开路。

②为了使用安全，电流互感器的二次绕组必须可靠接地，以防止绝缘击穿后电力系统的高电压危及二次测量回路中的设备及操作人员的安全。

图 2-24　电流互感器的接线图

3. 电压互感器

在供电系统中，为了监测高压电网中的电压变化情况，就必须采用电压互感器，应用电压互感器将电网中的高电压变成标准等级的低电压以供测量仪表使用。

电压互感器的特点是：一次绕组匝数很多，二次绕组匝数很少，电压比很大；铁心励磁工作在线性段；由于所接负载为仪用电压表，其阻抗很大，相当于空载运行。一次电压按不同电网电压等级设定，其二次额定电压均为 $100\mathrm{V}$。

实测的电压值为二次侧电压表读数乘以电压比。电压互感器的具体接线如 2-25 所示。

电压互感器的误差有两种，电压比误差与相位误差。电压比误差是由电压互感器的内部阻抗压降造成的，相位误差则是由其内部的漏抗引起的。

按电压比误差的相对值，电压互感器的准确度等级可分成 0.2、0.5、1.0 和 3.0 四种。

使用电压互感器的注意事项：

①二次侧绝对不允许短路。

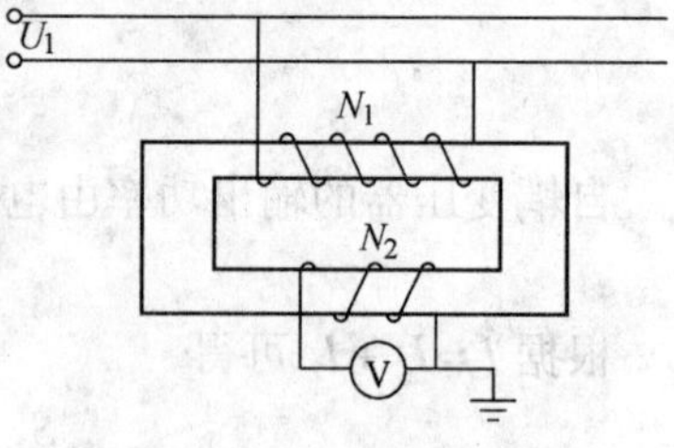

②为了安全，电压互感器的二次绕组连同铁心一起必须可靠接地。

③电压互感器有一定的额定容量，使用时二次侧不宜接过多的仪表，以免影响互感器的测量精度。

图 2-25　电压互感器的接线图

思考与练习

1. 自耦变压器的功率是如何传递的？为什么它的设计容量比额定容量小？
2. 使用电流互感器时应注意哪些事项？
3. 使用电压互感器时应注意哪些事项？

任务二 小型变压器的常见故障与绕组线圈重绕

一、任务引入

小型变压器的故障主要是铁心故障和绕组故障，此外还有装配和绝缘不良等故障。绕组损坏是小型变压器的常见故障之一。

二、任务目标

（1）掌握小型变压器的常见故障。
（2）掌握小型变压器常见故障的排除方法。
（3）掌握小型变压器绕组线圈重绕的工艺步骤。

三、相关知识

1. 小型变压器的常见故障

小型变压器的常见故障见表 2-1。

表 2-1　小型变压器的常见故障

故障现象	造 成 原 因	处 理 方 法
电源接通后无电压输出	1）一次绕组断路或引出线脱焊 2）二次绕组断路或引出线脱焊	1）拆换修理一次绕组或焊牢引出线接头 2）拆换修理二次绕组或焊牢引出线接头
温升过高或冒烟	1）绕组匝间短路或一、二次绕组间短路 2）绕组匝间或层间绝缘老化 3）铁心硅钢片间绝缘性能降低 4）铁心叠厚不足 5）负载过重	1）拆换绕组或修理短路部分 2）重新处理绝缘或更换导线重绕线圈 3）拆下铁心，对硅钢片重新涂绝缘漆 4）加厚铁心或重做骨架、重绕线圈 5）减轻负载
空载电流偏大	1）一、二次绕组匝数不足 2）一、二次绕组局部匝间短路 3）铁心叠厚不足 4）铁心质量太差	1）增加一、二次绕组匝数 2）拆开绕组，修理局部短路部分 3）加厚铁心或重做骨架、重绕线圈 4）更换或加厚铁心
运行中噪声过大	1）铁心硅钢片未插紧或未压紧 2）铁心硅钢片不符合设计要求 3）负载过重或电源电压过高 4）绕组短路	1）插紧铁心硅钢片或压紧铁心 2）更换质量较高的同规格硅钢片 3）减轻负载或降低电源电压 4）查找短路部位并进行修复
二次电压下降	1）电源电压过低或负载过重 2）二次绕组匝间短路或对地短路 3）绕组对地绝缘性能降低 4）绕组受潮	1）增加电源电压，使其达到额定值或降低负载 2）查找短路部位并进行修复 3）重新处理绝缘或更换绕组 4）对绕组进行干燥处理

（续）

故障现象	造 成 原 因	处 理 方 法
铁心或底板带电	1）一、二次绕组对地短路或一、二次绕组匝间短路 2）绕组对地绝缘性能降低 3）引出线头碰触铁心或底板 4）绕组受潮或底板感应带电	1）加强对地绝缘或拆换修理绕组 2）重新处理绝缘或更换绕组 3）排除引出线头与铁心或底板的短路点 4）对绕组进行干燥处理或将变压器置于环境干燥的场合使用

2. 小型变压器的绕组线圈重绕

小型单相与三相变压器绕组线圈重绕工艺基本相同，其过程包括：记录原始数据、拆卸铁心、制作模心及骨架、绕制线圈、绝缘处理、铁心装配、检查和试验等。

小型变压器的绕组线圈重绕步骤：

1）记录原始数据。包括一、二次绕组的匝数、绕径和绕法等。

2）拆卸铁心。

3）制作模心及骨架。

4）绕制绕组线圈。

5）绝缘处理。

6）铁心装配。

思考与练习

1. 小型变压器的常见故障有哪些？

2. 小型变压器绕组线圈重绕的步骤有哪几步？

模块三 直流电机

项目七 直流电机概述

任务一 直流电机的结构与铭牌

一、任务引入

直流电机在工农业生产中被广泛采用，如电动自行车、电动叉车、电动汽车、电动牵引车，电动玩具及电动工具等。了解和掌握直流电机的结构和工作原理是非常必要的。

二、任务目标

（1）了解直流电机的结构。

（2）了解直流电动机的铭牌参数并掌握相关计算。

三、相关知识

1. 直流电机的结构

直流电机是一种可逆电机，用于完成直流电能与机械能的转换。将直流电能转换成机械能的，称为直流电动机或称其工作于直流电动状态。将机械能转换成电能的，则称为直流发电机或称其工作于发电状态。

直流电机主要由定子部分和转子部分组成，其结构如图 3-1 所示。

直流电机的基本结构剖面图如图 3-2 所示。

（1）定子部分　直流电机的定子部分主要由主磁极、换向极、机座和电刷装置等组成。

1）主磁极。主磁极的作用是产生恒定的主磁场，由主磁极铁心和套在铁心上的励磁绕组组成。铁心是用 0.5 ~ 1.5mm 厚的钢板冲片叠压铆紧而成，铁心的上部叫极身，下部叫极靴。极靴的作用是减小气隙磁阻，使气隙磁通沿气隙均匀分布。励磁绕组用绝缘铜导线绕制而成，套在极身上，整个主磁极用螺

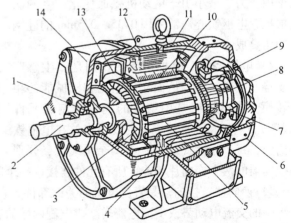

图 3-1　直流电机的结构

1—轴承　2—轴　3—电枢绕组　4—换向极绕组
5—电枢铁心　6—后端盖　7—刷杆座　8—换向器
9—电刷　10—主磁极　11—机座　12—励磁绕组
13—风扇　14—前端盖

钉固定在机座上。

2）换向极。换向极的作用是改善直流电机的换向性能，消除直流电机带负载时换向器产生的有害火花。换向极是由铁心和套在铁心上的换向极绕组组成。铁心常用整块钢板或厚钢板制成，换向极绕组与电枢绕组串联。换向极的数目一般与主磁极的数目相同，只有小功率的直流电动机不装换向极或装设只有主磁极数目一半的换向极。

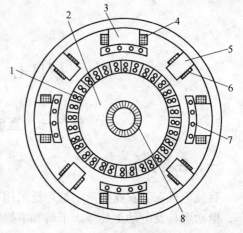

3）机座。机座有两个作用，一是作为各磁极间的磁路，这部分称为定子的磁轭；二是作为电机的机械支撑。为了保证机座具有足够的机械强度和良好的导磁性能，一般用低碳钢铸成或用钢板焊接而成。

4）电刷装置。电刷装置的作用有两个，一是使转子绕组与电机的外部电路接通；二是与换向器配合，完成直流电机外部直流电与内部交流电的转换。电刷装置由电刷、刷握、压紧弹簧和铜丝辫等零件组成。电刷个数一般等于主磁极数目。

图 3-2　直流电机剖面图

1—电枢绕组　2—电枢铁心　3—主磁极铁心
4—励磁绕组　5—换向极铁心　6—换向极
绕组　7—主磁极极靴　8—转轴

（2）转子部分　转子是直流电机的重要部件。它由电枢铁心、电枢绕组、换向器、转轴和轴承等组成。由于感应电动势和电磁转矩都在转子绕组中产生，所以转子是机械能和电磁能转换的枢纽，因此直流电机的转子也称为电枢。转子的组成如图 3-3 所示。

1）电枢铁心。电枢铁心有两个作用，一是作为磁路的一部分；二是将电枢绕组安放在铁心的槽内。为了减小由于电动机磁通变化产生的涡流损耗，电枢铁心通常采用 $0.35 \sim 0.5$mm 的硅钢片冲压叠成。

2）电枢绕组。电枢绕组的作用是产生感应电动势和电磁转矩，从而实现电能和机械能的相互转换。电枢绕组是用绝缘的铜导线制成元件（线圈），然后将元件按一定的规律嵌放在电枢铁心槽内，每个元件（线圈）有两个出线端，分别与换向器的两个换向片相连，所有元件连接成一个闭合回路。

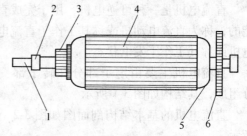

图 3-3　直流电机的转子
1—转轴　2—轴承　3—换向器　4—电枢
铁心　5—电枢绕组　6—风扇

3）换向器。换向器是直流电机的关键部件，它与电刷配合，在直流电机中，能将电枢绕组中的交流电动势或交流电流转变成电刷两端的直流电动势或直流电流。

换向器的种类很多，主要取决于电机的容量与转速。在中小型直流电机中，最常用的为拱形换向器。换向器的结构如图 3-4 所示。

4）转轴。转轴一般由合金钢锻压而成。对于小容量的直流电机，电枢铁心装在转轴上。对于大容量的直流电机，为减少硅钢片的消耗和转子重量，转轴上装有金属支架，电枢铁心装在金属支架上。为了加强电机的散热，转轴上还装有风扇。

2. 直流电动机的励磁方式与铭牌

（1）励磁方式 直流电动机的励磁方式是指励磁绕组中励磁电流的获得方式。直流电动机的运行特性与它的励磁方式有很大有关系。直流电动机的励磁方式可分为他励、并励、串励和复励。复励又可分为积复励和差复励。

1）他励直流电动机。他励直流电动机的励磁电源与电枢电源分别为独立的电源，这两个电源的电压可以相同，也可以不同。他励直流电动机的具体接线如图3-5所示。图中，U_f和I_f分别为励磁电压和励磁电流。

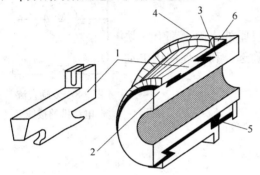

图3-4 换向器的结构

1— 换向片 2—套筒 3—V形环 4—片间

云母 5—云母 6—螺母

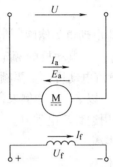

图3-5 他励直流电动机的接线

他励直流电动机的励磁电流与电枢电流无关，不受电枢回路的影响。他励直流电动机的机械特性较硬，适用于精密加工的直流电动机拖动系统。

2）并励直流电动机。并励直流电动机的励磁电源与电枢电源由同一电源供电，与他励方式相比，可节省一个直流电源。并励直流电动机的具体接线如图3-6所示。

并励直流电动机的机械特性基本与他励直流电动机相同，机械特性较硬，一般用于恒压拖动系统。中小型直流电动机多采用并励方式。

3）串励直流电动机。串励直流电动机的励磁绕组和电枢绕组串联。为了减小励磁绕组的电压降和铜耗，励磁绕组通常用截面积较大的导线绕成，且匝数较少。串励直流电动机的具体接线如图3-7所示。

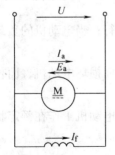

图3-6 并励直流电动机的接线

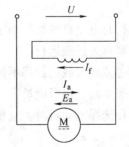

图3-7 串励直流电动机的接线

串励直流电动机的机械特性较软，主要应用于电动车辆的驱动。

4）复励直流电动机。这种电动机有两个励磁绕组，即并励绕组和串励绕组。若并励通与串励磁通方向相同，则称为积复励；若并励磁通和串励磁通方向相反，则称为差复励。复励直流电动机的具体接线如图3-8所示。

积复励直流电动机具有较大的起动转矩，机械特性较软，介于并励直流电动机与串励直流电动机之间。它多用于起动转矩要求较大，转速变化不大的场合。

差复励直流电动机起动转矩小，机械特性较硬（有时会出现还上翘，影响其稳定性），一般用于起动转矩要求较小的小型恒压拖动系统中。

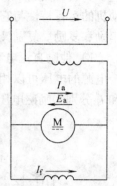

图3-8　复励直流
电动机的接线

（2）直流电动机的铭牌　每台直流电动机机座外表面上都有一块铭牌，上面标注有电动机的额定参数，它是正确选择和合理使用电动机的依据。直流电动机的主要额定值有以下几项。

1）型号。以Z2-92为例来说明。

Z：一般用途直流电动机。

2：设计序号。

9：机座代号。

2：电枢铁心代号。

2）额定功率P_N（kW）。

3）额定电压U_N（V）。

4）额定电流I_N（A）。

5）额定转速n_N（r/min）。

6）励磁方式和额定励磁电流I_{fN}（A）

有些物理量虽然不在电动机铭牌上，但它也是额定值。如在额定运行状态下的转矩、效率分别为额定转矩和额定效率，这些额定数据也叫铭牌数据。

直流电动机的额定功率、额定电压、额定电流、额定效率及输入功率之间的关系为

$$P_N = U_N I_N \eta$$
$$P_I = U_N I_N$$

电动机轴上输出的额定转矩用T_N表示，其大小应该是输出的额定机械功率除以转子的额定角速度 。

如果运行时电动机的负载小于额定功率，则称为欠载运行；当电动机的负载超过额定功率运行时，则称为过载运行。

长期的过载或欠载运行都不好。长期过载有可能因过热而损坏电动机，而长期欠载运行则电动机效率不高，浪费能量。

所以，在选择电动机时，应根据负载的要求，尽可能让电动机工作在额定状态。

思考与练习

1. 直流电动机有哪些励磁方式？请画图说明。

2. 一台直流电动机，已知额定功率$P_N = 10$kW，额定电压$U_N = 230$V，额定转速$n_N = 2850$r/min，额定效率$\eta_N = 0.85$。求直流电动机的额定电流I_N和额定负载时的输入功率P_1。

任务二 直流电机的工作原理

一、任务引入

直流电机在日常生活中有着广泛的应用，如电动剃须刀、电动玩具等。如果电动剃须刀在剃须过程中不转动了或转动无力，则需要查找出故障，这首先就要掌握直流电机的工作原理。

二、任务目标

（1）进一步了解直流电机的结构。
（2）掌握直流电机的工作原理。

三、相关知识

1. 直流电机的工作原理分析

直流电机的工作原理是基于电磁感应定律和电磁力定律的。直流电动机是根据载流导体在磁场中受力这一基本原理工作的。

直流发电动机则是根据切割磁场的导体会产生感生电势这一基本理论工作的。

（1）直流电动机的原理分析

图3-9是一台最简单的直流电动机的模型。N和S是一对固定的磁极。磁极之间有一个可以转动的圆柱体，称为电枢铁心。电枢铁心表面固定一个由绝缘导体构成的电枢绕组abcd，电枢绕组两端分别连接到相互绝缘的两个弧形铜片上，弧形铜片称为换向片，它们的组合体称为换向器。

首先给励磁绕组通入直流励磁电流，产生所需要的磁场，再通过电刷和换向器向电枢绕组通入直流电流，提供电能，于是电枢电流在磁场的作用下产生电磁转矩，驱动电动机转动。

在电刷A和B间加上一直流电压时，则在电枢绕组中就产生了一个直流电流，其方向是a→b。根据基本的电磁力定律可知，通有电流的导体ab和cd在磁场中会受到电磁力的作用。其大小为

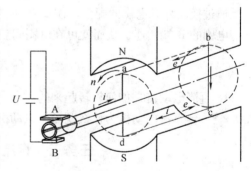

图3-9 直流电动机模型

$$f = B_x li$$

式中，f为电磁力（N）；B_x为导体所在位置的磁感应强度（T）；l为导体ab和cd的有效长度（m）；i为导体中流过的电流（A）。

由左手定则可以判断出电枢绕组所受的电磁力是逆时针方向的。为了使电动机能沿着一定的方向连续转动，就必须在电枢绕组转动的情况下，保持进入N极下的电枢绕组中的电流始终是一个方向，而S极下的电枢绕组中的电流是另一个方向。

为了保证电动机电枢绕组逆时针方向受力且实现连续地逆时针方向转动，当导体ab在N极下的时候，电流方向是a→b，当导体ab转到S极下时，电流方向就应该是b→a。同样

地，导体 cd 中的电流也应相应地改变。

由此可见，加在直流电动机上的直流电源通过换向器和电刷在电枢绕组中产生的电流是交变的，但每一磁极下导体中的电流方向始终不变。因而产生单方向的电磁转矩，使电枢绕组沿一个方向旋转，这就是直流电动机的工作原理。

实际应用中的直流电动机，电枢绕组是均匀地在电枢圆周上嵌放许多线圈，相应的换向器也是由许多换向片组成的，从而使电枢绕组所产生的总电磁转矩足够大并且比较均匀，电动机的转速也就比较均匀。

（2）直流发电机的原理分析

直流发电机是根据导体在磁场中做切割磁力线的运动产生感应电动势这一基本电磁理论制成的。

直流发电机的简化模型如图 3-10 所示。图中，N、S 为固定不动的定子磁极，用以产生磁场。

首先，原动机拖动转子沿逆时针方向旋转，在电枢绕组 abcd 中就有感应电动势产生。根据电磁感应定律可知，导体 ab 和 cd 中产生的感应电动势 e 相等。

由图 3-10 可知，d 点应为低电位，a 点应为高电位，相应电刷 A 端为高电位，输出电源的正极性，电刷 B 端为低电位，输出电源的负极性。

电枢绕组在外力的作用下连续不断地旋转，所以导体 ab 和 cd 在不同磁极下感应的电动势方向

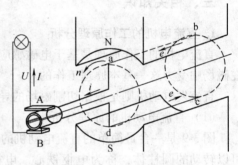

图 3-10　直流发电机模型

也随之变化，因此电枢绕组中产生的感应电动势是交变的。

通过换向片和电刷的配合，使 N 极下的导体始终与电刷的 A 端相连，S 极下的导体始终与电刷的 B 端相连，从而就可在电刷间获得一个极性不变的电动势。

思考与练习

1. 直流电动机是如何旋转起来的？
2. 一台直流电动机为什么既可做电动机运行也可做发电动机运行？

任务三　直流电动机的机械特性

一、任务引入

在工程设计中要选用直流电动机或需要维修直流电动机时，首先就要掌握直流电动机的工作原理，并且要掌握直流电动机的机械特性。

二、任务目标

（1）了解直流电动机机械特性的基本概念。
（2）掌握直流电动机的机械特性并理解其意义。

三、相关知识

1. 直流电动机的感应电动势和电磁转矩

（1）感应电动势　感应电动势是指直流电动机工作时正、负电刷之间的电动势，也就是每一条并联支路的电动势。直流电动机的电枢绕组是由许多元件组成的，将这些元件串联组成若干条支路，且每条支路的元件数相等，再将所有支路并联后就组成了直流电动机的电枢回路。可见，直流电动机的感应电动势就是每条并联支路中所有元件的感应电动势之和。其表达式为

$$E_a = \frac{pN}{60a}\Phi n = C_e \Phi n$$

式中，N 为电枢总导体数；a 为电枢绕组并联支路对数；Φ 为气隙磁通（Wb）；n 为电动机转速（r/min）；p 为磁极对数；$C_e = \dfrac{pN}{60a}$，为电动势常数。

直流电动机感应电动势的方向在实际中由右手定则确定。它是由磁场方向和转速方向来确定的，只要改变其中一个量的方向，感应电动势的方向就会改变。

当直流电动机运行于电动状态时，感应电动势的方向与电枢电流的实际方向相反，电动机吸收电网电能，故称这时的感应电动势为反电动势。

当直流电动机运行于发电状态时，感应电动势的方向与电枢电流的实际方向相同，电枢绕组通过电刷输出电能。

（2）电磁转矩　直流电动机的电磁转矩是由电枢电流与气隙磁场的相互作用产生的电磁力所形成的。由于电枢绕组中各元件所产生的电磁转矩是同方向的，因此，只要根据电磁力理论计算出一根导体的平均电磁力及其转矩，将其乘上电枢绕组所有的导体数，就可计算出总的电磁转矩。其表达式为

$$T = \frac{pN}{2\pi a}\Phi I_a = C_T \Phi I_a$$

式中，$C_T = \dfrac{pN}{2\pi a}$，为转矩常数。

2. 直流电动机的平衡方程式

（1）电动势平衡方程式　他励直流电动机各物理量的参考方向如图 3-11 所示。

由基尔霍夫电压定律可得

$$U = E_a + I_a R_a$$

（2）功率平衡方程式　由电动势平衡方程式可得

$$UI_a = E_a I_a + R_a I_a^2$$

而输入的电功率为　$P_1 = UI_a$

电磁功率为　　　$P_{em} = E_a I_a$

电枢铜耗为　　　$P_{Cua} = I_a^2 R_a$

所以　　　　　　$P_1 = P_{em} + P_{Cua}$

此外，还有　　　$P_{em} = P_2 + P_0$

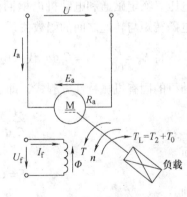

图 3-11　他励直流电动机
的运行原理

式中，P_2 为电动机输出的机械功率；P_0 为空载损耗。

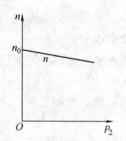

（3）转矩平衡方程式　将功率平衡方程式 $P_{em} = P_2 + P_0$ 两端同时除以 Ω，就可以得到转矩平衡方程式，即

$$T = T_2 + T_0$$

3. 直流电动机的机械特性分析

（1）直流电动机的工作特性　直流电动机的工作特性是指在直流电动机电枢绕组外加额定电压、励磁电流不变且电枢回路不串接附加电阻时，电动机的转速 n、电磁转矩 T、效率 η 与输出功率 P_2 之间的关系。其具体特性曲线分别如图 3-12、图 3-13 和图 3-14 所示。

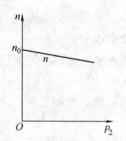

图 3-12　直流电动机的转速特性曲线　　　　图 3-13　直流电动机的转矩特性曲线

（2）他励直流电动机的机械特性　他励直流电动机的机械特性就是指电动机工作时，其电磁转矩与转速之间的函数关系，即 $n = f(T)$。

1）固有机械特性。固有机械特性是指电动机工作时，在额定电压、额定磁通和电动机电枢回路不串接附加电阻时，电动机的电磁转矩与转速之间的函数关系。

将 $E_a = \dfrac{pN}{60a}\Phi n = C_e \Phi n$ 代入电动势平衡方程式可得他励直流电

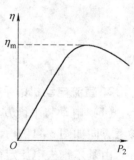

动机的固有机械特性方程式，即

$$n = \frac{U}{C_e \Phi} - \frac{R_a}{C_e \Phi} I_a$$

而

$$T = C_T \Phi I_a$$

则

图 3-14　直流电动机
的效率特性曲线

$$n = \frac{U}{C_e \Phi} - \frac{R_a}{C_e C_T \Phi^2} T$$

此外，他励直流电动机的转速还可表示为

$$n = n_0 - \beta T \ \text{或} \ n = n_0 - \Delta n$$

式中，$n_0 = \dfrac{U}{C_e \Phi}$，为理想空载转速；$\beta = \dfrac{R_a}{C_e C_T \Phi^2}$，为机械特性曲线的斜率；$\Delta n = \dfrac{R_a}{C_e C_T \Phi^2}T$，

为转速降。

他励直流电动机的固有机械特性曲线如图 3-15 所示。

2）人为机械特性。当人为地改变电动机的相关参数后，就得到电动机的人为机械特性。

①降低电枢电压时的人为机械特性。这种人为机械特性是在额定磁通、电枢回路不串接附加电阻时，电枢电压小于额定电压时得到的直流电动机的机械特性。其特性曲线如图 3-16 所示。

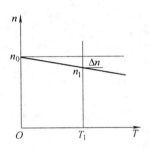

图 3-15　他励直流电动机的
固有机械特性曲线

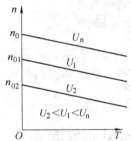

图 3-16　他励直流电动机降低
电枢电压的人为机械特性

②电枢回路串电阻的人为机械特性。特性是在额定磁通、额定电枢电压时，直流电动机电枢回路串接附加电阻时得到的机械特性。其特性曲线如图 3-17 所示。

③弱磁的人为机械特性。特性是在额定电枢电压、电枢回路不串接附加电阻时，励磁磁通小于额定磁通时得到的直流电动机的机械特性。其特性曲线如图 3-18 所示。

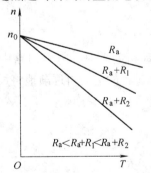

图 3-17　他励直流电动机电枢
回路串电阻的人为机械特性

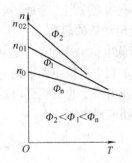

图 3-18　他励直流电动机
弱磁的人为机械特性

思考与练习

1. 什么叫固有机械特性？什么是人为机械特性？他励直流电动机的固有机械特性和各种人为机械特性各有何特点？

2. 他励直流电动机的额定功率 $P_N = 10\text{kW}$，额定电压 $U_N = 220\text{V}$，额定转速 $n_N =$

1500r/min，额定电流 $I_N = 53.4\text{A}$，$R_a = 0.4\Omega$。求他励直流电动机额定运行时的转速、理想空载转速，并画出机械特性曲线。

任务四　直流电动机的起动与反转

一、任务引入

直流电动机在实际生活中有大量的应用，如电动玩具等。如果电动机不能正常工作或不能正常起动，则需要对其进行维修，这就需要要掌握直流电动机的工作原理，了解直流电动机的起动过程和起动要求。

二、任务目标

（1）了解直流电动机的起动。
（2）掌握直流电动机的起动方法和工作原理。

三、相关知识

1. 直流电动机的起动要求

1）具有足够的起动转矩，即 $T_{st} > T_L$；
2）电枢起动电流应限制到允许值之内，即 I_{st} 不能太大；
直流电动机在起动过程中，其电枢电流的表达式为

$$I_{st} = \frac{U_{st}}{R_a}$$

由上式可知，在满足 $T_{st} > T_L$ 的条件下，要将 I_{st} 限制在较小范围内，有以下两种途径：
①降低电枢电压；
②在电枢回路中串入合适的电阻。

2. 直流电动机的起动

（1）降低电枢电压起动　这种起动方式是在直流电动机起动时，电枢回路中不串接附加电阻，将加在电枢绕组两端的电压适当减小；随着起动过程的进行再逐渐地将加在电枢绕组两端的电压升高，直到达到电动机的额定电压为止。

在电动机起动瞬间，有

$$I_{st} = \frac{U_{st}}{R_a} \qquad T_{st} = C_T \Phi I_{st} = C_T \Phi \frac{U_{st}}{R_a}$$

直流电动机在起动时，其起动电流为额定电流的 $1.5 \sim 2.5$ 倍，因此其起动转矩也为额定转矩的 $1.5 \sim 2.5$ 倍。

直流电动机降低电枢电压的起动过程如图 3-19 所示。图中，W 点是直流电动机起动后的稳定运行点。

（2）电枢串电阻起动　这种起动方式是在直流电动机起动时，电枢绕组两端加额定电枢电压，在电动机的电枢回路中串入合适的起动电阻；随着起动过程的进行，逐渐地将串接在电枢回路中的电阻逐级切除，直到电枢回路中的电阻只剩下电枢本身的电阻为止。直流电动机电枢串电阻起动电路如图 3-20 所示。

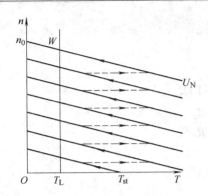

图 3-19 直流电动机降低电枢电压的起动过程

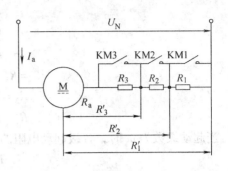

图 3-20 直流电动机电枢串电阻起动电路

①起动过程。如图 3-21 所示，以三级起动为例，直流电动机的起动过程分析如下。

首先，KM1、KM2、KM3 三个接触器全部断开，将 R_1、R_2、R_3 全部串入电枢回路，电动机从 Q 点起动；随着起动过程的进行，电动机转速沿 R_1' 的人为机械特性曲线不断升高，当到达 A 点时，接触器 KM1 闭合，切除 R_1，电动机电枢电流增大，电磁转矩增大，机械特性由 A 点过渡到 B 点，电动机的转速沿 R_2' 的人为机械特性曲线升高；当升高到 C 点时，接触器 KM2 闭合，切除 R_2，电动机电枢电流再次增大，电磁转矩再次增大，机械特性又由 C 点过渡到 D 点，电动机转速沿 R_3' 的人为机械特性曲线升高；当升高到 E 点时，接触器 KM3 闭合，切除 R_3，电动机电枢电流继续增大，电磁转矩继续增大，机

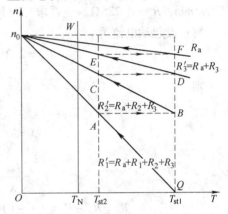

图 3-21 直流电动机电枢串电阻
起动过程分析图

械特性又由 E 点过渡到 F 点，电动机转速沿固有机械特性曲线升高，直到 W 点；此时电磁转矩等于负载转矩，电动机以稳定的转速运行，起动过程结束。

起动电流 I_{st1} 的选择，技术标准规定，一般直流电动机的起动电流应限制在额定电流的 2.5 倍以内。相应的起动转矩基本上也在额定转矩的 2.5 倍以内。有

$$I_{st1} = (1.5 \sim 2.2)I_N$$

切换电流 I_{st2} 必须大于起动时的负载电流，或切换转矩应大于起动时的负载转矩。一般选取为

$$I_{st2} = (1.1 \sim 1.3)I_N$$

②起动电阻的计算。起动级数 m 的选取应根据控制设备的要求来定，一般不超过 6 级。各级起动电阻值的确定，要求达到各级起动的起动电流和切换电流一致。

根据以上起动要求，可得

$$E_A = E_B$$
$$E_C = E_D$$
$$E_E = E_F$$
$$\frac{R_1'}{R_2'} = \frac{R_2'}{R_3'} = \frac{R_3'}{R_a} = \frac{I_{st1}}{I_{st2}} = \lambda$$

$$R_3' = \lambda R_a$$
$$R_2' = \lambda^2 R_a$$
$$R_1' = \lambda^3 R_a$$
$$R_3 = R_3' - R_a = (\lambda - 1) R_a$$
$$R_2 = R_2' - R_3' = \lambda R_3$$
$$R_1 = R_1' - R_2' = \lambda R_2$$

当起动级数为 m 时，各级起动电阻的计算如下：

$$R_1' = \lambda^m R_a$$

$$\lambda = \sqrt[m]{\frac{R_1'}{R_a}}$$

例 6-1 一台他励直流电动机的参数为：$P_N = 13\mathrm{kW}$，$U_N = 220\mathrm{V}$，$I_N = 68.6A$，$n_N = 1500\mathrm{r/min}$，$R_a = 0.225\Omega$。现要求三级起动，求各级的起动电阻。

解：设起动电流为

$$I_{st1} = 2.2I_N = 2.2 \times 68.6A = 151A$$

则

$$R_1' = \frac{U_N}{I_{st1}} = \frac{220}{151}\Omega = 1.46\Omega$$

$$\lambda = \sqrt[m]{\frac{R_1'}{R_a}} = \sqrt[3]{\frac{1.46}{0.225}} = 1.86$$

$$I_{st2} = \frac{I_{st1}}{\lambda} = \frac{151}{1.86}A = 81A > 1.1I_N$$

$$R_3 = R_3' - R_a = (\lambda - 1) R_a = (1.86 - 1) \times 0.225\Omega = 0.193\Omega$$
$$R_2 = R_2' - R_3' = \lambda R_3 = 1.86 \times 0.193\Omega = 0.359\Omega$$
$$R_1 = R_1' - R_2' = \lambda R_2 = 1.86 \times 0.359\Omega = 0.667\Omega$$

3. 直流电动机的反转

直流电动机的电磁转矩为

$$T = \frac{pN}{2\pi a}\Phi I_a = C_T \Phi I_a$$

由上式可知，要使直流电动机反转，只要改变电动机的电磁转矩方向，电动机就可反向运行。而 $T = C_T \Phi I_a$，所以只需改变励磁磁通的方向或电枢电流的方向即可。常用的方法有以下两种：

①保持电枢绕组两端的极性不变，将励磁绕组反接；

②保持励磁绕组两端的极性不变，将电枢绕组反接。

思考与练习

1. 已知他励直流电动机的额定电压 $U_N = 220\mathrm{V}$，额定电流 $I_N = 207.5\mathrm{A}$，$R_a = 0.067\Omega$。求 1）电动机直接起动时的起动电流 I_{st}；2）如果限制起动电流为 $1.5I_N$，电枢回路应串入多大的限流电阻？

2. 他励直流电动机的额定功率 $P_N = 7.5\mathrm{kW}$，额定电压 $U_N = 110\mathrm{V}$，额定转速 $n_N =$

750r/min，额定电流 $I_N = 85.2A$，$R_a = 0.13\Omega$。采用三级起动，最大起动电流为 $2I_N$，求各级起动电阻。

3. 直流电动机为什么不能直接起动？如果直接起动会出现什么后果？

4. 怎样改变他励、并励、串励和复励电动机的转向？

任务五 直流电动机的调速

一、任务引入

电动自行车、电动叉车均是由直流电动机拖动的，在行驶过程中需要调速时，怎样进行速度的调整呢？下面，就来学习直流电动机的调速。

二、任务目标

（1）了解直流电动机的调速方法。

（2）掌握直流电动机的调速过程和调速原理。

三、相关知识

所谓直流电动机的调速，是指人为地改变电动机的相关电气参数，使其转速发生改变，从而达到预定的转速。

他励直流电动机的机械特性方程式为

$$n = \frac{U}{C_e\Phi} - \frac{R_a + R}{C_e C_T \Phi^2}T$$

由上面的方程式可知，要使电动机的转速发生改变，有以下三种方式：

①降低电枢电压调速。

②电枢回路串接附加电阻调速。

③弱磁调速。

1. 降压调速

降压调速过程如图 3-22 所示。初始时，直流电动机稳定运行于固有机械特性曲线上的 a 点，当降低加在电枢两端的电源电压时，直流电动机的工作点由 a 点过渡到降压后的人为机械特性曲线上的 a' 点；在 a' 点，直流电动机的电磁转矩小于负载转矩，电动机的转速沿人为机械特性曲线 U_1 下降，直到 b 点，此时电动机的电磁转矩与负载转矩达到新的平衡，电动机以 $n = n_b$ 的转速稳定运行；至此，调速过程结束。

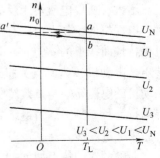

图 3-22 直流电动机降压调速的过程

降压调速的特点如下：

1）属于恒转矩调速性质。

2）由于电枢两端电压不允许超过其额定值，所以电枢电压降低时转速就降低，故这种调试方式的调速范围不会超过额定转速，为基速以下调速。

3）转速随电枢两端电压的降低而减小，$T\text{-}n$ 曲线的斜率不变，机械特性的硬度不变。

4）若为恒转矩负载，调速前后的电流、转矩不变，随输入电压降低，输入功率减小，转速下降，输出功率减小，其损耗基本不变，所以降压调速的效率是较高的。

2. 电枢回路串电阻调速

保持加在直流电动机电枢两端的电源电压不变，保持额定励磁不变，通过在电枢回路中串入附加电阻也可实现调速，其调速过程如图 3-23 所示。

设电枢串电阻前电动机稳定运行于固有机械特性曲线上的 a 点，此时，电磁转矩等于负载转矩，电动机以 $n = n_a$ 的转速稳定动行。当在电枢回路中串入电阻 R 的瞬间，因转速不能突变，故电流、转矩将减小，电动机的工作点过渡到人为机械特性曲线上的 a' 点；由于这时的电磁转矩小于负载转矩，电动机转速沿人为机械特性曲线下降；随着转速的降低，电枢电动势也随之下降，电枢电流增大，电磁转矩也增大；当到达 b 点时，电磁转矩与负载转矩相等，电动机以 $n = n_b$ 的转速稳定运行。串入的电阻越大，直流电动机机械特性越软，运行时的转速也就越低。

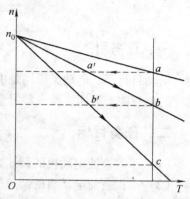

图 3-23　直流电动机电枢串
电阻的调速过程

电枢回路串电阻调速的特点如下。

1）属于恒转矩调速性质。

2）由于串入电枢电阻，电动机转速就降低，因此这种调速方式的调速范围不会超过额定转速，为基速以下调速。

3）理想空载转速不变，T-n 曲线的斜率随电阻的增大而增大，机械特性变软。

4）若电动机所带负载为恒转矩负载，调速前后的电流、转矩不变，输入功率不变，但串入的电阻越大，电枢电阻损耗越大，转速越低，输出的机械功率越小，所以电动机工作效率较低。

3. 弱磁调速

保持加在直流电动机电枢两端的电源电压不变，电枢回路中不串入附加电阻，通过减小励磁回路的励磁电流就可实现调速，其调速过程如图 3-24 所示。

当磁通减弱时，其电磁转矩的大小不仅取决于磁通，还与电枢电流密切相关；磁通减小，导致电枢反电动势减小，电枢电流增大，所以电磁转矩反而增大；当电磁转矩超过负载转矩时，电动机的工作点由固有机械特性曲线上的 a 点过渡到人为机械特性曲线上的 a' 点；在 a' 点，电动机的电磁转矩大于负载转矩，电动机转速沿人为机械特性曲线升高；升高到 b 点时，电动机的电磁转矩与负载转矩相等，电动机以 $n = n_b$ 的转速稳定运行，且 $n_b > n_a$。若继续减小励磁回路的励磁电流，电动机转速则会进一步升高。

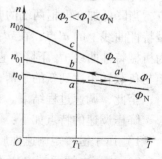

图 3-24　直流电动机弱磁
调速的过程

弱磁调速的特点如下：

1）弱磁调速属于恒功率调速性质。

2）由于弱磁升速的原因，调速范围又只能在额定磁通以下进行，所以这种调速方式是在额定转速以上调速，为基速以上调速。

3）随磁通减小，T-n 曲线的斜率增大，机械特性变软。

4）若电动机所带负载为恒转矩负载，由于电动机输入电压不变，弱磁后，电流增大，输入功率增加，但转速升高，输出功率随之增大，所以电动机运行效率较高。

思考与练习

1. 直流电动机有哪几种调速方法？各有何特点？

2. 电动机在不同转速下的允许输出转矩和功率是由什么决定的？

3. 一台他励直流电动机的额定功率 $P_N = 30kW$，额定电压 $U_N = 220V$，额定转速 $n_N = 1000r/min$，额定电流 $I_N = 158.5A$，$R_a = 0.1\Omega$，$T_L = 0.8T_N$。求：1）电动机的转速；2）当电枢回路串入 0.3Ω 电阻时电动机的转速；3）电压降到 188V 时，降压瞬间的电枢电流和降压后的转速；4）将励磁磁通减弱至 80% 额定磁通时电动机的转速。

4. 一台他励直流电动机的额定功率 $P_N = 4kW$，额定电压 $U_N = 110V$，额定转速 $n_N = 1500r/min$，额定电流 $I_N = 44.8A$，$R_a = 0.23\Omega$。电动机带额定负载运行，若使转速下降至 800r/min：1）当采用电枢串电阻的调速方法时，在电枢回路中应串入多大的电阻？2）若采用降压调速的方法，加在电动机电枢上的电压应为多大？

任务六　直流电动机的制动

一、任务引入

电动自行车、电动叉车均是由直流电动机拖动的，在行驶过程中需要制动时，除了机械制动，有时也可采用电气制动，那么，怎样进行电气制动呢？下面，就来学习直流电动机的电气制动。

二、任务目标

（1）了解直流电动机制动的方法。

（2）掌握直流电动机的制动过程和制动原理。

三、相关知识

1. 制动的基本概念

生产机械的制动，可以通过机械和电气两种基本方式来实现，通常这两种方法是配合使用的。以下重点分析直流电动机电气制动的方法、特性及使用特点。

电气制动是指电动机运行时，其电磁转矩与转速的方向相反时的工作状态。因为此时的电磁转矩对运行的电动机而言，起到了阻碍的作用，故称为电气制动，或称为制动工作状态。由于在电气制动的工作状态下，电动机将机械能转换成了电能，所以也被称为发电状态。

根据运行电路和能量传递的不同，电气制动可分为能耗制动、反接制动和回馈制动三种方式。

2. 能耗制动

（1）制动电路　将直流电动机的电枢绕组从直流电源上断开，即保持额定励磁不变，将制动电阻与电枢绕组串联，此时电动机的工作状态就会由电动运行状态转变为制动工作状态。直流电动机的能耗制动电路如图 3-25 所示。

图 3-25a 为直流电动机电动运行时的电路，也就是说将开关打向 1 的位置，电枢绕组外接直流电源。当将开关打向 2 的位置时，则表明切断了直流电动机的电源，同时在电枢回路中串入了制动电阻 R_B，此时电动机就工作在制动状态。直流电动机能耗制动电路如图 3-25b 所示。

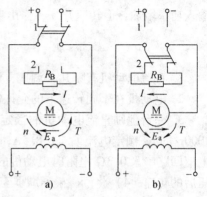

图 3-25　直流电动机能耗制动电路

（2）制动过程分析　当切断直流电动机的电源后，即 $U_N = 0$，电枢回路总电阻是由电枢电阻 R_a 和制动电阻 R_B 两部分组成，其机械特性方程式为

$$n = \frac{R_a + R_B}{C_e \Phi} I_a = -\frac{R_a + R_B}{C_e C_T \Phi^2} T$$

此时，电枢电流反向，其产生的转矩也反向，为制动转矩，所以将此时的电枢电流称为制动电流，其最大值在能耗制动的起点。为了保证能耗制动过程的安全性，通常限制最大制动电流不超过 $2 \sim 2.5 I_N$，所以能耗制动的制动电阻取值范围为

$$R_B = \frac{E_a}{(2 \sim 2.5) I_N} - R_a$$

直流电动机的能耗制动过程如图 3-26 所示。

首先，电动机工作于机械特性曲线 1 上的 a 点，以 $n = n_a$ 稳定运行。当将开关由 1 位置打向 2 位置时，$U_N = 0$，电枢回路串入了制动电阻，此时其工作点会由 a 点过渡到 b 点，在 b 点；由于电动机的电磁转矩小于负载转矩，所以电动机的转速沿人为机械特性曲线 2 下降，直到原点 O 点；若负载为反抗性负载，制动过程即可结束；当负载为位能性负载时，电动机的工作特性会进入第四象限，直到 c 点，即电动机的电磁转矩与负载转矩相等，电动机以 $n = n_c$ 的转速稳定下放重物。

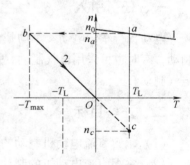

图 3-26　直流电动机的能耗制动过程

（3）制动过程中的能量关系及特点　系统将本身贮存的机械能转换成电能，消耗在电枢回路的电阻上。

能耗制动的优点：制动能耗较小，制动平稳，能实现准确停车。

能耗制动的缺点：制动效果较差。

3. 反接制动

反接制动又可分为电源反接制动和倒拉反接制动。

（1）电源反接制动　电源反接制动电路如图 3-27 所示。

KM1 为电动机电动运行接触器，KM2 为电源反接制动运行接触器。当 KM1 闭合，KM2 断开时，电动机工作于电动状态；而当接触器 KM1 断开，KM2 闭合时，电动机工作于电源反接制动状态。

1）制动过程分析。当将加在电枢绕组两端的电源极性反向时，电枢绕组中的电流反向，电磁转矩反向，电动机就由原来的电动运行状态进入到电源反接制动状态。具体工作状态分析如图 3-28 所示。制动电阻 R_B 的大小可由下式计算：

$$R_B = \frac{E_a + U_N}{(2 \sim 2.5)I_N} - R_a \approx \frac{2U_N}{(2 \sim 2.5)I_N} - R_a$$

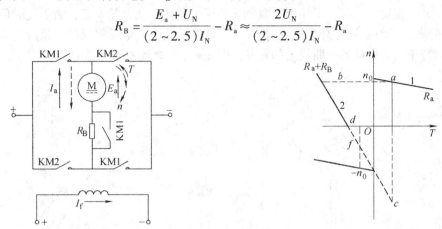

图 3-27 直流电动机的电源反接制动电路　　　　图 3-28 直流电动机电源反接制动过程

从图 3-27 中可知，当接触器 KM1 断开，KM2 闭合，其电枢电流反向，所以电磁转矩反向，与电动机转速方向相反，成为制动转矩，所以称此状态为电源反接制动。这时的电流从电枢电动势的正极流出，说明电动机在输出电能，而电流也从电源的正极出来回到负极，故电源也在向电动机提供电能，所以这时的电流将很大，必需串入电枢电阻，将电流限制在允许范围之内。

设直流电动机起始处于电动运行状态，即在固有机械特性曲线 1 的 a 点上稳定运行；现将电源反接，并串入制动电阻 R_B 后，电动机工作点过渡到人为特性曲线 2 上的 b 点；由于此时电动机的电磁转矩为制动转矩，所以转速沿人为机械特性曲线 2 下降，当到达 d 点时，若接触器 KM2 断开，电动机即可停止；若接触器 KM2 没有断开，电动机将反转进入第三象限到达 f 点，此时，电动机为反向电动运行；若电动机所带负载为位能性负载，电动机的转速会继续反向加速，进入第四象限，直到 c 点，以稳定的转速高速下放重物。

2）制动过程中的能量分析及特点。在电源反接制动过程中，电动机将贮存的机械能转变为电能，电源同时也在向电动机输入电能，这些能量大都消耗在电枢回路电阻中。

电源反接制动的优点：制动效果较好。

电源反接制动的缺点：制动能耗大。

（2）倒拉反接制动

1）倒拉反接制动的条件。即电动机带位能性负载，电枢回路串有较大的附加电阻。倒拉反接制动大都应用在起重机械提升拖动系统中。

图 3-29 为直流电动机拖动位能性负载时的倒拉反接制动电路，图 3-29a 为提升重物时的电路，图 3-29b 为下放重物时的电路。

2）制动过程分析。当串入大的制动电阻 R_B 后，直流电动机机械特性变软，电枢电流减小，电磁转矩小于负载转矩，电动机转速降低；随着转速的下降，反电动势减小，电枢电流、电磁转矩又增大；当转速降到零时，电磁转矩仍小于负载转矩，此时的电动机就会在负载转矩的作用下反转，转速方向与电磁转矩相反，电磁转矩成了制动转矩。由于转速反向，使得电枢电动势反向，故倒拉反接制动也称为发电运行状态。

如图 3-30 所示，设电动机起始运行于重物的提升状态，即在固有机械特性曲线上的 a 点稳定运行，当重物下放时，工作点过渡到人为机械特性曲线上的 b 点，由于此时负载转矩大于电磁转矩，电动机的转速沿人为特性曲线下降，重物拉着电动机反转，最后进入第四象限，稳定运行于人为机械特性曲线上的 c 点，以 $n = n_c$ 的转速稳定下放重物。

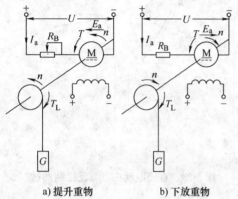

a) 提升重物　　　b) 下放重物

图 3-29　直流电动机倒拉反接制动电路原理图

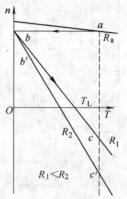

图 3-30　直流电动机倒拉反接制动过程

3）倒拉反接制动的能量关系及特点。倒拉反接制动的特点：由于电源电压、电枢电动势、电枢电流的方向相同，所以电源在向电动机供电，同时，电动机也将机械能转变为电能，这些能量大都消耗在电枢回路的电阻上。

串入的反接制动电阻越大，重物下放的速度越大。其原因是由于电阻消耗的能量增大了（负载为恒转矩负载），而电源提供的能量不变（输入的电压、电流不变），电动机发出的电能增大，所以倒拉转速增大。

倒拉反接制动的优点：制动效果较好，能实现稳定下放重物。

倒拉反接制动的缺点：制动能耗大。

4. 回馈制动

回馈制动是指在外力的作用下，电动机的实际转速超过了理想空载转速，电枢电动势大于电源电压，从而使电枢电流反向，与电枢电动势的方向相同，而与电源极性相反，显然，电动机此时输出电能，电源则在吸收电能，电动机处于发电运行状态。电枢电流的反向使得电磁转矩的方向改变，与转速的方向相反，成为制动转矩。直流电动机的回馈制动电路如图 3-31 所示。

直流电动机的回馈制动过程如图 3-32 所示。

设初始状态电动机工作于固有机械特性曲线 1 上的 a 点，以 $n = n_a$ 的转速稳定提升重物；当在电动机电枢回路串入电阻后，电动机的工作点就由 a 点过渡到 b 点，电磁转矩反向，在重物和反向电磁转矩的共同作用下，电动机转速沿人为机械特性曲线 2 降低；当转速降低到 c 点时，转速等于零，在重物和电磁转矩的共同作用下拉着电动机反转下放重物，工作点进入第三象限，然后进入第四象限的 d 点，最后以 $n = n_d$ 的转速高速下放重物，且 $n_d > n_0$，此时电动机处于回馈制动状态。

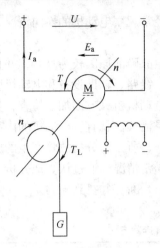
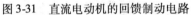
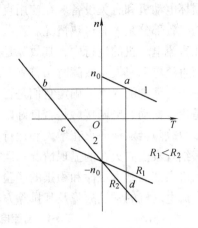

图 3-31 直流电动机的回馈制动电路   图 3-32 直流电动机的回馈制动过程

在回馈制动过程中，电动机将机械能转变成电能并馈送回电网，故称为回馈制动。

思考与练习

1. 采用能耗制动和电压反接制动进行系统停车时，为什么要在电枢回路串入制动电阻？哪一种情况下串入的电阻大？为什么？

2. 实现倒拉反接制动和回馈制动的条件各是什么？

3. 他励直流电动机的额定功率 $P_N = 2.5\text{kW}$，额定电压 $U_N = 220\text{V}$，额定转速 $n_N = 1500\text{r/min}$，额定电流 $I_N = 12.5\text{A}$，$R_a = 0.8\Omega$。求：1）当电动机以 1200r/min 的转速运行时，采用能耗制动，若限制制动电流为 $2I_N$，则电枢回路中应串入多大的制动电阻？2）若负载为位能性恒转矩负载，负载转矩 $T_L = 0.9T_N$，采用能耗制动使负载以 120r/min 的转速下放重物，电枢回路中应串入多大的电阻。

任务七 直流电动机的常见故障与维修

一、任务引入

直流电动机在实际生活、生产中有着广泛的应用，如电动自行车、电动叉车等各种电动车辆。在应用中如果电动机出现故障需要维修时，应该怎样排查故障？并对其进行维修呢？下面，就来学习直流电动机的常见故障与维修。

二、任务目标

（1）了解直流电动机的常见故障。

（2）掌握直流电动机常见故障的排除方法和排除过程。

三、相关知识

1. 直流电动机的常见故障及排除方法

直流电动机和其他电动机一样，在使用前应按产品使用说明书认真检查，以避免发生故障，损坏电动机和有关设备。在使用直流电动机时，应经常观察电动机的换向情况，还应注意电动机各部分是否有过热情况。

在直流电动机的运行中，其故障是多种多样的，产生故障的原因较为复杂，并且互相影响。当直流电动机发生故障时，首先要对电动机的电源、线路、辅助设备和电动机所带的负载逐一进行仔细的检查，确定它们是否正常；然后再从电动机机械方面加以检查，如检查电刷架是否有松动、电刷接触是否良好以及轴承转动是否灵活等。就直流电动机的内部故障来说，多数故障会从换向火花增大和运行性能异常反映出来，所以要分析故障产生的原因，就必须仔细观察换向火花的显现情况和运行时出现的其他异常情况，通过认真地分析，根据直流电动机内部的基本规律和积累的经验对产生的故障做出判断，并找到原因。

直流电动机的常见故障及其排除方法见表3-1。

表 3-1　直流电动机的常见故障及其排除方法

故障现象	故 障 原 因	排 除 方 法
电刷下火花过大	1）电刷与换向器接触不良	1）研磨电刷接触面，并在轻载下运行 30～60min
	2）刷握松动或装置不正	2）紧固或纠正刷握装置
	3）电刷与刷握配合太紧	3）略微磨小电刷尺寸
	4）电刷压力大小不当或不均	4）用弹簧秤校正电刷压力，使其为 12～17kPa
	5）换向器表面不光洁、不圆或有污垢	5）清洁或研磨换向器表面
	6）换向片间云母凸出	6）将换向片间凸出云母刻槽、倒角、再研磨
	7）电刷位置不在中性线上	7）调整刷杆座至原有记号位置，或按感应法找出中性线位置
	8）电刷磨损过度，或所用牌号及尺寸不符	8）更换新电刷
	9）过载	9）恢复正常负载
	10）电动机底脚松动，发生振动	10）固定电动机底脚螺钉
	11）换向极绕组短路	11）检查换向极绕组，修理绝缘损坏处
	12）电枢绕组断路或电枢绕组与换向器脱焊	12）查找断路部位并进行修复
	13）换向极绕组接反	13）检查换向极的极性，并加以纠正
	14）电刷之间的电流分布不均匀	14）调整刷架等分，按原牌号及尺寸更新新电刷
	15）电刷分布不等分	15）校正电刷等分
	16）电枢平衡未校好	16）重校转子动平衡
电动机不能起动	1）无电源	1）检查线路是否完好，启动器连接是否准确，熔丝是否熔断
	2）过载	2）减小负载
	3）启动电流太小	3）检查所用启动器是否合适
	4）电刷接触不良	4）检查刷握弹簧是否松弛或改善接触面
	5）励磁回路断路	5）检查变阻器及磁场绕组是否断路，更换绕组
电枢冒烟	1）长时间过载	1）立即恢复正常负载
	2）换向器或电枢短路	2）查找短路的部位并进行修复
	3）负载短路	3）检查线路是否有短路
	4）电动机端电压过低	4）恢复电压至正常值
	5）电动机直接起动或反向运转过于频繁	5）使用适当的启动器，避免频繁的反复运转
	6）定、转子相擦	6）检查相擦的原因并进行修复

2. 直流电动机修理后的检查和试验

直流电动机拆装、修理后，必须经检查和试验后才能使用。

（1）检修项目 检修后欲投入运行的直流电动机，所有紧固元件应拧紧，转子转动应灵活。此外还应检查下列项目。

1）检查出线是否正确，接线是否与端子的标号一致，电动机内部的接线是否有碰触转动的部件。

2）检查换向器的表面。换向器应光滑、光洁、不得有毛刺、裂纹及裂痕等缺陷。换向片间的云母片不得高出换向器的表面，凹下深度为 $1 \sim 1.5$mm。

3）检查刷握。刷握应牢固而精确地固定在刷架上，各刷握之间的距离应相等，刷距偏差不超过 1mm。

4）检查刷握的下边缘与换向器表面的距离，电刷在刷握中装配的尺寸要求以及电刷与换向片的吻合接触面积。

5）电刷压力弹簧的压力。对于一般电动机，应为 $12 \sim 17$kPa；对于经常受到冲击振动的电动机，应为 $20 \sim 40$kPa。同一电动机内各电刷的压力与其平均值的偏差不应超过 10%。

6）检查电动机气隙的不均匀度。当气隙宽度在 3mm 以下时，其最大允许偏差值不应超过其算术平均值的 20%；当气隙宽度在 3mm 以上时，偏差不应超过其算术平均值的 10%。测量时可用塞规在电枢的圆周上检测各磁极下的气隙，每次在电动机的轴向两端测量。

（2）试验项目

1）绝缘电阻的测试。对于 500V 以下的电动机，用 500V 的绝缘电阻表分别测量各绕组的对地绝缘电阻及各绕组之间的绝缘电阻，其阻值应大于 0.5MΩ。

2）绕组直流电阻的测量。采用直流汤姆逊电桥来测量，每次应重复测量三次，取其算术平均值。将测得的各绕组直流电阻值与制造厂或安装时最初测量的数据进行比较，误差不得超过 2%。

3）确定电刷中性线。常采用的方法有以下三种：

①感应法。将毫伏表或检流计接到电枢相邻两磁极下的电刷上，将励磁绕组经开关接至直流低压电源上。使电枢静止不动，接通或断开励磁电源时，毫伏表将左右摆动，移动电刷，找到使毫伏表摆动最小或不动的位置，这个位置就是电刷中性线位置。

②正反转发电机法。将电动机接成他励发电机运行，使输出电压接近额定值。保持电机的转速和励磁电流不变，使电机正转和反转，慢慢移动电刷位置，直到找到正转与反转的电枢输出电压相等的位置，此时的电刷位置就是中性线位置。

③正反转电动机法。对于允许可逆运行的直流电动机，在外加电压和励磁电流不变的情况下，使电动机正转和反转，慢慢移动电刷，直至找到电动机正转与反转的转速相等的位置，此时电刷的位置就是中性线位置。

4）耐压试验。在各绕组与地之间和各绕组之间，施加频率为 50Hz 的正弦交流电压。施加的电压值为：对于 1kW 以下、额定电压不超过 36V 的电动机，加比 2 倍额定电压高 500V 的电压，历时 1min 不击穿为合格；对 1kW 以上、额定电压在 36V 以上的电动机，加比 2 倍额定电压高 1000V 的电压，历时 1min 不击穿为合格。

5）空载试验。应在上述各项试验都合格的条件下进行。将电动机接入电源和励磁，使其在空载下运行一段时间，观察电动机各部位，检查是否有过热、异常噪声、异常振动或出现火花等现象，初步鉴定电动机的接线、装配和修理的质量是否合格。

6）负载试验。一般情况可以不进行此项试验。必要时可结合生产机械来进行。

负载试验的目的是考验电动机在工作条件下的输出是否稳定。主要是看转矩、转速等是否合格。同时，检查负载情况下各部位的温升、噪声、振动、换向以及产生的火花等是否在正常范围内。

7）超速试验。该试验的目的是考核电动机的机械强度及承受能力。一般在空载下进行，使电动机转速达120%的额定转速，历时2min，以机械结构没有损坏及没有残余变形为合格。

思考与练习

1. 直流电动机常见的故障有哪些？
2. 直流电动机不能正常运行的主要原因有哪些？
3. 直流电动机运行时出现电枢冒烟的主要原因有哪些？

模块四　控制电机

项目八　伺服电动机

伺服电动机的作用是将输入的电压信号转换为轴上的转速信号。在自动控制系统中，伺服电动机是作为执行元件来使用的。它具有服从控制信号的要求而动作的功能，在信号到来之前，转子静止不动；当信号到来后，转子立即转动；一旦信号消失，转子能快速地制动停转；若信号方向改变，转子也立即反转。由于这种"伺服"性能，因而把这类电动机称为伺服电动机。

按照自动控制系统的要求，伺服电动机应具有以下性能：

①调速范围宽。

②机械特性和调节特性为线性。

③无"自转"现象。

④快速响应性好。

⑤稳定性好。

⑥能耗小。

常用的伺服电动机分为两大类：交流伺服电动机和直流伺服电动机。

任务一　交流伺服电动机

交流伺服电动机大量应用于自动控制系统中，如数控机床、加工中心及雷达天线等自动控制系统中。在数控机床中主要用来作为主轴的驱动。

一、任务引入

交流伺服电动机是一种将输入的电信号转换成电动机转轴的机械转动的控制电机。它被广泛应用于自动控制系统中作为控制电机来使用。

二、任务目标

（1）了解交流伺服电动机的结构。

（2）掌握交流伺服电动机的工作原理。

（3）了解交流伺服电动机的常见故障并能及时排除故障。

三、相关知识

1. 交流伺服电动机的基本结构

交流伺服电动机的基本结构如图 4-1 所示。交流伺服电动机的定子上装有励磁绕组 F 和控制绕组 C，两个绕组在空间上相差 $90°$，励磁绕组与交流电源 U_F 相连接，控制绕组两端输

入控制信号 U_c。

交流伺服电动机的转子分为两种，分别为笼型转子和杯形转子。为了减小转子的转动惯量，笼型转子一般做得细而长。

2. 交流伺服电动机的工作原理

交流伺服电动机在没有控制信号时，定子内只有励磁绕组产生的脉振磁场。此时，电动机的电磁转矩等于零，转子不动。当控制绕组中加入控制信号时，就会在气隙中产生一个旋转磁场，并产生电磁转矩，使转子沿旋转磁场的方向转动。

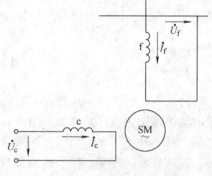

图 4-1　交流伺服电动机原理图

3. 交流伺服电动机的型号参数

以 SM100-050-30LFB 为例来介绍交流伺服电动机的型号参数。

SM：表示电动机为正弦交流信号驱动的永磁同步交流伺服电动机。

100：电动机的外径（mm）。

050：电动机的额定转矩（N·m），其值为三位数乘以 0.1。

30：电动机的额定转速（r/min），其值为两位数乘以 100。

L 或 H：电动机适配驱动器的工作电压，L——AC220V；H——AC380V。

F、F1 或 R1：表示反馈元件的规格，F——复合式增量编码器；F1——省线工增量编码器；R1——对极旋转变压器。

B：电动类型，基本型。

4. 控制方式

交流伺服电动机的控制绕组和励磁绕组通常都设计成对称形式，当控制电压 U_c 与励磁电压 U_f 的幅值不等或相位差不是 90°电角度时，则将产生椭圆形的旋转磁场。所以改变控制电压 U_c 的大小和相位就可以改变旋转磁场的椭圆度，从而控制伺服电动机的转速和转矩。具体的控制方式有三种，分别为幅值控制、相位控制和幅相控制，详细分析请参阅参考文献[1]。

5. 常见故障及其排除

交流伺服电动机的常见故障及其排除见表 4-1。

表 4-1　交流伺服电动机的常见故障及其排除方法

序号	故障现象	故障原因	故障排除方法
1	接线松开	连接不牢固	使接线连接牢固
2	插座脱焊	虚焊	检查脱焊点并使其焊接牢固
3	位置检测装置故障	无输出信号	更换反馈装置
4	电磁阀得电不松开 失电不制动	电磁制动故障	更换电磁阀

思考与练习

1. 交流伺服电动机与交流异步电动机的区别是什么？

2. 交流伺服电动机的控制方式有哪几种？

任务二 直流伺服电动机

一、任务引入

直流伺服电动机也是一种将输入电信号转换成电动机转轴的机械转动的控制电机。广泛应用于自动控制系统和自动检测系统中作为执行元件来使用。

二、任务目标

（1）了解直流伺服电动机的结构。

（2）掌握直流伺服电动机的工作原理。

（3）掌握直流伺服电动机的常见故障并能及时排除故障。

三、相关知识

1. 直流伺服电动机的基本结构

直流伺服电动机的结构与普通小型直流电动机相同，由定子和转子两部分组成。定子的作用是建立磁场，励磁方式可分为他励式和永磁式。永磁式直流伺服电动机不需要励磁绕组和励磁电源，其结构简单，特别适用于小功率的场合。直流伺服电动机的转子铁心与普通电动机铁心一样，都是用硅钢片冲制叠压而成，铁心表面上开有槽，用来嵌放电枢绕组，电枢绕组经换向器和电刷与外电路相连。

2. 直流伺服电动机的工作原理

当将直流电压通入直流伺服电动机时，其转速就由所加的控制电压决定。若控制电压加在电枢绕组两端，称为电枢控制直流伺服电动机；若控制电压加在励磁绕组两端，则称为磁场控制直流伺服电动机。具体的电枢控制直流伺服电动机的接线原理图如图 4-2 所示。

直流伺服电动机的机械特性方程式为

$$n = \frac{U}{C_e\Phi} - \frac{R_a}{C_e C_T \Phi^2}T = n_0 - \beta T$$

直流伺服电动机的优点是具有线性的机械特性、起动转矩大及调速范围广。缺点是电刷与换向器之间的火花会产生大的电磁干扰，需要定期更换电刷，维护换向器。

图 4-2 电枢控制直流伺服
电动机接线原理图

3. 型号参数

以 JSF—60—40—30—DF—100 为例来介绍直流伺服电动机的型号参数。

JSF：无电刷直流伺服电动机。

60：电动机的外径（mm）。

40：额定功率，以 10W 为单位，即此时的额定功率为 400W。

30：额定转速，以 100r/min 为单位，即此时的额定转速为 3000r/min。

D：额定电压，A——24V；B——36V；C——48V；D——72V。

F：装配选项，K——键槽；F——扁平轴；S——光轴；G——减速机；P——特殊制作。

100：编码器的分辨率。

4. 直流伺服电动机的常见故障及其排除方法

直流伺服电动机的常见故障及其排除方法见表4-2。

表4-2　直流伺服电动机的常见故障及其排除方法

序号	故障现象	故障原因	故障排除方法
1	低速加工时工件表面有大的振纹	①速度环增益设定不当 ②电动机的永磁体局部退磁 ③电动机性能下降，纹波过大	①检查增益参数，按说明书正确设定参数 ②采用交换法，判断重新充磁 ③更换电动机
2	在运转、停车或变速时有振动	①脉冲编码器工作不良 ②绕组对地短路或绕组之间短路 ③电动机接触不良	①测量脉冲编码器的反馈信号，更换编码器 ②排除短路点，处理好接地和屏蔽 ③重新调整、安装电动机
3	电动机运行时噪声太大	①换向器接触面粗糙，换向器局部短路 ②轴向间隙过大	①检查并更换换向器 ②利用数控装置进行螺距误差、反向间隙补偿
4	直流伺服电动机不转	①电源线接触不良或断线 ②没有驱动信号 ③永磁体脱落 ④制动器未松开 ⑤电动机本身故障	①正确连接或更换电源线 ②检查信号驱动线路，确保信号线连接可靠 ③更换永磁体或电动机 ④检查制动器确保制动器能正常工作 ⑤维修或更换电动机
5	旋转时有大的冲击	①负载不均匀 ②输出给电动机的电压纹波太大 ③电枢绕组内部有短路 ④电枢绕组对地短路 ⑤脉冲编码器工作不良	①分析、改善切削条件 ②更换测速发电动机 ③采用稳压电源 ④排除故障点，处理好接地和屏蔽 ⑤更换编码器

思考与练习

1. 交流伺服电动机在结构上与三相异步电动机有什么不同？其控制方式有哪些？
2. 直流伺服电动机有哪几种控制方式？

项目九　步进电动机

步进电动机的应用十分广泛，如经济型数控机床中刀具的进给、绘图机、机器人、计算机的外部设备及自动记录仪表等。它主要应用于工作难度大、速度快及精度高的场合，尤其是电力电子技术和微电子技术的发展为步进电动机的应用开辟了十分广阔的前景。

一、任务引入

步进电动机的作用是将输入的电脉冲信号变换成输出的角位移。其运行特点是：每输入一个电脉冲，电动机就转动一个角度或前进一步。其输出的角位移与脉冲数成正比，转速与脉冲频率成正比。步进电动机在数控开环系统中作为执行元件。

步进电动机的种类很多，按工作原理的不同可分为反应式、永磁式和混合式步进电动机等。其中反应式步进电动机具有结构简单、反应灵敏及速度快等优点，故应用广泛。

二、任务目标

（1）了解步进电动机的结构。

（2）掌握步进电动机的工作原理。

（3）了解步进电动机的常见故障并能及时排除故障。

三、相关知识

1. 基本结构

反应式步进电动机的定子相数一般为 2~6 个，定子磁极数为定子相数的 2 倍，其结构如图 4-3 所示。图中，步进电动机的定子、转子均由硅钢片叠压而成；定子上有均匀分布的 6 个磁极，磁极上有控制（励磁）绕组，两个相对的磁极组成一相，三相绕组接成星形联结；转子铁心上没有绕组，转子具有均匀分布的若干个齿，且转子宽度等于定子极靴宽度。

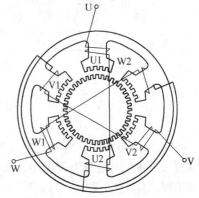

图 4-3　步进电动机的结构

2. 工作原理

（1）单相三拍控制步进电动机的工作原理　图 4-4 为三相反应式步进电动机单三拍控制方式时的工作原理图。单三拍控制中的"单"是指每次只有一相控制绕组通电，通电顺序为 U→V→W→U 或按 U→W→V→U 顺序。"三拍"指经过三次切换控制绕组的电脉冲为一个循环。

当 U 相控制绕组通入电脉冲时，U1、U2 就成为电磁铁的 N、S 极。由于磁路磁通要沿磁阻最小的路径来闭合，故将使转子齿 1、3 和定子磁极 U1、U2 对齐，即形成 U1、U2 轴线方向的磁通 Φ_U，如图 4-4a 所示。U 相电脉冲结束，接着 V 相通入电脉冲，基于上述原因，转子齿 2、4 与定子磁极 V1、V2 对齐，如图 4-4b 所示，转子沿逆时针方向转过 30°。V 相脉冲结束，随后 W 相控制绕组通入电脉冲，使转子齿 3、1 和定子磁极 W1、W2 对齐，转子又沿空间逆时针方向转过 30°，如图 4-4c 所示。

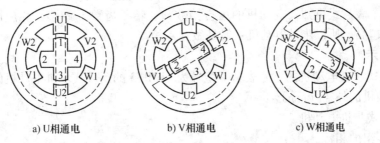

a) U 相通电　　　　　b) V 相通电　　　　　c) W 相通电

图 4-4　三相反应式步进电动机单三拍工作原理

从以上分析可知，如果按照 U→V→W→U 的顺序通入电脉冲，转子逆时针方向一步一步转动，每步转过 30°，该角度称为步距角。电动机的转速取决于电脉冲的频率，频率越高，转速越高。若按 U→W→V→U 顺序通入电脉冲，则电动机反向旋转。三相控制绕组的通电顺序及频率大小，通常由电子逻辑电路来实现。

（2）三相六拍控制方式步进电动机的工作原理　三相六拍控制方式中三相控制绕组的通电顺序按 U→UV→V→VW→W→WU→U 进行，即先给 U 相控制绕组通电，而后 U、V 两相控制绕组同时通电；然后断开 U 相控制绕组，由 V 相控制绕组单独通电；再使 V、W 两相控制绕组同时通电，依次进行下去，如图 4-5 所示。每转换一次，步进电动机沿逆时针方向转过 15°，即步距角为 15°，若改变通电顺序（即反过来），步进电动机将沿顺时针方向旋转。该控制方式下，定子三相绕组经六次换接过程完成一次循环，故称为"六拍"控制。此种控制方式因转换时始终有一相绕组通电，故工作比较稳定。

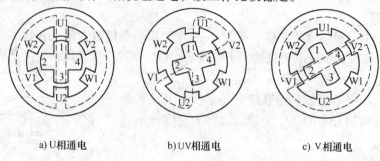

a)U相通电　　　　　　　b)UV相通电　　　　　　　c) V相通电

图 4-5　三相六拍控制方式时步进电动机的工作原理

由以上分析可知，若步进电动机定子有三相绕组六个磁极，极距为 360°/6 = 60°，转子齿数为 $z_r = 4$，齿距角为 360°/4 = 90°。当采用三拍控制时，每一拍转过 30°，即 1/3 齿距角；当采用六拍控制方式时，每一拍转过 15°，即 1/6 齿距角。因此，步进电动机的步距角 θ 与运行拍数 m，转子齿数 z_r 有关，具体关系如下：

$$\theta = \frac{360°}{z_r m} = \frac{2\pi}{z_r m}$$

若脉冲频率为 f（Hz），步距角 θ 的单位为弧度（rad），则当连续通入控制脉冲时，步进电动机的转速 n 为

$$n = \frac{\theta f}{2\pi} \times 60 = \frac{60f}{z_r m}$$

所以，步进电动机的转速与脉冲频率 f 成正比，并与频率同步。

由以上两个表达式可知，电动机的运行拍数 m、转子齿数 z_r 越多，相应脉冲电源越复杂，造价也就越高。所以步进电动机一般是做到六相。

3. 型号表示

（1）反应式步进电动机的型号表示　型号为 110BF3 的反应式步进电动机的含义如下。

110：电动机的外径（mm）。

BF：反应式步进电动机。

3：定子绕组的相数。

（2）混合式步进电动机的型号表示　型号为 55BYG4 的混合式步进电动机的含义如下。

55：电动机的外径（mm）。

BYG：混合式步进电动机。

4：励磁绕组的相数。

4. 步进电动机的常见故障及其排除方法

步进电动机的常见故障及其排除方法见表4-3。

表4-3 步进电动机的常见故障及其排除方法

序号	故障现象	故障原因	故障排除方法
1	电动机故障	不是连续运行或有驱动脉冲但电动机不运行	更换电动机
2	工作过程中停车	驱动电源有故障 驱动电路有故障 电动机绕组损坏 电动机匝间短路或绕组接地 杂物卡住	检查驱动电源的输出，确保输出正常 更换驱动器 更换电动机绕组 处理短路或更换电动机绕组 清理杂物
3	电动机异常发热	电源线 R、S、T 连线不正确	正确连接 R、S、T 电源线
4	电动机尖叫	CNC 中与伺服驱动有关的参数设定、调整不当	正确设定相关参数
5	工作时噪声特别大，低频旋转时有进二退一现象，高速上不去	电源线相序有误 电动机运行在低频区或共振区 纯惯性负载、正反转频繁	调整电源线相序 调整加工切削参数 重新考虑机床的加工能力
6	发生"闷车"现象	驱动器故障 电动机故障 电动机定、转子之间的间隙过大 负载过重或切削条件不良	检查驱动器，确保有正常的输出 更换电动机 调整电动机的定、转子之间的间隙 改善加工条件，减轻负载
7	步进电动机失步或多步	负载过大 负载忽大忽小，毛坯余量分配不均匀 负载转动惯量过大，起动时失步、停车时过冲 传动间隙大小不均匀 传动间隙使零件产生弹性变形 电动机工作在振荡失步区 干扰 电动机故障	重新调整加工程序切削参数 调整加工条件 重新考虑负载的转动惯量 进行机械传动精度检验，进行螺距误差补偿 针对零件材料重新考虑加工方案 根据电动机的运行速度和工作频率调整加工参数 处理好接地，做好屏蔽 更换电动机

思考与练习

1. 反应式步进电动机的步距角如何计算？

2. 影响步进电动机性能的因素有哪些？

3. 已知一步进电动机的转子齿数为 z_r，通电脉冲的频率为 f，运行的拍数为 m，步距角用 θ 表示，电动机的转速用 n 表示，试写出步进电动机步距角 θ 和转速 n 的表达式。

模块五　三相交流异步电动机的拖动控制与典型电路

项目十　三相交流异步电动机的典型控制电路

任务一　低压电器与电气控制基本知识

一、任务引入

要实现三相交流异步电动机的起动和正反转控制，就要应用相关的低压电器设计成相应的控制电路，经过配盘、接线，最终实现对三相交流异步电动机的起动、正反转、制动及调速等控制。

二、任务目标

（1）了解电气控制的基本知识。
（2）掌握常用低压电器的基本结构、工作原理和电气符号。
（3）掌握电气控制系统图的绘制方法。
（4）能识读电气控制系统图。

三、相关知识

1. 低压电器概述

在电能的生产、输送、分配和应用中，电路中需要安装多种电气元器件，用来接通和断开电路，以达到控制、调节、转换及保护的目的。这些电气元器件统称为电器。凡用于交流额定电压1200V、直流额定电压1500V以下由供电系统和用电设备等组成的电路中起通断、保护、控制和调节作用的电器都称为低压电器。

用电动机拖动生产机械运行，为了满足生产机械各种不同的工艺要求和实际要求，就必需有一套控制装置。尽管电力拖动控制系统已经向无触头、连续控制、微电子控制及计算机控制等方向发展，但由于继电器—接触器控制系统中所用的低压电器结构简单、价格便宜，又能够满足生产机械的一般要求，因此，目前仍然有着广泛的应用。

低压电器是电力拖动控制系统的基本组成元件，控制系统性能的好坏与所用的低压电器直接相关。因此，电气技术人员必须熟悉常用低压电器的基本结构、工作原理、规格型号和主要用途等，并且要能正确地选择、使用与维护。

（1）低压电器的分类　生产机械中所用的控制电器多属于低压电器。低压电器的种类繁多，结构各异，用途广泛，分类方法也不尽相同。

1）按动作方式分类。

①手动电器：通过手动直接操作而动作的电器。如开关、按钮等。

②自动电器：按照本身参数或输入信号（如电流、电压、温度、速度及热量等）的变化而自动完成接通、分断等动作的电器。如接触器、继电器等。

2）按低压电器在电气控制电路中所处的地位和作用分类。

①配电电器：主要用于低压配电系统中，完成对系统的控制与保护的电器。如开关、熔断器及低压断路器等。

②控制电器：主要用于设备的电气控制系统中，控制电路或电动机工作状态的电器。如接触器、继电器以及主令电器等。

3）按工作原理分类

①电磁式电器：依据电磁感应原理工作的电器。如接触器、各种类型的电磁式继电器等。

②非电量控制电器：依靠外力或某种非电物理量的变化而动作的电器。如刀开关、行程开关、按钮、速度继电器及温度继电器等。

另外，低压电器按工作条件还可划分为一般工业电器、船用电器、化工电器、矿用电器、牵引电器及航空电器等几类。

低压电器的主要种类及其应用见表5-1。低压电器的常见使用类别及典型用途见表5-2。

表 5-1　低压电器的主要种类及其应用

	产品名称	主要种类	应　用
配电电器	开关、隔离器、隔离开关及熔断器组合电器	开关 隔离器 隔离开关 及熔断器组合电器	主要用做电路隔离，也能接通和分断额定电流或切换两种或两种以上的电源或负载
	熔断器	有填料封闭管式熔断器 无填料封闭管式熔断器 插入式熔断器 螺旋式熔断器 快速熔断器	用做线路和设备的短路和过载保护
	断路器	万能式断路器 限流式断路器 塑料外壳式断路器 漏电保护断路器 直流快速断路器	用做线路过载、短路、漏电、欠电压和失电压的保护，以及电路的频繁接通和分断
	终端组合电器	模-数化终端组合电器	主要用于电力线路的末端，对用电设备进行控制、配电，对线路的过载、短路、漏电及过电压进行保护
控制电器	接触器	交流接触器 直流接触器 真空接触器 半导体式接触器	远距离频繁的起动或控制交、直流电动机，以及接通、分断正常工作的主电路和控制电路

（续）

产品名称	主要种类	应　用
控制电器	起动器：直接起动器 星形-三角形减压起动器 自耦减压起动器 变阻式转子起动器 半导体式起动器 真空起动器	交流电动机的起动和正反转控制
	控制继电器：电流继电器 电压继电器 时间继电器 中间继电器 温度继电器 热继电器	在控制系统中，控制其他电器和保护主电路
	控制器：凸轮控制器 平面控制器 鼓形控制器	实现电气控制设备中主电路或励磁电路的转换，以使电动机起动、换相和调速
	主令电器：按钮 限位开关 微动开关 万能转换开关 脚踏开关 接近开关 程序开关	接通、分断控制电路，以发布命令或用做程序控制
	电阻器：铁基合金电阻	改变电路参数或变电能为热能
	变阻器：励磁变阻器 起动变阻器 频敏变阻器	用于发电机调压、电动机的平滑起动和调速
	电磁铁：起重电磁铁 牵引电磁铁 制动电磁铁	用于起重、操纵或牵引机械装置

表 5-2　低压电器的常见使用类别及典型用途

电流种类	使用类别符号	典型用途举例	给出典型参数的有关产品标准名称
交流	AC—1 AC—2 AC—3 AC—4	无感或微感负载，如电阻炉 绕线转子电动机的起动、分断 笼型异步电动机的起动和运行中分断 笼型异步电动机的起动、点动、反接制动与反向运行	GB14048.4—2010《低压开关设备和控制设备　第4-1部分：接触器和电动机起动器　机电式接触器和电动机起动器（含电动机保护器）》

（续）

电流种类	使用类别符号	典型用途举例	给出典型参数的有关产品标准名称
交流	AC—11	控制交流电磁铁负载	GB14048.5—2008《低压开关设备和控制设备　第5-1部分：控制电路电器和开关元件　机电式控制电路电器》
	AC—12	控制电阻性负载和发光二极管隔离的固态负载	
	AC—13	控制变压器隔离的固态负载	
	AC—14	控制小容量（≤72V·A）的电磁铁负载	
	AC—15	控制容量在72V·A以上的电磁铁负载	
	AC—20	空载条件下的"闭合"和"断开"电路	GB14048.3—2008《低压开关设备和控制设备　第3部分：开关、隔离器、隔离开关以及熔断器组合电器》
	AC—21	通断电阻性负载，包括通断适中的过载	
	AC—22	通断电阻、电感混合性质的负载，包括通断适中的过载	
	AC—23	通断电动机负载或其他高电感性负载	
交直流	A	非选择性保护：无人为短延时保护，无额定短时耐受电流的要求	GB14048.2—2008《低压开关设备和控制设备　第2部分：断路器》
	B	选择性保护：有短延时，有额定短时耐受电流的要求	
直流	DC—1	无感或微感负载，如电阻炉	GB14048.6—2008《低压开关设备和控制设备　第4-2部分：接触器和电动机起动器　交流半导体电动机控制器和起动器（含软起动器）》
	DC—3	并励电动机的起动、点动和反接制动	
	DC—5	串励电动机的起动、点动和反接制动	
	DC—6	通断白炽灯	
	DC—11	控制直流电磁铁负载	GB14048.5—2008《低压开关设备和控制设备　第5-1部分：控制电路电器和开关元件　机电式控制电路电器》
	DC—12	控制电阻性负载和发光二极管隔离的固态负载	
	DC—13	控制直流电磁铁，即电感与电阻混合性质的负载	
	DC—14	控制电路中有经济电阻的直流电磁铁负载	
	DC—20	空载条件下的"闭合"和"断开"电路	GB14048.3—2008《低压开关设备和控制设备　第3部分：开关、隔离器、隔离开关以及熔断器组合电器》
	DC—21	通断电阻性负载，包括适度的过载	
	DC—22	通断电阻、电感混合性质的负载，包括适度的过载（如并励电动机）	
	DC—23	通断高电感性负载（如串励电动机）	
交直流	gG	全范围能分断（g）的一般用途（G）熔断器	GB13539.1—2008《低压熔断器　第1部分：基本要求》
	gM	全范围能分断（g）的电动机电路中（M）的熔断器	
	dM	部分范围能分断的电动机电路中（M）的熔断器	

（2）低压电器的结构　低压电器一般由两部分组成。一是检测部分，用于检测外界的信号，作出有规律的反应。在自动电器中，检测部分大多是由电磁机构组成；在手动电器中，检测部分就是操作手柄。另一部分是执行机构，其主要作用就是根据指令完成接通、切断电路等任务。对于自动电器而言，还具有中间部分，它的主要作用是将检测部分和执行机构联系起来，完成信号的传递，使它们按一定的规律动作。

应用电磁力来实现电器动作的低压电器为电磁式低压电器。它在低压电器中占有非常重要的地位，在电气控制系统中应用最为广泛。电磁式低压电器主要由电磁机构、执行机构和灭弧装置三部分组成，电磁机构分为电磁线圈、铁心和衔铁三部分，执行机构主要是指触头系统。

1）电磁机构。电磁机构是电磁式低压电器的检测部分，它的主要作用是将电磁能转换成机械能并带动触头动作。电磁机构主要由电磁线圈、铁心（也称静铁心）和衔铁（也称动铁心）三部分组成。根据电磁机构磁路结构和衔铁动作方式的不同，可分为直动式电磁机构和拍合式电磁机构，分别如图5-1和图5-2所示。

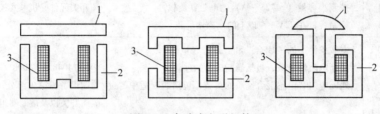

图 5-1　直动式电磁机构
1—衔铁　2—铁心　3—电磁线圈

电磁线圈是电磁机构的心脏，其主要作用是将电能转化为磁能，即产生电磁力，衔铁在电磁力的作用下产生位移而带动触头动作。

电磁线圈套在铁心柱上，对于交流电磁线圈，除了线圈本身发热外，因为铁心中有涡流和磁滞损耗，所以铁心也会发热。因此，为了减少这些损耗，铁心一般用硅钢片叠压而成，电磁线圈做成有骨架的矮胖形。对于直流电磁线圈，由于铁心中通过的是

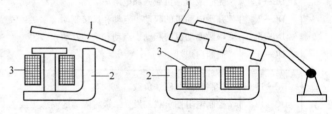

图 5-2　拍合式电磁机构
1—衔铁　2—铁心　3—电磁线圈

恒定磁通，铁心中没有涡流和磁滞损耗，故不会发热，只有线圈发热，因此直流电磁线圈通常没有骨架，呈细长形，以增加它和铁心的接触面积，有利于散热。

铁心是静止不动的，而衔铁是可动的。在电磁线圈通电产生电磁力后，衔铁受到电磁力的作用，同时还受到弹簧的反力作用，只有在电磁力大于弹簧反力时，衔铁才能产生位移而带动触头动作。

2）触头系统。触头系统是电磁式低压电器的执行机构，它在衔铁的带动下起接通和分断电路的作用，所以触头材料应具有良好的导电、导热性能。触头通常用铜制成，有些小容量电器的触头可采用银质材料。

常用的触头结构形式有点接触式、面接触式和线接触式，如图5-3所示。

点接触式触头适用于小电流且触头压力小的场合；面接触式触头适用于大电流的场合；线接触式触头在接通和分断电路时会

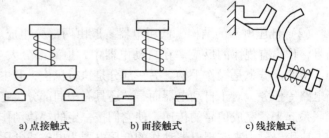

a) 点接触式　　　b) 面接触式　　　c) 线接触式

图 5-3　触头的结构形式

产生滚动摩擦，可以去除触头表面的氧化膜，减小接触电阻，适用于接通频繁和大电流的场合。

3）灭弧装置。当断开电路时，低压电器的触头表面有大量的自由电子溢出而产生强烈的弧焰，这种弧焰称作电弧。电弧一方面会烧蚀触头，降低电器的寿命以及电器工作的可靠性；另一方面会使电路分断时间延长，以至于引发火灾或其他安全事故。因此必须将电弧迅速熄灭。

常用的灭弧方法和装置有如下几种。

①机械灭弧。该方法是通过机械装置将电弧拉长，使电弧燃烧减弱，最终熄灭电弧。这种方法多用于开关电器中。

②磁吹灭弧。该方法是在主电路的触头上串联一个磁吹线圈，在磁吹线圈产生的磁场作用下，电弧被迅速拉长；在电弧的运动过程中，一方面电弧被拉长，另一方面电弧被冷却，从而使电弧迅速熄灭。

③窄缝灭弧。当开关断开时，在电弧所形成的磁场电动力的作用下，电弧被迅速拉长并进入灭弧罩的窄缝中，几条窄缝将电弧分割成若干段，电弧与灭弧室两壁紧密接触而被冷却，去游离作用增强，从而使电弧迅速熄灭。

④金属栅片灭弧。在金属栅片灭弧装置的灭弧罩中装有许多厚度为 2~3mm 的钢片冲成的金属栅片。当位于金属栅片下方的触头分开并产生电弧时，在电动力的作用下电弧被推进金属栅片中，电弧进入金属栅片后，被分割成若干段，彼此绝缘的金属栅片每一片都相当于一个电极，因而就产生多个阴阳极电压降。当触头分断交流电路时，由于电流过零时的作用，每对电极之间产生 150~200V 的绝缘强度，使电弧无法继续维持而熄灭。交流电弧过零熄灭后很难重燃，所以交流电器通常采用金属栅片灭弧。其示意图如图5-4所示。

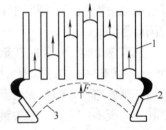

图5-4　金属栅片灭弧示意图
1—金属栅片　2—触头　3—电弧

2. 电磁式接触器

电磁式接触器是在正常工作条件下，用来频繁地接通、分断电动机或其他负载主电路的自动控制电器。其主要控制对象是电动机、变压器等电力负载。它可以实现远距离接通或分断电路，允许频繁操作。电磁式接触器工作可靠，还具有零电压、欠电压保护等作用，是电力拖动控制系统中应用最广泛的电器。电磁式接触器按其主触头通过电流种类的不同，分为交流接触器和直流接触器，本节只介绍交流接触器。

交流接触器的种类很多，其分类方法也不尽相同。按主触头极数可分为单极、双极、三极、四极和五极接触器。单极接触器主要用于单相负载，如照明负载、焊机等，在电动机能耗制动中也可采用；双极接触器用于绕线转子异步电动机的转子回路中，起动时用于短接起动绕组；三极接触器用于三相负载，如在电动机的控制及其他场合，使用最为广泛；四极接触器主要用于三相四线制的照明电路，也可用来控制双回路电动机负载；五极交流接触器用来组成自耦补偿起动器或控制双笼型电动机，以变换绕组的接法。

交流接触器按灭弧介质可分为空气式接触器和真空式接触器等。依靠空气绝缘的接触器用于一般负载，而采用真空绝缘的接触器常用在煤矿、石油、化工企业及电压在 660V 和 1140V 等一些特殊的场合。

交流接触器按有无触头可分为有触头式接触器和无触头式接触器。常见的接触器多为有触头式接触器，而无触头式接触器属于电子技术应用的产物，一般采用晶闸管作为电路的通断元件。由于晶闸管导通时所需的触发电压很小，而且电路通断时无火花产生，因而可用于高操作频率的设备和易燃、易爆及无噪声的场合。

（1）交流接触器的结构与符号　交流接触器主要由电磁机构、触头系统、灭弧装置和辅助部件等部分组成。其结构如图5-5所示。

1）电磁机构。电磁机构由电磁线圈、铁心和衔铁组成。铁心用相互绝缘的硅钢片叠压而成，以减小交变磁场在铁心中产生涡流及磁滞损耗，避免铁心过热。铁心上装有短路铜环，以减少衔铁吸合时所产生的振动和噪声。铁心大多采用衔铁直线运动的双 E 形结构。

因为交流接触器电磁线圈的电阻较小，故铜耗产生的热量不多，为了增加铁心的散热面积，线圈一般做成短而粗的圆筒形。

交流接触器线圈在其额定电压的85%～105%时，能可靠地工作。若电压

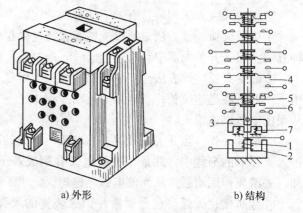

a) 外形　　　　　b) 结构

图5-5　交流接触器的结构
1—线圈　2—铁心　3—衔铁　4—主触头　5—常闭
辅助触头　6—常开辅助触头　7—反力弹簧

过高，则磁路严重饱和，线圈电流将显著增大，交流接触器有被烧坏的危险；若电压过低，则其铁心吸不牢衔铁，触头跳动，影响电路的正常工作。

2）触头系统。触头系统是交流接触器的执行元件，用来接通或分断所控制的电路，触头系统必须工作可靠，接触良好。

交流接触器的触头按接通或分断电流的大小有主触头和辅助触头之分。主触头在交流接触器中央，触头容量较大，主要用来接通和分断电流较大的主电路。辅助触头分别位于主触头的左右两侧，上方为常闭辅助触头（动断触点），下方为常开辅助触头（动合触头），主要用来接通或分断电流较小的控制电路。常闭辅助触头通常起电气联锁作用，故又称联锁（或互锁）触头。由于辅助触头接通或分断的是电流较小的控制电路，所以无需安装灭弧装置。

按电磁线圈未通电前的状态将触头分为常开触头和常闭触头。电磁线圈未通电前触头如果是断开的，称为常开触头；电磁线圈未通电前触头如果是闭合的，称为常闭触头。

3）灭弧装置。电弧是触头间气体在强电场作用下产生的放电现象。电弧一方面会烧伤触头，另一方面会使电路的分断时间延长，甚至引起其他事故。因此，灭弧是接触器设计时要考虑的问题。

交流接触器的主触头在分断大电流时，往往会在动、静触头（动触头就是可动的触头，通常与衔铁相连；其余的为静触头）之间产生很强的电弧，因此容量较大（20A 以上）的交流接触器均安装有灭弧罩，有的还有栅片或磁吹灭弧装置。

4）辅助部件。交流接触器的辅助部件包含反力弹簧、缓冲弹簧、触头压力弹簧和支架底座。反力弹簧的作用是在线圈通电时，电磁力吸引衔铁带动触头动作并将反力弹簧压缩；

线圈断电时，电磁力消失，衔铁在反力弹簧的作用下，能可靠的使触头复位。缓冲弹簧装在底座和铁心之间，当衔铁被吸合向下运动时会产生很大的冲击力，缓冲弹簧可以起缓冲作用，减小冲击力以保护交流接触器。触头压力弹簧的作用是增强动、静触头间的压力和接触面积，从而减小接触电阻。

交流接触器的图形符号和文字符号如图5-6所示。

（2）交流接触器的工作原理 交流接触器是利用电磁力和弹簧反力的相互配合，使其执行机构（触头系统）动作，以达到控制电路的目的。

a)线圈 b)常开主触头 c)常开辅助触头 d)常闭辅助触头

图5-6 交流接触器的图形符号与文字符号

交流接触器有两种工作状态：当电磁线圈通电时，铁心产生足够的电磁力，当电磁力大于弹簧反力时，衔铁被吸合，并带动触头动作，使主触头闭合，常闭辅助触头先断开，常开辅助触头再闭合，接触器处于得电状态；当电磁线圈断电时，由于铁心电磁力消失，衔铁在反力弹簧的作用下被释放，并带动触头返回原来的位置，使主触点断开，常开辅助触头先断开，常闭辅助触头再闭合，接触器处于失电状态。

当交流接触器得电时，主触头闭合，负载接通电源正常运行。当交流接触器失电时，主触点断开，负载断开电源停止运行。

（3）交流接触器的主要技术数据和型号

1）技术数据。

①额定电压。额定电压是指交流接触器主触头的正常工作电压，该值标注在交流接触器的铭牌上。常用的额定电压等级有127V、220V、380V以及660V等。

②额定电流。额定电流是指交流接触器主触头正常工作时的电流，该值也标注在交流接触器的铭牌上。常用的额定电流等级有10A、20A、40A、60A、100A、150A、250A、400A以及600A等。

③电磁线圈的额定电压。指交流接触器电磁线圈的正常工作电压。常用的电磁线圈额定电压等级有36V、127V、220V以及380V等。

④通断能力。指交流接触器主触头在规定条件下能可靠的接通和分断的电流值。在此电流值下触头闭合时不会造成触头熔焊，触头断开时能可靠灭弧。

⑤动作值。指交流接触器主触头在规定条件下能可靠接通和分断时线圈的电压值。可分为吸合电压和释放电压。吸合电压是指交流接触器吸合前，增加电磁线圈两端的电压，交流接触器可以吸合时的最小电压。释放电压是指交流接触器吸合后，降低电磁线圈两端的电压，交流接触器可以释放时的最大电压。一般规定，吸合电压不低于电磁线圈额定电压的85%，释放电压不高于电磁线圈额定电压的70%。

⑥额定操作频率。指交流接触器每小时允许的操作次数。交流接触器在吸合瞬间，电磁线圈要通过比额定电流大5~7倍的电流，如果操作频率过高，则会使电磁线圈严重发热，直接影响交流接触器的正常使用。为此，规定了交流接触器的额定操作频率，一般情况下，最高为600次/小时。

⑦寿命。包括电气寿命和机械寿命。目前交流接触器的机械寿命已达一千万次以上，电气寿命约是机械寿命的5%~20%。

2）型号。以 CJ10Z—40TH 为例来介绍交流接触器的型号含义。

CJ——交流接触器；

10——设计代号；

Z——派生重任务；

40——额定电流；

TH——湿热带型。

（4）交流接触器的选用

1）使用类别的选用。交流接触器控制的负载有电动机负载和非电动机负载（如电热、照明及电焊机等）两类。

如果是电动机负载，就应该根据电动机负载的轻重程度来选择交流接触器。若负载为一般任务，则选用 AC—3 使用类别，属于这一类的典型机械有 AC—3 和压缩机、闸门、升降机、电梯及压力机等；若负载为重任务，则选用 AC—3 和 AC—2、AC—3 和 AC—1 或 AC—3 和 AC—4 的混合使用类别，属于这一类的典型机械有工作母机（车床、钻床、铣床及磨床）、升降设备、轧机辅助设备及破碎机等。

2）主触头额定电压的选用。交流接触器的主触头额定电压应大于或等于所控制负载电路的额定电压。

3）主触头额定电流的选用。交流接触器的主触头的额定电流应大于或等于负载的额定电流。在频繁起动、制动和正反转的场合，主触头的额定电流要选大一些。

4）电磁线圈额定电压的选用。根据控制电路的电压等级来决定交接触器电磁线圈的额定电压等级。电磁线圈额定电压等级的选用从人身及设备安全的角度考虑，可以选择得低一些。但从简化控制电路，节省变压器来考虑，也可以选用 380V 或 220V 的电压。

（5）交流接触器的常见故障和处理方法　交流接触器是电力系统中最常用的控制电器，若交流接触器发生故障，则容易造成设备与人身事故，必须设法排除。下面对交流接触器几种不同的故障现象加以分析，并给出相应的处理方法。

1）交流接触器不吸合或吸合不足。

①主要故障原因：电源电压过低，线圈断路，铁心机械卡阻，触头压力弹簧压力过大。

②处理方法：提高电源电压，更换线圈，排除卡阻物，调整触头参数。

2）线圈断电后交流接触器不释放或释放缓慢。

①主要故障原因：触头熔焊，触头压力弹簧压力过小，E 形铁心柱中退磁气隙消失，导致剩磁增大，铁心表面有油污。

②处理方法：修理或更换触头，调整触头压力弹簧压力或更换反力弹簧，更换铁心，清理铁心表面。

3）触头熔焊。

①主要故障原因：操作频率过高或过载使用；负载侧短路；触头压力弹簧压力过小。

②处理方法：调整更换交流接触器或减小负载；排除短路故障，更换触头；调整触头压力弹簧压力。

4）铁心噪声过大。

①主要故障原因：短路环脱落或损坏，复位弹簧弹力过大等。

②处理方法：调整铁心或短路环，减小触头压力弹簧压力。

5）线圈过热或烧毁。

①主要故障原因：线圈匝间短路，操作频率过高，线圈参数与实际使用不符，铁心机械卡阻。

②处理方法：排除故障或更换线圈，更换合适的交流接触器，调整线圈或更换合适的交流接触器，排除卡阻物。

以上就交流接触器运行过程中常见的问题、故障做了简要分析，并提出了解决办法。在实际运行过程中还会遇到一些其他问题，只要我们掌握了交流接触器的工作原理，结合实践中的丰富经验，问题和故障都会迎刃而解。

3. 继电器

继电器是一种当外界输入信号（如电压、电流和频率等电量或温度、压力和转速等非电量）的变化达到规定值时，其触头便接通或分断所控制或保护的电路，以实现自动控制和保护电力装置的自动电器。继电器被广泛应用于电力拖动系统、电力保护系统以及各类遥控和通信系统中。

继电器一般由输入感测机构和输出执行机构两部分组成。前者用于反映输入量的变化，后者用于接通或分断电路。

继电器的种类很多，按用途的不同分为控制继电器、保护继电器和通信继电器；按输入信号的不同分为电流继电器、电压继电器、时间继电器、热继电器、中间继电器、速度继电器、压力和温度继电器；按动作原理的不同分为电磁式继电器、电动式继电器、机械式继电器和电子式继电器。

在电力拖动系统中用的最多的是电磁式继电器，下面仅对常用的电磁式电流继电器、电压继电器、中间继电器、时间继电器、热继电器和速度继电器等的结构、符号、动作原理和用途作简单介绍。

（1）电磁式电流、电压、中间继电器　电磁式继电器是电气控制系统中用得最多的一种继电器，其工作原理与电磁式接触器基本相同。它主要由电磁机构和触头系统两部分组成，继电器为满足控制要求，需调节动作参数，故还有调节装置。因为继电器无需分断大电流电路，触头容量较小，所以均采用无灭弧装置的桥式触头。

1）电流继电器。根据线圈中电流的大小而动作的继电器称为电流继电器。这种继电器的线圈导线粗、匝数少，串联在被测电路中，以反映被测电路电流的大小。电流继电器的触头接在控制电路中，其作用是根据电流的大小来控制电路的接通和分断。因线圈中的电流高于整定值而动作的继电器称为过电流继电器，因线圈中的电流低于整定值而动作的继电器称为欠电流继电器。

过电流继电器在正常工作时，电磁力不足以克服反力弹簧的作用力，衔铁处于释放状态，触头不动作，电路正常工作。当其线圈中的电流超过整定值时，衔铁动作，于是常开触头闭合，常闭触头断开，切断控制电路，从而保护电路或负载。有的过电流继电器带有手动复位机构，当发生过电流故障时，继电器衔铁动作后不能自动复位，只有当操作人员检查并排除故障后，采用手动松开锁扣机构，衔铁才能在复位弹簧的作用下返回，从而避免过电流故障的重复发生。交流过电流继电器的动作电流整定值范围为 $(1.1\sim3.5)I_N$，直流过电流继电器的动作电流整定值范围为 $(0.7\sim3.0)I_N$。

过电流继电器的图形符号与文字符号如图5-7所示。

欠电流继电器是当线圈中的电流降到低于整定值时衔铁释放的继电器，在线圈中的电流正常时衔铁是吸合的，其常开触头闭合，常闭触头断开。当被测电路的电流低于整定值时，衔铁释放，常开触头断开，常闭触头闭合。这种继电器常用于直流电动机和电磁吸盘的失磁保护中。欠电流继电器的吸合电流为 $(0.3 \sim 0.5)I_N$，释放电流为 $(0.1 \sim 0.2)I_N$。欠电流继电器一般是可以自动复位的。

欠电流继电器的图形符号与文字符号如图 5-8 所示。

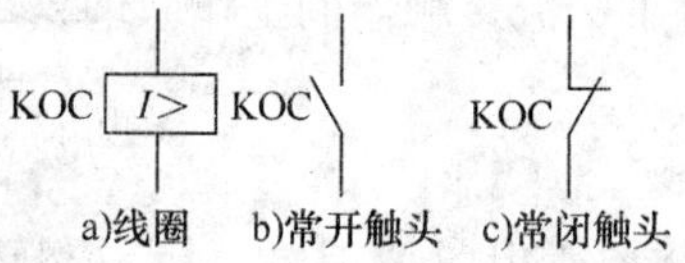

图 5-7　过电流继电器的图形符号
与文字符号

图 5-8　欠电流继电器的图形符号
与文字符号

2）电压继电器。根据线圈电压大小而动作的继电器称为电压继电器。这种继电器线圈的导线细、匝数多，并联在被测电路两端，以反映被测电路电压的大小。因线圈两端电压高于整定值而动作的继电器称为过电压继电器，因线圈两端电压低于整定值而动作的继电器称为欠电压继电器。

过电压继电器是当线圈两端电压等于额定电压时，衔铁不吸合，触头不动作，电路正常工作。当线圈两端电压超过整定值时，衔铁动作，于是常开触头闭合，常闭触头断开。过电压继电器的动作电压整定值范围为 $(1.05 \sim 1.2)U_N$，过电压继电器的作用是对电路进行过电压保护。

过电压继电器的图形符号与文字符号如图 5-9 所示。

欠电压继电器是当线圈两端电压等于额定值时衔铁吸合，于是常开触头闭合，常闭触头断开。当被测电路的电压降低到低于整定值时，衔铁释放，常开触头断开，常闭触头闭合。欠电压继电器的动作电压整定值范围为 $(0.07 \sim 0.2)U_N$。

欠电压继电器的图形符号与文字符号如图 5-10 所示。

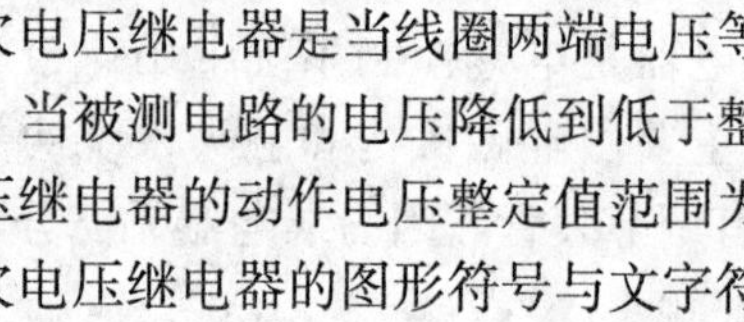

图 5-9　过电压继电器的图形符号与文字符号

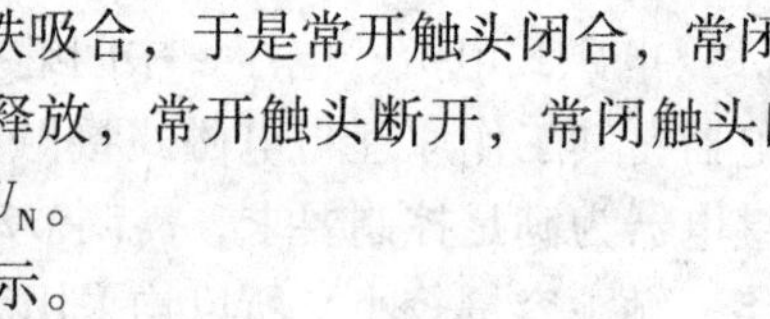

图 5-10　欠电压继电器的图形符号与文字符号

3）中间继电器。中间继电器本质上就是电压继电器，它是用来远距离传输或转换控制信号的中间元件。它输入的是线圈的通电或断电信号，输出的是多对触头的通断动作。因此，中间继电器可用于增加控制信号的数目，实现多路同时控制。因为触头的额定电流大于线圈的额定电流，故它又可用来放大信号（即增加触头容量）。

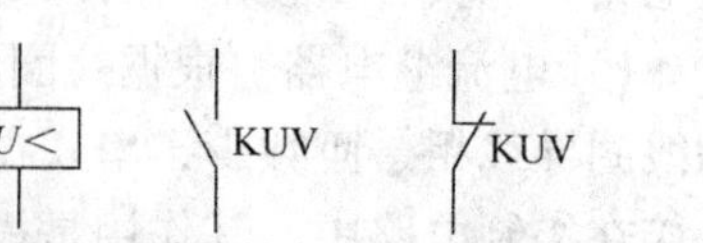

图 5-11　中间继电器的图形符号
与文字符号

中间继电器的图形符号与文字符号如图 5-11 所示。

常用的中间继电器有 JZ7、JZ8 等系列。例如：中间继电器 JZ7—62 的型号含义如下：

JZ——中间继电器的代号。

7——设计序号。

6——中间继电器有 6 对常开触头。

2——中间继电器有 2 对常闭触头。

（2）时间继电器 当继电器的电磁线圈通电或断电以后，经过一段时间延时才能使执行机构动作的继电器，称为时间继电器。即当继电器的电磁线圈通电或断电后，其触头经过一段时间延时才能动作，以控制电路的接通或分断。它被广泛应用于需要按时间原则进行控制的电气控制系统中。

时间继电器按其动作原理主要分为电磁阻尼式时间继电器、空气阻尼式时间继电器、电动式时间继电器以及电子式时间继电器等，按延时方式分为通电延时型时间继电器和断电延时型时间继电器两种。

1）空气阻尼式时间继电器。空气阻尼式时间继电器又称气囊式时间继电器，它是利用空气阻尼的作用来达到延时的，它由电磁系统、延时机构和触头系统三部分组成。空气阻尼式时间继电器有通电延时型和断电延时型两种。图 5-12 为 JS7 系列时间继电器的外形结构。

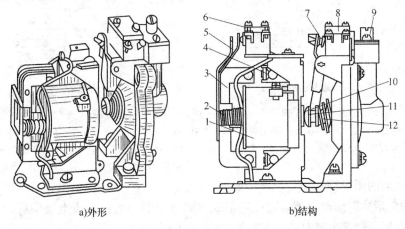

a)外形 b)结构

图 5-12 JS7 系列时间继电器的外形结构

1—线圈 2—反力弹簧 3—衔铁 4—铁心 5—弹簧片 6—瞬动触头 7—杠杆
8—延时触头 9—调节螺钉 10—推板 11—活塞杆 12—弹簧

JS7 系列时间继电器由电磁系统、触头系统和延时机构等组成。铁心采用直动式双 E 形结构；触头系统是借助桥式双触点微动开关，构成瞬动触头和延时触头两部分，供控制时选用；延时机构是利用气囊式阻尼器中空气通过小孔时产生阻尼作用来延时的。

图 5-13a 所示为通电延时型时间继电器延时原理图。当线圈断电时，衔铁释放，活塞杆被衔铁压下，波纹状气室被压缩，阀门打开，气室中的空气迅速排出，使活塞杆、杠杆、微动开关和触头迅速复位。

当线圈通电后，衔铁吸合，推板使瞬动触头立即动作，同时活塞杆在塔形弹簧的作用下带动橡皮膜向上运动。由于气室中的空气变得稀薄，形成负压，活塞杆只能缓慢移动，经过一段时间延时后，活塞杆通过杠杆压动延时触头，使延时触头动作，常闭触头先断开，常开触头后闭合，达到通电延时的目的。可见，从线圈通电到延时触头完成动作需要一段时间，这段时间被称为延时时间。

旋转调节螺钉，改变进气孔的大小，就可以调节延时时间的长短。

将通电延时型时间继电器电磁机构翻转180°即成为断电延型时间继电器，它的结构、原理与通电延时型时间继电器相似。图5-13b所示为断电延时型时间继电器延时原理图。

空气阻尼式时间继电器结构简单、延时范围较长（0.4～180s）、调节简单且价格低廉，易构成通电延时和断电延时两种形式。因此，空气阻尼式时间继电器的使用较为广泛，可用于交流电路，更换线圈后也可用于直流电路，缺点是延时精度较低。

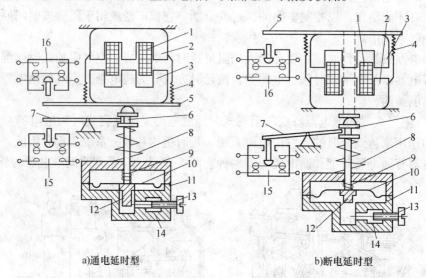

a)通电延时型　　　　b)断电延时型

图5-13　空气阻尼式时间继电器延时原理图

1—线圈　2—铁心　3—衔铁　4—反力弹簧　5—推板　6—活塞杆　7—杠杆　8—塔形弹簧　9—弹簧
10—橡皮膜　11—气室　12—活塞　13—调节螺钉　14—进气孔　15—延时触头　16—瞬动触头

时间继电器的图形符号与文字符号如图5-14所示。

2）电磁阻尼式时间继电器。电磁阻尼式时间继电器一般在直流电路中应用很广泛。它是利用电磁阻尼原理产生延时的。其结构如图5-15所示。

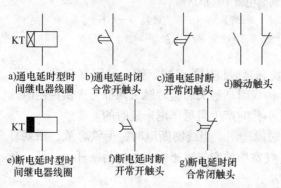

a)通电延时型时　b)通电延时闭　c)通电延时断　d)瞬动触头
间继电器线圈　　合常开触头　　开常闭触头

e)断电延时型时　f)断电延时断　g)断电延时闭
间继电器线圈　　开常开触头　　合常闭触头

图5-14　时间继电器的图形符号与文字符号

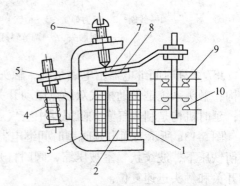

图5-15　电磁阻尼式时间继电器的结构

1—电磁线圈　2—铁心　3—带阻尼铜套的铁心
4—释放弹簧　5—调节螺母　6—调节螺钉
7—衔铁　8—非磁性垫片　9—常闭触头
10—常开触头

由电磁感应定律可知，在继电器线圈通电或断电过程中，铜套内将产生感应电动势和感应电流，此电流产生的磁通总是阻碍主磁通的变化，因而磁通的衰减速度减慢，延长了衔铁的释放时间。

线圈通电前，由于衔铁处于释放位置，气隙大、磁阻大、磁通小，铜套的阻尼作用相对也小，因此衔铁吸合时延时不显著（一般忽略不计），一般只有 $0.1 \sim 0.5\mathrm{s}$；线圈通电后，衔铁处于吸合位置，这时当继电器线圈断电时，由于气隙小、磁阻小、磁通大，铜套的阻尼作用相对也大，主磁通的衰减速度减慢，线圈断电所获得的延时时间较长，延时可达 $0.3 \sim 10\mathrm{s}$。所以电磁阻尼式时间继电器一般做成断电延时型。

电磁阻尼式时间继电器的延时长短可以通过改变非磁性垫片的厚度或改变释放弹簧的松紧度来调节。非磁性垫片较厚时，则延时短，非磁性垫片较薄时，则延时长；释放弹簧松时延时长，释放弹簧紧时延时短。

电磁阻尼式时间继电器具有结构简单、运行可靠、寿命长以及允许通电次数多等优点，但它仅适用于直流电路，若要用于交流电路，则需加整流装置。电磁阻尼式时间继电器仅能获得断电延时，且延时时间短，精度也不高，一般只用于延时要求不高的场合。

下面，以 JS23—□□/□ 为例来介绍时间继电器的型号含义。

JS——时间继电器；

23——设计序号；

第一个□——触头形式；

第二个□——延时范围代号（1：$0.2 \sim 30\mathrm{s}$；2：$10 \sim 180\mathrm{s}$）；

第三个□——安装方式代号。

3）电子式时间继电器。电子式时间继电器按其结构可分为阻容式时间继电器和数字式时间继电器，按其延时方式可分为通电延时型时间继电器和断电延时型时间继电器。阻容式时间继电器是利用 RC 电路的充放电原理构成延时电路的，它主要用于中等延时时间（$0.05 \sim 3600\mathrm{s}$）的场合；数字式时间继电器是通过脉冲频率来决定延时的长短，它延时时间长、精度高且延时方法灵活，但延时电路复杂、成本较高，主要用于长时间延时的场合。

电子式时间继电器是目前应用比较广泛的时间继电器。它具有体积小、重量轻、延时时间长（可达几十小时）、延时精度高、调节范围广（$0.1\mathrm{s} \sim 9999\mathrm{min}$）、工作可靠和使用寿命长等优点，将逐渐取代机电式时间继电器。

（3）热继电器 电动机在实际运行中通常会遇到过载的情况，在过载不严重、过载时间短且绕组温升不超过允许温升时，这种过载就是允许的。但如果过载情况严重且过载时间长，则会加速电动机绝缘的老化，缩短电动机的使用年限，甚至烧毁电动机。因此必须对电动机进行过载保护。

热继电器是根据电流通过热元件所产生的热量使检测元件受热弯曲，从而推动执行机构动作的一种电器。双金属片式热继电器结构简单、体积小且成本低，因此应用广泛。它主要用于电动机的过载、断相以及电流不平衡的保护。它在电力系统中的应用十分广泛。

1）双金属片式热继电器的结构与工作原理。双金属片式热继电器主要由热元件、双金属片和触头组成，其结构如图 5-16 所示。热元件由发热电阻丝做成。双金属片由两种热膨胀系数不同的金属辗压而成，发热电阻丝绕在双金属片上，当双金属片受热时，就会出现弯曲变形。使用时，把热元件串接于电动机的主电路中，用于检测主电路电流的大小，而将热继电器的常闭触头串接于电动机的控制电路中。

当电动机正常运行时，热元件产生的热量虽能使双金属片弯曲，但还不足以使热继电器的触头动作。当电动机过载，且负载电流超过整定电流值并经过一定时间后，热元件所产生的热量足以使双金属片受热弯曲而推动导板使动触头与静触头分断，热继电器的常闭触头断开，切断了电动机的控制电路，使串接于该电路中的控制电动机起停的接触器线圈失电，接触器的主触头断开电动机的电源，从而保护了电动机。

热继电器动作后一般不能自动复位，要等双金属片冷却后按下复位按钮才能使触头恢复到原来的位置。热继电器动作电流的调节可以借助旋转调节凸轮来实现，旋转调节凸轮可以改变温度补偿双金属片与导板间的距离，进而改变热继电器动作时主双金属片所需弯曲的程度，即改变了热继电器的动作电流。

热继电器的图形符号与文字符号如图 5-17 所示。

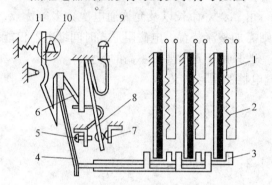

图 5-16 双金属片式热继电器的结构
1—主双金属片 2—热元件 3—导板 4—温度补偿双金属片 5—螺钉 6—推杆 7—静触头
8—动触头 9—复位按钮 10—调节凸轮
11—弹簧

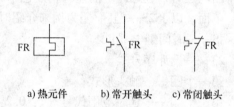

a) 热元件   b) 常开触头   c) 常闭触头

图 5-17 热继电器的图形符号与文字符号

2）热继电器的型号及选用。我国目前生产的热继电器主要有 JR0、JR1、JR2、JR9、R10、JR15、JR16 和 JR20 等系列。JR1、JR2 系列热继电器采用间接受热方式，其主要缺点是双金属片靠热元件间接加热，热耦合较差；双金属片的弯曲程度受环境温度影响较大，不能正确反映负载的过电流情况。

JR15、JR16 等系列热继电器采用复合加热方式，并采用了温度补偿元件，因此能较正确地反映负载的工作情况。

JR1、JR2、JR10 和 JR15 系列的热继电器均为两相结构，是双热元件的热继电器，可以用作三相交流异步电动机的均衡过载保护和丫联结定子绕组的三相交流异步电动机的断相保护，但不能用作定子绕组为△联结的三相交流异步电动机的断相保护。

JR16 和 JR20 系列热继电器均有带断相保护的热继电器，具有差动式断相保护机构。

热继电器的选择主要根据电动机定子绕组的联结方式来确定热继电器的型号。在三相交流异步电动机电路中，对丫联结的电动机可选用两相或三相结构的热继电器，一般采用两相结构的热继电器，即在两相主电路中串接热元件；对于定子绕组为△联结的电动机，则必须采用带断相保护的热继电器。

下面，以 JR16—150/3D 为例来介绍热继电器的型号含义。

JR——热继电器；

16——设计代号；

150——额定电流（A）；

3——极数；

D——带有断相保护。

使用热继电器时必须注意，它不能起短路保护作用。在发生短路时，要求立即断开电路，而热继电器由于热惯性则不能立即动作。但这个热惯性也有好处，就是在电动机起动或短时过载时，热继电器不会动作，从而避免了电动机不必要的停车。

星形联结的电动机可选两相或三相结构的热继电器。当发生一相断路时，另外的一相或两相则发生过载，由于流过热元件的电流（线电流）就是电动机绕组的电流（相电流），故两相或三相结构的热继电器都可起保护作用。

而对于三角形联结的电动机则应选用三相带断相保护的热继电器。在电动机运行中若有一相断路，则其线电流将近似等于电流较大一相的 1.5 倍，由于热继电器的整定电流为电动机的额定电流，若采用两相结构的热继电器，此时则不会动作，但电流较大那一相的电流值已经超过了额定值，电动机有过热的危险。若采用三相带断相保护的热继电器，则在电动机断相时，热继电器就会由于三相电流不平衡而动作，使电动机停转而得到保护。

4. 熔断器

熔断器在配电系统和用电设备中主要起短路保护作用。使用时，熔断器串接在被保护的电路中。因为熔断器具有结构简单、使用方便、价格低廉及可靠性高等优点，所以应用极为广泛。熔断器按结构的不同可分为开启式熔断器、半封闭式熔断器和封闭式熔断器。封闭式熔断器又分为有填料封闭管式熔断器、无填料封闭管式熔断器和有填料螺旋式熔断器等。常用的熔断器有瓷插式熔断器、有填料螺旋式熔断器、无填料封闭管式熔断器和快速熔断器等。

（1）熔断器的结构及工作原理 熔断器主要由熔体、熔管和绝缘底座组成。熔体是用低熔点的金属丝或金属薄片做成的。熔体基本上分为两类：一类由铅、锌、锡及锡铅合金等低熔点金属制成，主要用于小电流电路；另一类由银或铜等较高熔点的金属制成，用于大电流电路。熔断器的图形符号和文字符号如图 5-18 所示。

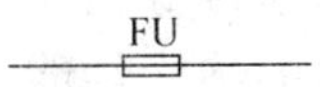

FU

图 5-18 熔断器的图形符号和文字符号

熔断器的工作原理是以自身产生的热量使熔体熔化而实现自动分断电路的目的。熔断器接入电路，实际上是将熔体串接在被测电路中，用来检测电路中电流的大小。在电路正常工作时，它相当于一根导线。当电路发生短路或过载时，流过熔体的电流大于规定值，熔体产生的热量使其自身熔化而切断电路。

（2）常用熔断器

1）瓷插式熔断器。瓷插式熔断器又名插入式熔断器，它由瓷盖、瓷座、静触头、动触头和熔体组成。RC1A 系列瓷插式熔断器外形与结构如图 5-19 所

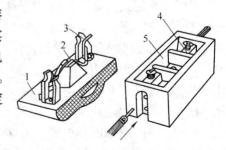

图 5-19 瓷插式熔断器的结构
1—瓷盖 2—熔体 3—动触头
4—静触头 5—瓷座

示。静触头在瓷座两端，中间有一空腔，构成灭弧室。动触头在瓷盖两端，熔体跨接在两个动触头上。

瓷插式熔断器是一种常见的结构简单的熔断器，它的优点是熔体更换方便、价格低廉。这种熔断器一般用于交流50Hz、额定电压为三相380V或单相220V的线路中，供低压配电系统作为电缆、导线及其他有关电气设备的短路保护器件。

常用的RC1A系列瓷插式熔断器的主要数据见表5-3。

表5-3　RC1A系列瓷插式熔断器的主要数据

额定电压/V	额定电流/A	可装熔体的额定电流/A	极限分断能力/A
220/380	5	1、2、3、5	300
	10	2、4、6、8、10	500
	15	6、10、12、15	
	30	15、20、25、30	1500
	60	30、40、50、60	3000
	100	60、80、100	
	200	100、120、150、200	

2）有填料螺旋式熔断器。有填料螺旋式熔断器由瓷帽、熔管、瓷套以及瓷座等组成。熔管是一个瓷管，内装熔体和石英砂，熔体的两端焊接在熔管两端的导电金属盖上，其上端盖中间有一熔断指示器，当熔体熔断时，指示器马上弹出，可透过瓷帽上的玻璃孔观察到。RL1系列有填料螺旋式熔断器的外形与结构如图5-20所示。

这种熔断器的特点是其熔管内多采用石英砂作填料，以增强熔断器的灭弧能力。石英砂填料之所以有助于灭弧，是因为石英砂具有很大的热惯性及较高的绝缘性能，并且因它为颗粒状，同电弧的接触面较大，能大量吸收电弧的能量，使电弧很快冷却，从而加快电弧的熄灭。

有填料螺旋式熔断器的优点是体积小、灭弧能力强、有熔断指示和防振等，在配电及机电设备中大量使用。适用于交流50Hz(或60Hz)、额定值在AC660V 220A以下或DC 440V 220A以

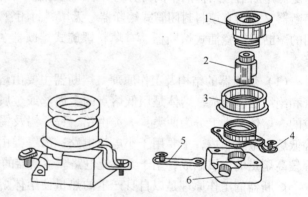

图5-20　有填料螺旋式熔断器的结构
1—瓷帽　2—熔管　3—瓷套　4—上接线座
5—下接线座　6—瓷座

下的电路中，作为输配电设备、电缆及导线的短路和过载保护器件。

3）无填料封闭管式熔断器。无填料封闭管式熔断器由熔管、熔体及插座等部分组成。熔体被封闭在熔管内。15A以上熔断器的熔管由钢纸管、黄铜套管和黄铜帽等组成。新产品中熔管用耐电弧的玻璃钢制成。无填料封闭管式熔断器的外形与结构如图5-21所示。

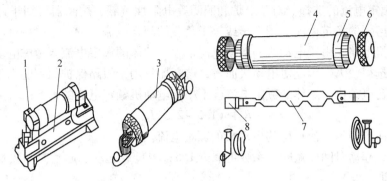

图 5-21　无填料封闭管式熔断器的结构

1—插座铜圈　2—底座　3—熔管　4—钢纸管　5—黄铜套管　6—黄铜帽　7—熔体　8—触刀

常用的无填料封闭管式熔断器有 RM7 和 RM10 系列。这种熔断器的特点是灭弧能力强、熔体更换方便，适用于交流 50Hz、额定值在 AC660V 1000A 以下、DC 440V 1000A 以下的电路中，作为工业配电设备和电动机的短路和过载保护器件。

4）快速熔断器。快速熔断器主要用于半导体功率器件和变流装置的短路保护。因为半导体功率器件的过载能力差，只能在极短的一段时间内承受过载电流（如 70A 晶闸管器件能承受 6 倍额定电流的时间仅为 10ms），所以要求熔断器具有快速熔断的特性。

螺旋式快速熔断器的结构与螺旋式普通熔断器相同，不同的只是熔体，快速熔断器的熔体具有快速熔断的特性。常用的快速熔断器有 RS 和 RLS 系列。使用时应当注意，快速熔断器的熔体不能用普通熔断器的熔体代替，因为普通熔断器的熔体不具有快速熔断的特性。

（3）熔断器的主要参数及型号含义

1）额定电压：这是从灭弧的角度出发，规定熔断器长期工作时和分断后能承受的电压值。一般熔断器的额定电压等于或大所接电路的额定电压。

2）额定电流：额定电流是指熔断器长期工作时，各部件温升不超过允许温升的电流。应该注意的是，熔断器的额定电流有两种：一个是熔管的额定电流；另一个是熔体的额定电流。生产厂家在生产时为了减少熔管额定电流的规格，在设计时，使一种电流规格的熔管可以装入多种电流规格的熔体，但熔管的额定电流应大于或等于所装熔体的额定电流。

3）极限分断能力：极限分断能力是指熔断器在额定电压下能可靠分断的最大短路电流。它取决于熔断器的灭弧能力，与熔体的额定电流无关。

4）熔断电流：通过熔体并使之熔化的最小电流。

下面，以 RT20—100/80 为例来介绍熔断器的型号含义。

R——熔断器；

T——有填料封闭管式；

20——设计代号；

100——熔管和底座的额定电流（A）；

80——熔体的额定电流（A）。

（4）熔断器的选择和维护　根据被保护电路的要求，首先选择熔体的规格，再根据熔体去确定熔断器的规格。

1）熔体额定电流的选择。对于电炉和照明等电阻性负载，熔断器可用于过载保护和短路保护，所以熔体的额定电流应稍大于或等于负载的额定电流。

对于电动机电路，由于电动机的起动电流很大，熔体的额定电流要考虑电动机起动时熔体不能熔断而选得较大，因此对电动机而言，熔断器只用于短路保护而不能用于过载保护。

①对于单台电动机，熔体的额定电流应不小于电动机额定电流的 1.5～2.5 倍，即

$$I_{fN} \geqslant (1.5 \sim 2.5)I_N$$

式中，I_{fN} 为熔体的额定电流；I_N 为电动机的额定电流。

轻载起动或起动时间较短时，系数可取近 1.5；带负载起动、起动时间较长或起动较频繁时，系数可取 2.5。

②对于多台电动机的短路保护，熔体的额定电流应不小于最大一台电动机的额定电流的 1.5～2.5 倍，加上同时使用的其他电动机的额定电流之和，即

$$I_{fN} \geqslant (1.5 \sim 2.5)I_{Nmax} + \sum I_N$$

式中，I_{fN} 为熔体的额定电流；I_{Nmax} 为最大一台电动机的额定电流；$\sum I_N$ 为其他电动机的额定电流之和。

熔断器的额定电压和额定电流应不小于电路的额定电压和所装熔体的额定电流。其结构形式根据电路要求和安装条件而定。熔断器的极限分断能力必须大于电路中可能出现的最大故障电流。

2）熔断器在使用过程中的维护及注意事项。

①熔断器的插座与插片的接触要保持良好。如果发现插口处过热或触头变色，则说明插口处接触不良，应及时修复。

②熔体烧断后，应首先查明原因，排除故障。熔断器一般在过载电流下熔断时，响声不大，熔体仅在一两处熔断，熔管内壁没有烧焦的现象，也没有大量的熔体蒸发物吸附在管壁上。如果是在分断极限电流时熔断的，情况则与上述的相反。更换熔体时，应使新熔体的规格与换下来熔体规格的一致。

③更换熔体或熔管时，必须把电源断开，以防止触电。尤其不允许在负载未断开时带电更换，以免发生电弧烧伤工作人员的事故。

④安装熔体时不要把它碰伤，应将熔体顺时针方向弯曲，这样在拧螺钉时就会越拧越紧。也不要将螺钉拧得太紧，以免轧伤熔体。熔体只需弯一圈就可以，不要多弯。

⑤如果连接处的螺钉损坏而拧不紧，则应更换新的螺钉。

⑥对于有指示器的熔断器，应经常注意检视。若发现熔体已烧断，应及时更换。

⑦安装螺旋式熔断器时，熔断器下接线座的接线端应安装在上方，并与电源线连接；连接金属螺纹壳体的接线端应装于下方，并与用电设备的导线相连。这样就能保证在更换熔体时螺纹壳体上不会带电，以保证人身安全。

5. 开关及主令电器

开关是在电路中发布命令、以改变电路工作状态的一种控制电器。主令电器是在控制电路中发送控制指令、以接通和分断控制电路的一种开关电器。

（1）开关　开关是最普通、使用最早的一种低压电器。其作用是接通或分断低压配电电源和用电设备，也常用来直接起动小容量的异步电动机。常用的开关有刀开关、组合开关（转换开关）及低压断路器等。

1) 刀开关。刀开关是结构最简单且应用最广泛的一种手动电器。主要起隔离电源的作用，也可以用来非频繁地接通和分断容量较小的低压电路，故又称为隔离开关。它由操作手柄、触刀、静夹插座和绝缘底板组成。图5-22为刀开关的结构。

推动操作手柄使触刀插入静夹插座中，电路就会被接通，当触刀脱离静夹插座时，电路就会被切断。为了保证刀开关合闸时触刀与静夹插座有良好的接触，触刀与静夹座之间应有一定的接触压力，为此，额定电流较小的刀开关静夹插座多用硬紫铜制成，利用材料的弹性来产生所需的压力，额定电流较大的刀开关则要通过在静夹插座两侧设置弹簧片来增加压力。

刀开关的图形符号与文字符号如图5-23所示。

刀开关的种类很多。按触刀的极数的不同可分为单极刀开关、双极刀开关和三极刀开关；按触刀的转换方向的不同可分为单掷刀开关和双掷刀开关；按操作方式的不同可分为直接手柄操作式刀开关和远距离连杆操纵式刀开关；按灭弧情况的不同可分为有灭弧罩刀开关和无灭弧罩刀开关等。常用的刀开关有开启式开关熔断器组和封闭式开关熔断器组两种。

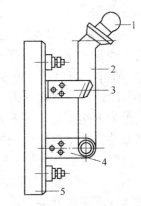

图5-22 刀开关的结构
1—操作手柄 2—触刀 3—静夹插座
4—支座 5—绝缘底板

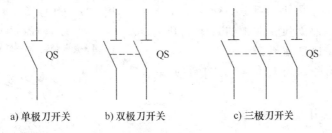

a) 单极刀开关 　　b) 双极刀开关 　　c) 三极刀开关

图5-23 刀开关的图形符号与文字符号

①开启式开关熔断器组。开启式开关熔断器组由瓷底座、熔丝、胶盖、触头及触刀等组成。这种刀开关结构简单，价格低廉，常用做照明电路的电源开关，也可用来控制5.5kW以下异步电动机的起动和停止。但这种刀开关没有专门的灭弧装置，不宜用于频繁地接通和分断电路。图5-24所示为开启式开关熔断器组的结构。

开启式开关熔断器组与普通刀开关相比，结构上多了熔丝和胶盖两部分，因此它具有短路保护的功能和一定的防护功能。常用的开启式开关熔断器组的型号有HK2、HK4及HK6等系列。

开启式开关熔断器组HK2—30/2的型号含义如下：

HK——开启式开关熔断器组；

2——设计序号；

30——额定电流（A）；

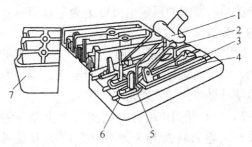

图5-24 开启式开关熔断器组的结构
1—瓷柄 2—触刀 3—进线端 4—瓷底座
5—静触头 6—出线端 7—胶盖

2——极数。

安装和使用开启式开关熔断器组时应注意下列事项：

a）安装时，刀开关在合闸状态下手柄应该向上，不能倒装或平装，以防止闸刀松动落下时误合闸。

b）电源进线应接在静触头一边的进线端（进线座应在上方），用电设备应接在动触头一边的出线端。这样当刀开关断开时，触刀和熔丝均不带电，以保证更换熔丝时的安全。

②封闭式开关熔断器组。封闭式开关熔断器组由触刀、熔断器、灭弧装置、操作机构和钢板（或铸铁）做成的外壳构成。三把触刀固定在一根绝缘方轴上，由手柄操纵。图 5-25 所示为封闭式开关熔断器组的结构。

封闭式开关熔断器组的操作机构具有以下两个特点：一是设有互锁装置，保证开关在合闸状态下开关盖不能开启，而开启时，则不能合闸，以保证操作安全；二是采用储能分合闸的方式，在手柄转轴与底座之间装有速动弹簧，能使开关快速接通与断开，与手柄操作速度无关，这样有利于迅速灭弧。常用的封闭式开关熔断器组的型号有 HH3 等系列。

封闭式开关熔断器组 HH4—□/□ 的型号含义如下：

HH——封闭式开关熔断器组；

4——设计序号；

第一个□——额定电流（A）；

第二个□——磁极数。

封闭式开关熔断器组使用时的注意事项：

a）对于电热和照明电路，封闭式开关熔断器组可以根据额定电流选择；对于电动机，封闭式开关熔断器组的额定电流可选为电动机额定电流的 1.5 倍。

b）操作人员要在封闭式开关熔断器组的手柄侧，不要面对封闭式开关熔断器组，以免意外故障使其爆炸，导致铁壳飞出伤人。

2）组合开关。组合开关实质上也是一种刀开关，又称为转换开关。不过它的触刀是转动的，操作比较轻巧。它的动触头（触刀）和静触头装在封闭的绝缘件内，采用叠装式结构，其层数由动触头数量决定。动触头装在操作手柄的转轴上，随转轴的旋转（每旋转 90°）而改变各对触头的通断状态。组合开关的结构如图 5-26 所示。

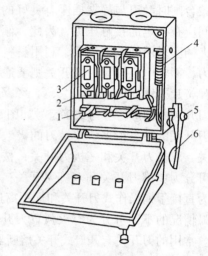

图 5-25　封闭式开关熔断器组的结构

1—动触头　2—静夹插座　3—熔断器
4—速断弹簧　5—转轴　6—手柄

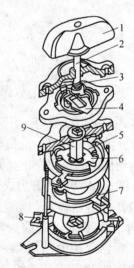

图 5-26　HZ10 型组合开关的结构

1—手柄　2—转轴　3—弹簧　4—凸轮
5—绝缘底座　6—动触头　7—静触头
8—接线柱　9—绝缘方轴

组合开关一般用于交流 50Hz，额定值在 AC380V 及以下和 DC220V 及以下的电路中，非频繁地接通和分断电路、接通电源和负载以及控制小容量（5kW）异步电动机的正反转和丫-△减压起动等。其图形符号和文字符号如图 5-27 所示。

全国统一设计的常用组合开关型号有 HZ2、HZ10 系列以及新型组合开关 HZ15 等系列。

3）低压断路器。低压断路器的功能相当于刀开关、过电流继电器、失电压继电器、热继电器及熔断器等电器功能的组合，是低压配电网中一种重要的保护电器。

①低压断路器的结构和工作原理。低压断路器由触头和灭弧系统、各种脱扣器、自由脱扣机构和操作机构等组成。低压断路器的结构如图 5-28 所示。

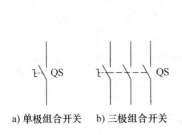

图 5-27　组合开关的图形符号
和文字符号

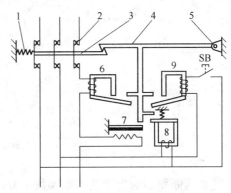

图 5-28　低压断路器的结构
1—释放弹簧　2—主触头　3—传动杆　4—锁扣　5—轴
6—过电流脱扣器　7—过载脱扣器　8—欠电压、失电压
脱扣器　9—分励脱扣器

主触头是低压断路器的执行机构，它是靠操作机构来接通和分断电路的。为提高其分断能力，主触头上装有灭弧装置。

脱扣器是低压断路器的感受元件，当电路发生故障时，自由脱扣器就在相关脱扣器的操纵下动作，使锁扣打开，主触头在释放弹簧的作用下迅速断开。低压断路器的脱扣器有过电流脱扣器，过载脱扣器，欠电压、失电压脱扣器和分励脱扣器。

过电流脱扣器：该脱扣器的电磁线圈串接在主电路中，当电流正常时，它产生的电磁力不足以克服反力，故衔铁不能被吸合。但当电路出现过电流或短路电流时，它产生的电磁力大于反力，衔铁被吸合，锁扣被顶开，并带动自由脱扣机构使主触头断开，实现过电流和短路保护。

过载脱扣器：该脱扣器的热元件串接在主电路中，当电流正常时，双金属片受热弯曲但还不能带动自由脱扣机构使主触头断开；当长时间过载时，双金属片受热弯曲足以使锁扣被顶开并带动自由脱扣机构使主触头断开，实现过载保护。

欠电压、失电压脱扣器：该脱扣器的电磁线圈并接在主电路中，当电源电压正常时，并励的电磁线圈产生的电磁力足以将衔铁吸住，使开关保持在闭合状态；当电源电压下降到低于整定值或下降为零时，并励的电磁线圈产生的电磁力不能将衔铁吸住，因此衔铁释放，顶开锁扣使主触头断开，实现欠电压、失电压保护。

分励脱扣器：该脱扣器主要用于远距离操作。正常工作时，其线圈断电，如果需要远距离断开电路时，按下按钮 SB，线圈通电，衔铁动作，顶开锁扣使主触头断开，从而切断电路。

自由脱扣机构是用来联系操作机构与主触头的一套连杆机构。当电路发生故障时，自由脱扣机构就在相关脱扣器的操纵下动作，使锁扣打开，于是主触头在释放弹簧的作用下迅速断开。

操作机构是实现断路器闭合、断开的机构。通常电力拖动系统中的低压断路器采用手动操作机构。

低压断路器的图形符号与文字符号如图 5-29 所示。

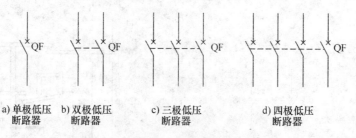

a) 单极低压　　b) 双极低压　　　c) 三极低压　　　　d) 四极低压
断路器　　　　断路器　　　　　断路器　　　　　　断路器

图 5-29　低压断路器的图形符号与文字符号

②低压断路器的类型及主要参数。万能式低压断路器，又称敞开式低压断路器，用于配电网络的保护。主要型号有 DW10 和 DW15 两个系列。

装置式低压断路器又称塑料外壳式低压断路器，用于配电网络的保护和电动机、照明电路以及电热器等的控制开关。主要型号有 DZ5、DZ10 及 DZ20 等系列。

快速断路器是具有快速电磁铁和强有力的灭弧装置，最快动作时间可达到 0.02s 以内，用于半导体整流器件和整流装置的保护。主要型号有 DS 系列。

限流断路器是利用短路电流产生的巨大吸力使触头迅速断开的一种断路器。能用在交流短路电流相当大（70kA 以上）的电路中。主要型号有 DWX15 和 DZX10 两个系列。

低压断路器 DZ15L—40/3902 的型号含义如下：

DZ——类组代号（该例中表示塑料外壳式断路器）；

15——设计代号；

L——派生代号（L 表示漏电保护）；

40——表定电流为 40A；

3902——规格代号。第一位表示极数（3 极）；

　　　　　　　　　第二、三位表示脱扣方式（90 为电磁液压脱扣）；

　　　　　　　　　第四位表示用途（2 为电动机）。

低压断路器的主要参数有额定电压、额定电流、极数、脱扣器类型和整定值范围以及主触头的分断能力等。

③低压断路器的选用原则。

a）根据线路对保护的要求确定断路器的类型和保护形式。确定选用框架式、装置式或限流式等。

b）低压断路器的额定电压 U_N 应等于或大于被保护电路的额定电压。

c）低压断路器欠电压脱扣器的额定电压应等于被保护电路的额定电压。

d）低压断路器的额定电流及过电流脱扣器的额定电流应大于或等于被保护电路的计算电流。

e）低压断路器的极限分断能力应大于电路的最大短路电流。

f）配电线路中的上、下级低压断路器的保护特性应协调配合，下级的保护特性应位于上级保护特性的下方且不相交。

g）低压断路器的长延时脱扣电流应小于导线所允许的持续电流。

低压断路器具有结构简单、安装方便及操作安全的优点，而且在进行过载及短路保护时，用电磁脱扣器将三相电源同时切断，可避免电动机的断相运行。另外，低压断路器的脱扣器可以重复使用，不必更换。

（2）主令电器 主令电器是在自动控制系统中发出指令或信号的电器，主要用来接通和分断控制电路，以达到发号施令的目的。主令电器应用广泛、种类繁多，最常见主令电器的有按钮、行程开关、万能转换开关和凸轮控制器等。

1）按钮。按钮是一种短时接通或断开小电流电路的手动电器，通常用于控制电路中发出起动或停止等指令，以控制接触器、继电器等电器线圈的通电（得电）或断电（失电），从而控制电动机以及其他电气设备的运行。

①按钮的结构与符号。按钮的结构如图 5-30 所示。按钮一般是由按钮帽、复位弹簧、动触头、静触头和外壳等组成。按下按钮帽时，常闭触头先断开，常开触头后闭合；松开按钮帽后，触头在复位弹簧的作用下自动复位，常开触头先断开，常闭触头后闭合，其顺序与按下按钮帽时触头的动作顺序正好相反。

按钮的图形符号和文字符号如图 5-31 所示。

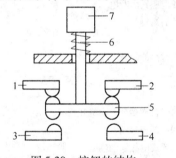

图 5-30 按钮的结构
1、2—常闭静触头 3、4—常开静触头
5—动触头 6—复位弹簧 7—按钮帽

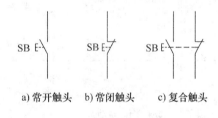

a）常开触头 b）常闭触头 c）复合触头

图 5-31 按钮的图形符号和文字符号

②按钮的类型和动作原理。按钮的种类很多，按结构形式的不同分为紧急式按钮、旋钮式按钮及指示灯式按钮等。按触头形式的不同分为常开按钮、常闭按钮以及复合按钮。

常开按钮：未按下时，触头是断开的，当按下按钮帽时，触头闭合，而松开后，触头在复位弹簧的作用下返回原位。常开按钮在控制电路中常用做起动按钮，其触头称为常开触头。

常闭按钮：未按下时，触头是闭合的，当按下按钮帽时，触头断开，而松开后，触头在复位弹簧的作用下返回原位。常闭按钮在控制电路中常用做停止按钮，其触头称为常闭触头。

复合按钮：未按下时，其常闭触头是闭合的，常开触头是断开的；按下时，常闭触头先断开，常开触头后闭合；而松开后，触头在复位弹簧的作用下全部复位。

③按钮的型号及其含义。按钮的主要技术参数有规格、结构形式、触头对数和按钮的颜色。按钮的颜色有红、绿、黑、黄以及白、蓝等多种，供不同场合选用。全国统一设计的按钮新型号为 LA25 系列，其他常用的有 LA2、LA10、LA18、LA19 及 LA20 等系列。

按钮 LA20—22DJ 的型号含义如下：

L——主令电器；

A——按钮；

20——设计代号；

22——常开触头数为两对，常闭触头数为两对；

DJ——结构形式为带灯紧急式。

另外，为了便于识别各个按钮的作用，避免误操作，通常在按钮帽上作出不同的标记或涂上不同的颜色。例如：蘑菇形表示急停按钮；一般红色表示停止按钮；绿色表示起动按钮。更换按钮时应注意：停止按钮必须是红色；急停按钮必须用红色蘑菇按钮；起动按钮是绿色的。按钮颜色所表示的含义和典型用途见表5-4。

表 5-4　按钮颜色代表的意义及典型用途

颜色	代表意义	典型用途
红	停车、断开、紧急停车	一台或多台电动机的停车 机械设备的一部分停止运行 磁力吸盘或电磁铁的断电 停止周期性的运行 紧急断开 防止危险性过热的断开
绿或黑	起动、工作、点动	控制电路励磁 辅助功能的一台或多台电动机开始起动 机械设备的一部分起动 磁力吸盘装置或电磁铁的励磁 点动或缓行
黄	返回的起动、移动出界、正常工作循环或移动一开始时去抑止危险情况	在机械上已完成一个循环的始点，机械元件返回黄色按钮的功能可取消预置的功能
白或蓝	以上颜色所未包含的特殊功能	与工作循环无直接关系的辅助功能控制，保护继电器的复位

2）行程开关。行程开关又称位置开关或限位开关，是一种很重要的小电流主令电器。行程开关是利用生产设备中某些运动部件的机械位移而碰撞位置开关，使其触头动作，将机械信号变为电信号，接通、断开或变换某些控制电路的指令，借以实现对机械的电气控制要求。这类开关常被用来限制机械运动的位置或行程，使运动机械按一定的位置或行程自动停止、反向运动或自动往返运动等。

行程开关按结构可分为直动式行程开关、滚轮式行程开关和微动式行程开关；按触头性质可分为有触头式行程开关和无触头式行程开关。直动式行程开关的结构如图 5-32 所示。

行程开关的动作原理与按钮相同，但其触头的分合速度取决于生产机械的运行速度，不宜用于速度低于 0.4m/min 的场合。若移动速度太慢，触头就不能瞬时切断电路，容易烧蚀触头。为此应采用瞬时动作的滚轮式行程开关。滚轮式行程开关和微动式行程开关的结构与工作原理这里不再介绍。行程开关的图形与文字符号如图 5-33 所示。限位开关的图形符号与行程开关相同，但其文字符号为 SQ。

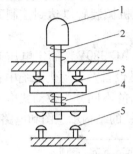

图 5-32　直动式行程开关的结构
1—顶杆　2—弹簧　3—常闭触头
4—触头弹簧　5—常开触头

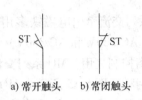

a) 常开触头　　b) 常闭触头

图 5-33　行程开关的图形与文字符号图

目前机床中常用的行程开关有 LX5、LX19 等系列。

3）万能转换开关。万能转换开关是一种多挡位、多段式、控制多回路的主令电器。万能转换开关主要用于各种控制电路的转换，电压表、电流表的换相测量控制，配电装置线路的转换和遥控等控制。万能转换开关还可以用于直接控制小容量电动机的起动、调速、换向和制动。

图 5-34 所示为 LW6 系列万能转换开关单层的结构示意图。它主要由触头座、操作定位机构、凸轮及手柄等部分组成。每层底座均安装三对触头，并由每层底座中的凸轮（套在转轴上）来控制三对触头的接通和断开。由于每层底座中的凸轮都可以做成不同的形状，当操作手柄带动凸轮转到不同的位置时，通过凸轮的作用，可以使各对触头按照所需的规律接通和断开，以达到转换电路的目的。

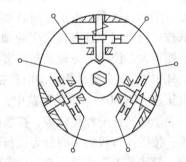

图 5-34　万能转换开关单层的结构图

常用的万能转换开关产品有 LW5 和 LW6 系列。LW5 系列可以控制 5.5kW 及以下的三相笼型异步电动机的直接控制（起动、多速电动机变速）；LW6 系列作为不频繁控制 380V、2.2kW 以下的三相笼型异步电动机之用。

低压电器的作用远不止这些，随着科学技术的发展，新功能、新设备会不断出现。对低压配电电器的要求是灭弧能力强、分断能力好、热稳定性能好以及限流准确等。对低压控制电器，则要求其动作可靠、操作频率高、寿命长并具有一定的负载能力。

6. 电磁铁和电磁离合器

（1）电磁铁　电磁铁是将电能转换为机械能的电器。它主要由电磁线圈、铁心和衔铁三部分组成。当电磁线圈通电后，铁心被磁化，产生电磁力，在电磁力的作用下，通过铁心吸引衔铁来操纵或牵引机械装置完成某种预定的动作。如对钢铁零件的吸持、固定、牵引以及用于起重、搬运等。由于电磁铁具有动作迅速、灵敏及容易控制等优点，所以在自动控制的机械传动系统中应用极为普遍。

电磁铁的种类很多，按使用电流种类的不同分为直流电磁铁和交流电磁铁；按用途的不同分为起重电磁铁、牵引电磁铁及制动电磁铁等。

1）牵引电磁铁。牵引电磁铁主要是来牵引、推动机械装置的，如各种机床的液压和气动机构，用来开启或关闭水路和油路等的阀门，以及推动机械装置以达到控制和遥控的作用。

MQ 系列交流牵引电磁铁多用于交流 50Hz，额定值在 AC 380V（额定电压有 AC 36V、AC 110V、AC 220V 和 AC 380V）以下的电路中，作为机械设备及自动化系统中各类操作机构的远距离控制之用。MQ 系列交流牵引电磁铁按使用方法的不同分为拉动式电磁铁和推动式电磁铁两种。图 5-35 所示为 MQ 系列单相交流牵引电磁铁的结构示意图和电路符号。

MQ 系列交流牵引电磁铁的工作原理是：当线圈通电时，产生电磁力，衔铁带动连杆或推杆动作，驱动操作机构，从而达到控制的目的；当线圈断电时，衔铁靠自身重力或机械力而复位。对于拉动式电磁铁，应用销子将衔铁和牵引杆相连，对于推动式电磁铁，需将停挡与顶杆接触。

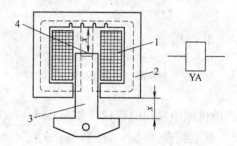

图 5-35　MQ 系列交流牵引电磁铁的
结构示意图和电路符号
1—线圈　2—铁心　3—衔铁　4—阻尼铜环

2）制动电磁铁。制动电磁铁是带动制动器作机械制动用的电磁铁。在电气传动装置中用于电动机的机械制动，使电动机迅速、准确的停车。由于应用制动电磁铁使电动机制动时，电动机不会发热，因此，制动电磁铁被广泛应用于具有较大飞轮惯量及频繁制动的场合。但制动电磁铁同时又有动作不平稳、噪声大、使用寿命短及瓦块磨损快等缺点。

MZD_1 系列交流单相制动电磁铁和 MZS_1 系列交流三相制动电磁铁多用于交流 50Hz，额定电压在 AC 380V 以下的电路中，与闸瓦式制动器配套，作驱动装置之用。

制动电磁铁的种类较多，按线圈通电电流性质的不同分为直流制动电磁铁和交流制动电磁铁；按衔铁行程的不同分为长行程电磁铁和短行程电磁铁。现以短行程电磁瓦块式制动器为例，简述其工作原理：该制动器借助主弹簧，通过制动瓦块压在制动轮上，通过制动瓦块和制动轮之间的摩擦力实现制动；制动器松闸是通过电磁铁来实现的，当电磁线圈通电后，衔铁被吸合，驱动制动瓦块离开制动轮，实现松闸。

（2）电磁离合器　电磁离合器是应用电磁感应原理所产生的电磁力和摩擦片之间的摩擦力来操纵机械传动系统中的接合元件的，是使机械部件结合或分离的电磁机械连接器。它是一种自动执行的电器，可以用来控制机械的起动、反向、调速和制动等。电磁离合器具有结构简单、动作速度快、便于远距离控制的优点，它的传递转矩大，用做制动时，具有制动迅速、平稳的优点。因此，电磁离合器被广泛应用于各种加工机床和机械传动系统中。

电磁离合器按其工作方式的不同分为励磁型电磁离合器和无励磁型电磁离合器。励磁型电磁离合器是线圈通电时结合的离合器。而无励磁型电磁离合器是线圈通电时分离、断电时结合的离合器。按工作原理的不同分为摩擦片式电磁离合器、铁粉式电磁离合器和牙嵌式电磁离合器等几种。

摩擦片式电磁离合器按摩擦片的数量分为单片式和多片式两种。单片式电磁离合器的摩擦面积小，用来传递较大的转矩时，所需离合器尺寸较大，不能满足惯性小、动作快和体积小的要求。所以，机床上普遍采用多片式电磁离合器。

多片式电磁离合器的结构如图 5-36 所示。在主轴的花键上，装有主动摩擦片（内摩擦片），主动摩擦片可沿花键轴移动，由于主动摩擦片与主动轴花键连接，所以主动摩擦片与主动轴一起转动。从动摩擦片（外摩擦片）与主动摩擦片交替装叠，其凸起部分卡在套筒内，可以随从动齿轮一起转动。在主动摩擦片和从动摩擦片未压紧之前，主动轴转动时从动齿轮不转动。

当电磁线圈通电时，所产生的电磁力将摩擦片吸向铁心，衔铁也被吸合，主动摩擦片和从动摩擦片被紧紧压住，此时，通过主动摩擦片和从动摩擦片之间的摩擦力，使从动齿轮随主动轴一起转动；当电磁线圈断电时，装在主动摩擦片和从动摩擦片之间的弹簧使衔铁和摩擦片复位，从动齿轮停止转动，电磁离合器不传递工作转矩。

多片式电磁离合器具有传递转矩大、体积小以及容易安装在机床内部等优点。但摩擦式电磁离合器同时又有制造工艺复杂、动作较慢等缺点。常用的摩擦式电磁离合器有 DLM_3 系列、新型 DLM_4 系列干式多片式电磁离合器和 DLM_5 系列湿式多片式电磁离合器等。

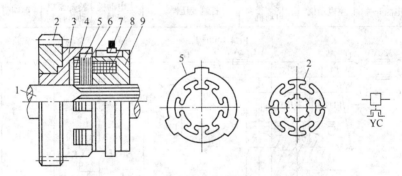

图 5-36　多片式电磁离合器的结构和电路符号

1—主轴　2—从动齿轮　3—套筒　4—衔铁　5—从动摩擦片
6—主动摩擦片　7—集电环　8—线圈　9—铁心

7. 电气控制系统图

各种生产机械的电气控制设备有着各种各样的电气控制电路。这些控制电路不论是简单的还是复杂的，一般都是由一些基本控制环节组成的。在分析控制电路的原理和判断其故障时，一般都是从这些基本环节着手。因此，掌握电气控制电路的基本环节，对生产机械整个电气控制电路工作原理的分析及电路维修有着很大的帮助。

电气控制电路是用导线将电动机、电器以及仪表等各种电气元器件连接起来并实现某种要求的控制电路。为了便于电气元器件的安装、接线、调试、运行及维修，需要将电气控制电路中各种电气元器件及其连接电路用统一规定的图形符号和文字符号表达出来，这种图称为电气控制系统图。

8. 电气控制系统图的绘制

（1）电气控制电路的图形符号和文字符号　在电气控制系统图中，各种电器元器件的图形符号和文字符号必须符合国家标准的规定。国家标准局参照国际电工委员会（IEC）颁布的有关标准，制定了我国电气设备的有关标准：GB/T 4728.1 ~ .5—2005、GB/T 4728.6 ~ .13—2008《电气简图用图形符号》系列标准，GB/T 6988.1—2008《电气技术用文件的编制　第 1 部分：规则》和 GB/T 6988.5—2006《电气技术用文件的编制　第 5 部分：索引》。一些常用电气图形符号和文字符号见附录 A。

（2）电气控制系统图的类别　电气控制系统图主要有三种：电气原理图、电气元器件布置图和电气安装接线图。因为它们的用途不同，所以绘制原则亦有所差别。

（3）电气原理图　电气原理图习惯上也称电路图，它是用来表示电路中各个电气元器件导电部分的连接关系和工作原理的图。使用电气原理图的目的是便于阅读和分析控制电路。电气原理图应依据结构简单、层次分明的原则，采用电气元器件展开的形式绘制而成。它不按电气元器件的实际位置来绘制，也不反映电气元器件的实际大小和形状。

下面以图 5-37 所示的某机床的电气原理图为例，来说明绘制电气原理图的原则和注意事项。

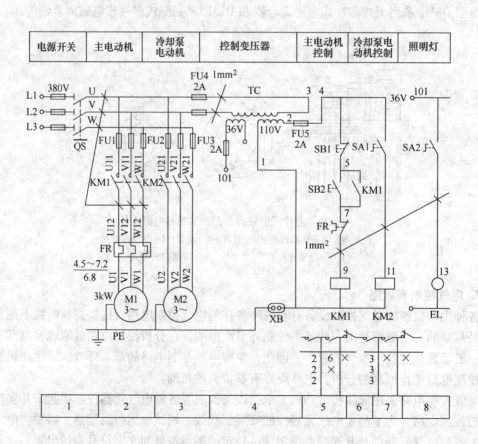

图 5-37　某机床电气原理图

1）绘制电气原理图的基本原则。

①电气原理图的组成。电气原理图一般由主电路和辅助电路两部分组成。主电路是从电源到电动机大电流通过的电路，一般由刀开关、熔断器、接触器主触头、热继电器的热元件和电动机组成。辅助电路是除主电路以外的电路，它流过的电流比较小。辅助电路包括控制电路、照明电路、信号电路和保护电路。其中，控制电路由按钮、接触器和继电器的线圈及辅助触头、热继电器的触头以及保护电器的触头等组成。

②电气原理图的布局。电气原理图中主电路和辅助电路的布局，应该依据便于阅读的原则安排。主电路在图面的左侧或上方，辅助电路在图面的右侧或下方。

③电气元器件触头的画法。电气原理图中电气元器件的触头都按没有外力作用或未通电时的初始状态画出。如继电器、接触器的触头都按其电磁线圈未通电时的初始状态画出；按钮和行程开关的触头都按不受外力作用时的状态画出。

④同一电气元器件的不同带电部分处在不同位置时，都采用同一文字符号标注。如接触器 KM1 的主触头接在主电路中，而它的线圈和辅助触头在控制电路中，但在电气原理图中接触器 KM1 的主触头、线圈和辅助触头都采用同一文字符号 KM1。

图 5-38　图幅分区图

2）图面区域的划分。为了便于检索电气电路，方便阅读分析，对各种幅面的图样进行了分区，如图 5-38 所示。在图面区域对应电气原理图的上方标有该区域电路或元器件的功能。在图面区域对应电气原理图的下方标有图面区域的编号。

3）继电器、接触器触头位置的索引。为了便于对图样上的内容进行补充和更改以及确定其组成部分的位置，可以在各种幅面的图样上进行分区，如图 5-38 所示。分区数应为偶数，每一分区长度一般为 25～75mm，每一分区的竖边方向用大写拉丁字母编号，横边方向用阿拉伯数字编号，编号的顺序应从标题栏左上角开始。

元件相关触头位置的索引用图号、页次和图区编号的组合表示如下。

例如：图 5778/24/B4 的含义为：

图 5778——图号；

24——页次；

B——行号；

4——列号。

继电器和接触器的触头位置采用附图的方式表示。在电气原理图相应线圈位置的下方给出触头的图形符号，并在其下方标明相应触头的索引代码（对未使用的触头用"×"表示或省略），如图 5-37 图面所示为 KM_1、KM_2 相应触头的索引。

在附图表示方式中，对于接触器，各栏的含义见表 5-5。

表 5-5 接触器触头位置索引

左　栏	中　栏	右　栏
主触头所在图区号	常开辅助触头所在图区号	常闭辅助触头所在图区号

对于继电器，各栏的含义见表 5-6。

表 5-6 继电器触头位置索引

左　栏	右　栏
常开触头所在图区号	常闭触头所在图区号

4）技术数据的标注。电气元器件的数据和型号一般用小号字体标注在电器代号的下方，如图 5-37 中熔断器额定电流的标注、导线截面积的标注等。

（4）电气元器件布置图　电气元器件布置图用来表明电气设备上所有电动机和电气元器件的实际位置。是电气设备制造、安装和维修必不可少的技术资料。电气元器件布置图可视电气控制系统的复杂程度采取集中绘制或单独绘制。在电气元器件布置图上，用点画线表示机床的轮廓，用粗实线表示电器外壳的轮廓。电气元器件布置图是用来表示元器件实际安装位置的图。绘制时应注意以下几方面：

①体积大和较重的元器件应安装在下方，发热元器件安装在上方。

②强、弱电之间要分开，弱电部分要加屏蔽。

③需要经常调整、检修的元器件安装高度要适中。

④元器件的布置要整齐、对称和美观。

⑤元器件布置不要过密，以利于布线和维修。

图 5-39 所示为某车床电气控制系统的元器件布置图。

（5）电气安装接线图　电气安装接线图用于表示各电气设备之间的实际接线情况，以及各电器元器件的实际位置，以便在具体施工、检修以及维护中使用。

绘制规则如下：

①电气安装接线图应把同一电器的各个元件绘在一起，而且各个电气元器件的布置要尽可能符合这个电器安装的实际情况。

②图形符号和文字符号、元器件连接顺序及线路号码编制应与电气原理图一致，以便检查。

③电气安装接线图上应该详细标明导线及走线管的型号、规格和数量。

④元器件上凡需接线的部件端子都应绘出，控制板内外元器件的电气连接一般要通过端子排进行，各端子的标号必须与电气原理图上的标号一致。

⑤走向相同的多根导线可用单线或线束表示。

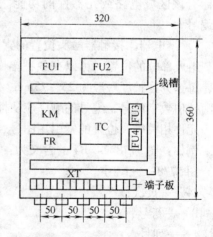

图 5-39 某车床电气控制系统
元器件布置图

图 5-40 为某机床电气控制系统的电气安装接线图。

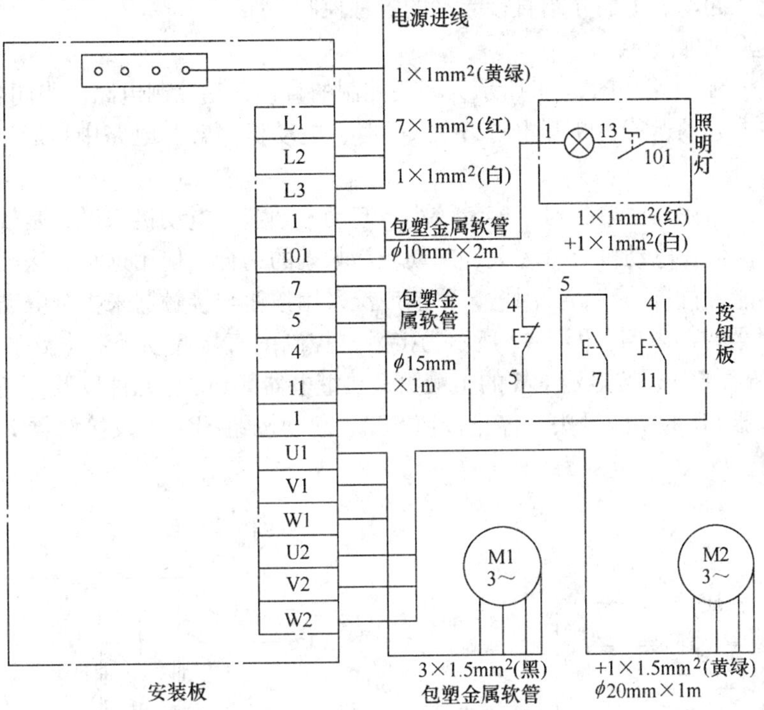

图 5-40　某机床电气控制系统安装接线图

思考与练习

1. 绘制电气控制系统图的原则有哪些?
2. 电气控制系统图有哪些? 在工程施工中, 哪一个图最重要?

任务二　单向运行控制电路和点动控制电路

一、任务引入

在港口、码头和大型企业中常常需要应用起重机, 起重机在起吊重物时常需要点动控制单向运行; 此外, 在机床加工过程中溜板箱的控制以及对刀时也需要点动控制和单向运行控制。下面就来学习单向运行控制电路和点动控制电路。

二、任务目标

(1) 掌握单向运行控制电路和点动控制电路的工作原理。
(2) 能完成三相交流异步电动机单向运行控制电路的设计、安装及调试任务。

三、相关知识

电动机接通电源后由静止状态逐渐加速到稳定运行状态的过程, 称为电动机的起动。将额定电压通过开关或接触器直接加到电动机的定子绕组上，使电动机起动运行的过程，称为直接起动或全压起动。下面介绍直接起动的各种控制电路。

1. 单向运行控制电路

（1）开关控制电路　图5-41所示为开关控制的直接起动控制电路。当闭合电源开关QS时，电动机单向起动运行；断开电源开关QS时，电动机停转。电路中熔断器FU用于短路保护。

这种控制电路比较简单，对于容量较小、起动不频繁的电动机来说，是较为经济方便的起动控制电路。但在电动机容量较大、起动较为频繁的场合，使用这种方法则既不方便，也不安全，还不能进行自动控制。因此，目前广泛采用按钮与接触器来控制电动机的运行。

（2）接触器控制电路　图5-42所示为接触器控制的直接起动控制电路。主电路由电源开关QS、熔断器FU1、接触器KM的主触头、热继电器FR的热元件以及电动机组成。控制电路由热继电器FR的常闭触头、停止按钮SB2、起动按钮SB1以及接触器KM的常开触头及其线圈组成。

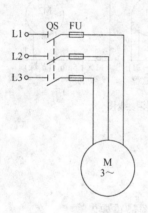

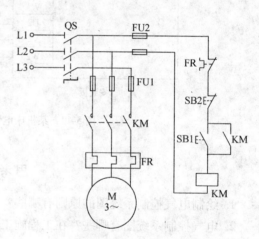

图5-41　开关控制的直接
　　　　起动控制电路

图5-42　接触器控制的直接
　　　　起动控制电路

1）电路的工作原理。在需要电动机起动时，闭合电源开关QS，接通电源。按下起动按钮SB1，接触器KM的线圈通电，其常开主触头和常开辅助触头同时闭合。KM常开主触头闭合使电动机接入三相交流电源而起动运行；KM常开辅助触头并联在起动按钮SB1两端，使KM的线圈经SB1常开触头与接触器KM的常开辅助触头两路而通电。松开起动按钮SB1时，KM的线圈仍可以通过自身常开辅助触头KM的闭合而保持通电，使接触器的主触头仍保持吸合状态，从而确保电动机的继续运行。这种依靠接触器自身辅助触头使其线圈保持通电的现象称为自锁，起自锁作用的辅助触头称为自锁触头。

要使电动机停止运转，则需按下停止按钮SB2，接触器KM线圈断电，其常开主触头和常开辅助触头同时断开，切断电动机主电路和控制电路，电动机停止运行，自锁解除。当松开停止按钮SB2后，其常闭触头在复位弹簧的作用下恢复到原来的常闭状态，控制电路又返回到起动前的状态。

2) 电路的保护。这种控制电路具有短路保护、欠电压保护、失电压（零电压）保护和过载保护等能力。

①短路保护：起短路保护作用的元件是熔断器 FU1 和 FU2。当电路中发生短路故障时，熔断器的熔丝（或熔片）立即熔断，电动机迅速停止。

②欠电压保护：在电动机运行时，若电源电压下降，电动机的电流就会上升，电压下降越严重，电流上升也越严重，有时会烧毁电动机。欠电压保护是依靠接触器自身的电磁机构来实现的。当电动机运行过程中电源电压降低到较低程度（一般在工作电压的 85% 以下）时，接触器电磁机构的弹簧反力大于电磁力，接触器衔铁释放，其主触头和自锁触头都断开，从而使电动机停止运行，实现了欠电压保护。

③失电压保护：若电动机运行过程中遇到电源临时停电，那么，在恢复供电时，如果未采取防范措施，电动机将自行起动运行，这很容易造成设备或人身事故。采用接触器自锁控制电路，由于自锁触头和主触头在停电时都已经断开，控制电路和主电路都不会自行接通，所以在恢复供电时，在没有按下起动按钮的情况下，电动机就不会自行起动。这种在突然断电时能自动切断电动机电源的保护称为失电压（零电压）保护。

④过载保护：电动机输出的功率超过额定值时就称为过载。过载时，因电动机的电流超过了额定电流，故会引起绕组发热，使电动机温度升高。当电动机温升超过允许温升时，就会影响电动机的寿命，甚至会烧坏电动机。因此必须对电动机进行过载保护。该电路是由热继电器 FR 来实现电动机的长期过载保护。当电动机出现长期过载时，串接在电动机定子绕组中的热元件使双金属片受热弯曲，经联动机构使串接于控制电路中的 FR 常闭触头断开，从而切断了 KM 线圈电路，KM 主触头断开，电动机停转，实现过载保护。还应指出的是，由于热惯性，热继电器不能用做短路保护，故在该电路中熔断器和热继电器这两个保护元件是缺一不可的。

2. 点动控制电路

接触器控制的直接起动控制电路不仅能实现电动机的频繁起动控制，还能实现远距离的自动控制，是最常见的电动机起动控制电路。但是，机械设备除需要正常地连续运行外，往往还需要点动运行。所谓点动运行，即按下起动按钮时电动机转动工作，松开起动按钮时电动机停止工作。如机床调整时需要主轴稍转动一下，这时就需要进行点动控制。图 5-43 所示为几种典型的点动控制电路。

图 5-43a 是基本的点动控制电路。按下起动按钮 SB2，接触器 KM 线圈得电吸合，其主触头闭合，电动机起动运行；当松开按钮 SB2 时，接触器 KM 线圈断电释放，其主触头断开，电动机断电停止运行。这种电路的缺点是不能实现连续运行，只能实现点动控制。

图 5-43b 是带手动控制开关 SA 的点动控制电路，打开 SA 将 KM 自锁触头断开，则可实现点动控制。闭合 SA，则可实现连续运行控制。

图 5-43c 增加了一个点动控制用的复合按钮 SB3，点动控制时，按下 SB3，其常闭触头断开接触器 KM 的自锁触头，实现点动控制；连续运行控制时，可按下起动按钮 SB2。

图 5-43d 是利用中间继电器 KA 实现点动控制的，点动时，按下 SB2，中间继电器 KA 的常开触头并联在 SB3 的两端，控制接触器 KM 线圈得电吸合，电动机实现点动运行；当需要连续运行控制时，按下起动按钮 SB3 即可；当需要电动机停转时，按下停止按钮 SB1。

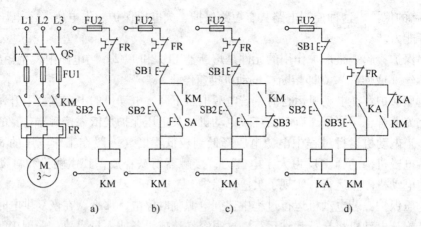

图 5-43   实现点动运行的几种控制电路

四、任务实施

下面进行单向运行控制电路的设计、安装和调试。

1）设计出单向运行的控制电路。

2）根据所设计的单向运行控制电路列出设备清单，见表 5-7。

3）根据各校维修电工装置的结构，设计出具体接线图。

4）按照所绘制的电气安装接线图完成电路的接线。接线成后，仔细检查电路的接线情况，确保各端子接线牢固。

表 5-7   单向运行控制电路设备清单

序 号	名 称	序 号	名 称
1	三相笼型异步电动机(△/380V)	5	起动按钮 SB2
2	电源开关 QS	6	停止按钮 SB1
3	熔断器 FU1	7	接触器 KM
4	熔断器 FU2	8	热继电器 FR

5）通电试车。闭合电源开关，按下起动按钮 SB2，电动机起动后连续运行；按下停止按钮 SB1，电动机断电后缓慢停车。

五、任务评价

根据表 5-8 的内容对任务的实施进行各项评价，并将评价结果填入表 5-8 中。

表 5-8   任务评价表

序号	考核内容	考核要求	成绩
1	安全操作	符合安全生产要求，团队合作融洽(10分)	
2	电气元器件	根据电路能正确合理地选用电气元器件(10分)	
3	安装电路	电路的布线、安装符合工艺标准(50分)	
4	调试	根据电路的故障现象能够正确分析判断出故障点并排除故障(20分)	
5	操作演示	能够正确操作演示，电路分析正确(10分)	

思考与练习

1. 为什么电动机必需具有欠电压和失电压保护？

2. 三相交流异步电动机起动时，起动电流很大，热继电器是否会动作？为什么？

3. 在电动机主电路中，既然已安装有熔断器，为何还要安装热继电器？它们的作用有何不同？

任务三　接触器互锁的正反转控制电路

一、任务引入

在港口、码头和大型企业中大量应用的起重机通常需要提升和下放重物，在机床加工过程中也常常需要主轴正反转以完成加工工艺，这都需要通过电动机的正反转来控制。下面就来学习接触器互锁的正反转控制电路。

二、任务目标

（1）掌握接触器互锁正反转控制电路的工作原理。

（2）能完成三相交流异步电动机接触器互锁正反转控制电路的设计、安装及调试任务。

三、相关知识

前面介绍的单向运行控制电路只能使电动机向一个方向旋转，但许多生产机械往往要求实现正反两个方向的运动，这就需要实现正反转控制。由三相异步电动机的工作原理可知，改变电动机三相电源的相序，即把电动机三相电源中的任意两相对调接线时，就能改变电动机的转向。接触器互锁的正反转控制电路如图5-44所示。

图5-44所示电路中采用了两个接触器，即电动机正转用接触器 KM1 和反转用接触器 KM2。当按下正转起动按钮 SB2 时，KM1 线圈得电并自锁，三相电源 L1、L2、L3 按 U—V—W 相序接入电动机，电动机正转；当按下反转起动按钮 SB3 时，KM2 线圈得电并自锁，三相电源 L1、L2、L3 按 W—V—U 相序接入电动机，即 W 和 U 两相接线对调，

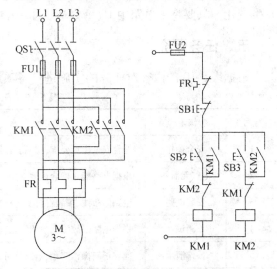

图5-44　接触器互锁正反转控制电路

电动机反转。再将 KM1、KM2 的常闭辅助触头串接在对方线圈电路中，形成相互制约的控制，将这种控制称为互锁或联锁控制。这种利用接触器（或继电器）常闭触头的互锁又称为电气互锁。在该电路中，要使电动机由正转到反转或由反转到正转，必须先按下停止按钮，然后再反向起动。

四、任务实施

下面进行接触器互锁正反转控制电路的设计、安装和调试。

1）设计出接触器互锁的正反转控制电路。

2）根据所设计的接触器互锁正反转控制电路列出设备清单，见表5-9。

表5-9　接触器互锁正反转控制电路设备清单

序　号	名　　称	序　号	名　　称
1	三相笼型异步电动机(△/380V)	6	正转起动按钮 SB2
2	电源开关 QS	7	反转起动按钮 SB3
3	熔断器 FU1	8	正转接触器 KM1
4	熔断器 FU2	9	反转接触器 KM2
5	停止按钮 SB1	10	热继电器 FR

3）根据各校维修电工装置的结构，设计出具体接线图。

4）按照所绘制的安装电气接线图完成电路的接线。接线完成后，仔细检查电路的接线情况，确保各端子接线牢固。

5）通电试车。闭合电源开关 QS，按下正向起动按钮 SB2，接触器 KM1 线圈吸合，电动机应正向起动后连续运行，按下停止按钮 SB1，电动机断电后缓慢停车；按下反向起动按钮 SB3，接触器 KM2 线圈吸合，电动机反向起动并连续运行（**注意：电动机转向与 KM1 吸合时要相反**），按下停止按钮 SB1，电动机断电后缓慢停车。若整个过程中电动机转向没有发生变化，只要将主电路中 U、V、W 三相中的任意两相对调即可。

五、任务评价

根据表5-10的内容对任务的实施进行各项评价，并将评价结果填入表5-10中。

表5-10　任务评价表

序号	考核内容	考核要求	成绩
1	安全操作	符合安全生产要求，团队合作融洽(10分)	
2	电气元器件	根据电路能正确合理地选用电气元器件(10分)	
3	安装电路	电路的布线、安装符合工艺标准(50分)	
4	调试	根据电路的故障现象能够正确分析判断出故障点并排除故障(20分)	
5	操作演示	能够正确操作演示，电路分析正确(10分)	

思考与练习

1. 什么是自锁？什么是互锁？在电路中如何实现自锁和互锁？

2. 在接触互锁的正反转控制电路中，若用于正反转控制的接触器同时吸合，会发生什么现象？

任务四　按钮互锁的正反转控制电路

一、任务引入

在生产实践中，常常需要通过电动机的正反转来实现控制要求。在这样的控制场合中，除了可以采用接触器互锁的正反转控制电路，还可以采用另一种控制电路，这就是按钮互锁的正反转控制电路。

二、任务目标

（1）掌握按钮互锁正反转控制电路的工作原理。

（2）能完成三相交流异步电动机按钮互锁正反转控制电路的设计、安装及调试任务。

三、相关知识

前面介绍的接触器互锁正反转控制电路，只利用了接触器的常闭触头作为互锁措施，在实际应用中，如果接触器的主触头出现了熔焊，即使有这个互锁条件，也可能发生电源短路的现象。为了避免此现象的发生，对电路进行改进，于是又引出了一种利用按钮常闭触头进行互锁的正反转控制电路——按钮互锁正反转控制电路，如图 5-45 所示。

按钮互锁正反转控制电路采用了两个接触器，即正转用接触器 KM1 和反转用接触器 KM2。当按下正转起动按钮 SB2 时，KM1 线圈得电并自锁，三相电源 L1、L2、L3 按 U—V—W 相序接入电动机，电动机正转；当按下反转起动按钮 SB3 时，KM2 线圈得电并自锁，三相电源 L1、L2、L3 按 W—V—U 相序接入电动机，即 W

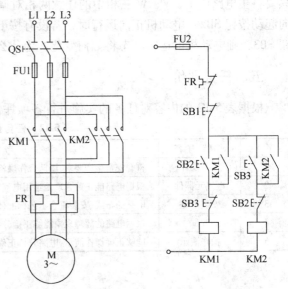

图 5-45　按钮互锁正反转控制电路

和 U 两相接线对调，电动机反转。再将 SB2、SB3 的常闭辅助触头串接在对方线圈电路中，形成相互制约的控制，称为互锁或联锁控制。这种利用按钮常闭触头的互锁也称为电气互锁。

四、任务实施

下面进行按钮互锁正反转控制电路的设计、安装和调试。

1）设计出按钮互锁的正反转控制电路。

2）根据所设计的按钮互锁正反转控制电路列出设备清单，见表 5-11。

表 5-11　按钮互锁正反转控制电路设备清单

序　号	名　　称	序　号	名　　称
1	三相笼型异步电动机(△/380V)	6	正转起动按钮 SB2
2	电源开关 QS	7	反转起动按钮 SB3
3	熔断器 FU1	8	正转接触器 KM1
4	熔断器 FU2	9	反转接触器 KM2
5	停止按钮 SB1	10	热继电器 FR

3) 根据各校维修电工装置的结构,设计出具体接线图。

4) 按照所绘制的电气安装接线图完成电路的接线。接线完成后,仔细检查电路的接线情况,确保各端子接线牢固。

5) 通电试车。闭合电源开关 QS,按下正转起动按钮 SB2,接触器 KM1 吸合,电动机应正向起动后连续运行,按下停止按钮 SB1,电动机断电后缓慢停车;按下反向起动按钮 SB3,接触器 KM2 吸合,电动机反向起动并连续运行(**注意**:电动机转向与 KM1 吸合时要相反),按下停止按钮 SB1,电动机断电后缓慢停车。若整个过程中电动机转向没有改变,只要将主电路中 U、V、W 三相中的任意两相对调即可。在操作过程中注意观察,当按下正向起动按钮 SB2,电动机正向运行时,若没有按下停止按钮 SB1,而是直接按下反向起动按钮 SB3,则电动机的运行状态将如何变化? 为什么?

五、任务评价

根据表 5-12 的内容对任务的实施进行各项评价,并将评价结果填入表 5-10 中。

表 5-12　任务评价表

序号	考核内容	考核要求	成绩
1	安全操作	符合安全生产要求,团队合作融洽(10 分)	
2	电气元器件	根据电路能正确合理地选用电气元器件(10 分)	
3	安装电路	电路的布线、安装符合工艺标准(50 分)	
4	调试	根据电路的故障现象能够正确分析判断出故障点并排除故障(20 分)	
5	操作演示	能够正确操作演示,电路分析正确(10 分)	

思考与练习

1. 在图 5-45 所示电路中,在电动机由正转切换为反转的过程中,若按钮 SB3 的常闭触头不能断开,电动机能否实现由正转切换为反转? 为什么?

2. 简述按钮互锁的正反转控制电路与接触器互锁的正反转控制电路工作原理的区别。

任务五　双重互锁的正反转控制电路

一、任务引入

起重机对重物的提升和下放需要通过电动机的正反转来实现,电动车辆的前进、后退也是由电动机的正反转来驱动的。为了保证控制电路的可靠、正常工作,通常采用既有接触器互锁又有按钮互锁的双重互锁正反转控制电路来完成对电动机的控制,从而实现对设备的操作。

二、任务目标

(1)掌握双重互锁正反转控制电路的工作原理。

(2)能完成三相交流异步电动机双重互锁正反转控制电路的设计、安装及调试任务。

三、相关知识

前面介绍了接触器互锁正反转控制电路和按钮互锁正反转控制电路,在这两种控制电路中,都是只有一种互锁措施,如果互锁条件出现异常则可能会出现电源短路的故障。因此,

本任务中引出了一种既利用按钮常闭触头又利用接触器常闭触头进行互锁的正反转控制电路——双重互锁正反转控制电路。双重互锁的正反转控制电路如图5-46所示。

双重互锁正反转控制电路中既有接触器互锁又有按钮互锁,两种互锁措施保证电路可靠正常地工作。这种电路采用了两个接触器,即正转用接触器KM1和反转用接触器KM2。当按下正转起动按钮SB2时,KM1线圈得电并自锁,三相电源L1、L2、L3按U—V—W相序接入电动机,电动机正转;当按下反转起动按钮SB3时,KM2线圈得电并自锁,三相电源L1、L2、L3按W—V—U相序接入电动机,即W和U两相接线对调,电动机反转。再将KM1、KM2常闭辅助触头和SB2、SB3常闭辅助

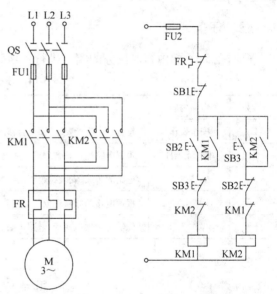

图5-46 双重互锁正反转控制电路

触头串接在对方线圈电路中,形成相互制约的控制,实现双重互锁。

四、任务实施

下面进行双重互锁正反转控制电路的设计、安装和调试。

1)设计出双重互锁的正反转控制电路。

2)根据所设计的双重互锁正反转控制电路列出设备清单,见表5-13。

表5-13 双重互锁正反转控制电路设备清单

序 号	名 称	序 号	名 称
1	三相笼型异步电动机(△/380V)	6	正转起动按钮 SB2
2	电源开关 QS	7	反转起动按钮 SB3
3	熔断器 FU1	8	正转接触器 KM1
4	熔断器 FU2	9	反转接触器 KM2
5	停止按钮 SB1	10	热继电器 FR

3）根据各校维修电工装置的结构，设计出具体接线图。

4）按照所绘制的电气安装接线图完成电路的接线。接线完成后，仔细检查电路的接线情况，确保各端子接线牢固。

5）通电试车。闭合电源开关 QS，按下正向起动按钮 SB2，接触器 KM1 吸合，电动机应正向起动后连续运行；按下停止按钮 SB1，电动机断电后缓慢停车。按下反向起动按钮 SB3，接触器 KM2 吸合，电动机反向起动并连续运行（**注意**：电动机转向与 KM1 吸合时要相反）；按下停止按钮 SB1，电动机断电后缓慢停车。若整个过程中电动机转向没有改变，只要将主电路中 U、V、W 三相中的任意两相对调即可。在操作过程中注意观察，当按下正向起动按钮 SB2，电动机正向运行时，若没有按下停止按钮 SB1，而是直接按下反向起动按钮 SB3，则电动机的运行状态将如何变化？为什么？

五、任务评价

根据表 5-14 的内容对任务的实施进行各项评价，并将评价结果填入表 5-14 中。

表 5-14 任务评价表

序号	考核内容	考 核 要 求	成绩
1	安全操作	符合安全生产要求，团队合作融洽（10 分）	
2	电气元器件	根据电路能正确合理地选用电气元器件（10 分）	
3	安装电路	电路的布线、安装符合工艺标准（50 分）	
4	调试	根据电路的故障现象能够正确分析判断出故障点并排除故障（20 分）	
5	操作演示	能够正确操作演示，电路正确（10 分）	

思考与练习

1. 双重互锁的正反转控制电路与接触器互锁的正反转控制电路有什么区别？

2. 相比接触器互锁和按钮互锁正反转控制电路，双重互锁正反转控制电路的优势是什么？

任务六　自动往复循环控制电路

一、任务引入

在应用平面磨床、龙门刨床加工时，工件被固定在工作台上，由工作台带动做往复运动，工作台的往复运动通常由液压系统驱动或由电动机来拖动。通过工作台的往复运动和刀具的进给运动便可完成对工件的加工。下面就来学习自动往复循环控制电路。

二、任务目标

（1）掌握自动往复循环控制电路的工作原理。

（2）能完成三相交流异步电动机自动循环正反转控制电路的设计、安装及调试任务。

三、相关知识

前面介绍的单向运行控制电路只能使电动机向一个方向旋转，但在许多生产机械中往往要求实现正反两个方向的运动，龙门刨床的工作台就是由电动机的正反转来拖动实现往复运动的。工作台的自动往复示意图如图 5-47 所示。自动往复循环控制电路如图 5-48 所示。

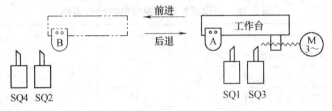

图 5-47　工作台自动往复示意图

在自动往复循环控制电路中，KM1、KM2 分别为电动机正、反转接触器，SB1 为停止按钮，SB2、SB3 为电动机正、反转起动按钮，SQ1 为电动机反转变正转限位开关，SQ2 为电动机正转变反转限位开关，工作台到达此位置时，电动机转动方向改变。SQ3、SQ4 为极限位置的限位开关，分别安装在运动部件正、反向的极限位置，起限位保护作用。若工作台到达 SQ1 或 SQ2 给定位置时，撞块压合不上 SQ1 或 SQ2 的操作头时，会导致 KM2 或 KM1 的线圈不能断电，造成电动机继续正转或反转，工作台继续沿原方向移动，当撞块压下极限位置的限位开关 SQ3 或 SQ4 时，相应的接触器线圈断电，电动机停止，从而避免事故的发生。

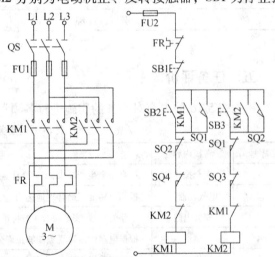

图 5-48　自动往复循环控制电路

四、任务实施

下面进行工作台自动往复循环控制电路的设计、安装和调试。

1）设计出自动往复循环控制电路。

2）根据所设计的自动往复循环控制电路列出设备清单，见表 5-15。

3）根据学校维修电工装置的结构，设计出具体接线图。

4）按照所绘制的电气安装接线图完成电路的接线。接线完成后，仔细检查电路的接线情况，确保各端子接线牢固。

5）通电试车。闭合上电源开关 QS，按下正向起动按钮 SB2，接触器 KM1 吸合，电动机应正向起动后连续运行，按下停止按钮 SB1，电动机断电后缓慢停车；按下反向起动按钮 SB3，接触器 KM2 吸合，电动机反向起动并连续运行（**注意：电动机转向与 KM1 吸合时要**

相反），按下停止按钮 SB1，电动机断电后缓慢停车。若整个过程中电动机转向没有改变，只要将主电路中 U、V、W 三相中的任意两相对调即可。在操作过程中注意观察，当反转变正转限位开关 SQ1 动作时，电动机是否正向运行？此时若直接按下正转变反转限位开关 SQ2，电动机转向将怎样变化？在电动机正向运行时若按下限位开关 SQ4 或在电动机反向运行时按下限位开关 SQ3，电动机的工作状态将出现什么变化？

表 5-15 自动往复循环控制电路设备清单

序　号	名　　称	序　号	名　　称
1	三相笼型异步电动机（△/380V）	8	正转接触器 KM1
2	电源开关 QS	9	反转接触器 KM2
3	熔断器 FU1	10	热继电器 FR
4	熔断器 FU2	11	反转变正转限位开关 SQ1
5	停止按钮 SB1	12	正转变反转限位开关 SQ2
6	正转起动按钮 SB2	13	右极限限位开关 SQ3
7	反转起动按钮 SB3	14	右极限限位开关 SQ4

五、任务评价

根据表 5-16 的内容对任务的实施进行各项评价，并将评价结果填入表 5-16 中。

表 5-16 任务评价表

序号	考核内容	考　核　要　求	成绩
1	安全操作	符合安全生产要求，团队合作融洽(10 分)	
2	电气元器件	根据电路能正确合理地选用电气元器件(10 分)	
3	安装电路	电路的布线、安装符合工艺标准(50 分)	
4	调试	根据电路的故障现象能够正确分析判断出故障点并排除故障(20 分)	
5	操作演示	能够正确操作演示，电路分析正确(10 分)	

思考与练习

1. 自动往复控制电路常应用于哪些机床设备中？

2. 在图 5-47 所示的电气控制电路中限位开关 SQ3 和 SQ4 起什么作用？没有这两个限位开关会出现什么情况？

3. 在图 5-48 所示电路中，如果在工作过程中限位开关 SQ1 的常闭触头损坏了，会出现什么现象？

任务七 顺序控制电路

一、任务引入

在装有多台电动机的生产机械上，因各电动机所起的作用不同，有时需要按一定的顺序起动才能保证操作过程的合理性和工作的安全可靠性。例如，在铣床上就要求先起动主轴电动机，然后才能起动进给电动机；又如在摇臂钻床的控制中，摇臂的松开—移动—夹紧等动作也是按一定的顺序完成的。将反映顺序控制关系的电路称为顺序控制电路。

二、任务目标

（1）掌握顺序控制电路的工作原理。

（2）能完成多台三相交流异步电动机顺序控制电路的设计、安装及调试任务。

三、相关知识

图 5-49 是两台电动机 M1 和 M2 的顺序控制电路。该电路的特点是：电动机 M1 先起动后，M2 才能起动；M1 和 M2 同时停止。电路的工作原理如下。

闭合电源开关 QS，按下起动按钮 SB1，接触器 KM1 线圈得电，KM1 主触头和自锁触头都闭合，电动机 M1 起动运行。再按下起动按钮 SB2，接触器 KM2 线圈得电，KM2 主触头和自锁触头闭合，电动机 M2 起动运行。当按下停止按钮 SB3 时，两台电动机 M1、M2 同时停止。

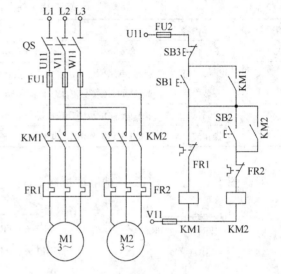

图 5-49　两台电动机的顺序控制电路

四、任务实施

下面进行两台电动机顺序控制电路的设计、安装和调试。

1）设计出两台电动机的顺序控制电路。

2）根据所设计的两台电动机顺序控制电路列出设备清单，见表 5-17。

表 5-17　两台电动机顺序控制电路设备清单

序　号	名　　称	序　号	名　　称
1	三相笼型异步电动机 M1（△/380V）	7	M1 起动按钮 SB1
2	三相笼型异步电动机 M2（△/380V）	8	M2 起动按钮 SB2
3	电源开关 QS	9	M1 接触器 KM1
4	熔断器 FU1	10	M2 接触器 KM2
5	熔断器 FU2	11	M1 热继电器 FR1
6	停止按钮 SB3	12	M2 热继电器 FR2

3）根据各校维修电工装置的结构，设计出具体接线图。

4）按照所绘制的电气安装接线图完成电路的接线。接线完成后，仔细检查电路的接线情况，确保各端子接线牢固。

5）通电试车。闭合电源开关，按下第一台电动机 M1 的起动按钮 SB1，接触器 KM1 吸合，电动机 M1 应正向起动后连续运行，按下第二台电动机 M2 的起动按钮 SB2，接触器 KM2 吸合，电动机 M2 应正向起动后连续运行。按下停止按钮 SB3，两台电动机 M1、M2 同时断电后缓慢停车。若电动机 M1 没有起动，按下电动机 M2 的起动按钮 SB2，注意观察电动机 M2 能否起动？为什么？

五、任务评价

根据表 5-18 的内容对任务的实施进行各项评价，并将评价结果填入表 5-18 中。

表 5-18　任务评价表

序号	考核内容	考核要求	成绩
1	安全操作	符合安全生产要求，团队合作融洽(10分)	
2	电气元器件	根据电路能正确合理地选用电气元器件(10分)	
3	安装电路	电路的布线、安装符合工艺标准(50分)	
4	调试	根据电路的故障现象能够正确分析判断出故障点并排除故障(20分)	
5	操作演示	能够正确操作演示，电路分析正确(10分)	

对于图 5-49 的主电路，其他顺序控制电路的控制接线如图 5-50 所示。

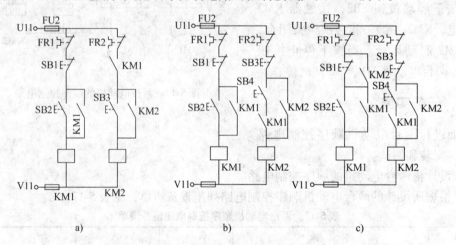

a)　　　　　　　　　b)　　　　　　　　　c)

图 5-50　其他顺序控制电路

图 5-50a 所示电路具有 M1 起动后 M2 才能起动，M1 和 M2 同时停止的功能。该电路是将接触器 KM1 的常开触头串入接触器 KM2 的线圈电路中来实现顺序控制的。

图 5-50b 所示电路的特点是 M1 起动后 M2 才能起动，并且 M1、M2 可以单独停止。KM2 的常开触头自锁触头包括了 KM1 常开辅助触头，所以，当 KM2 线圈通电，自锁触头闭合后，KM1 的常开辅助触头对接触器 KM2 失去控制作用，SB1 和 SB3 可以单独使 KM1 或 KM2 线圈断电。

图 5-50c 所示电路的特点是 M1 起动后 M2 才能起动，M2 停止后 M1 才能停止。因为停止按钮 SB1 两端并联了 KM2 的常开触头，所以只有接触器 KM2 线圈断电，即电动机 M2 停止后，按下 SB1，才能断开接触器 KM1 线圈电路，使电动机 M1 停止。

思考与练习

1. 顺序控制常应用于哪些机床设备中?
2. 试分析图 5-50b 所示顺序控制电路的工作原理。

任务八 电动机的多地控制电路

一、任务引入

以上介绍的控制电路只能在一个地点、用一套按钮来对电动机进行控制。在实际应用中,有些生产机械,特别是大型机械设备,采用单地控制往往满足不了控制要求,如铣床 X62W 主轴的控制就采用了两地控制的电路。为了操作方便,在多个地点实现相同的控制操作,即为多地控制。

二、任务目标

(1) 掌握电动机多地控制电路的工作原理。
(2) 能完成三相交流异步电动机多地控制电路的设计、安装及调试任务。

三、相关知识

在图 5-51 所示的两地控制电动机电路中,两地起动按钮 SB3 和 SB4 是并联的,即当任意一地按下起动按钮,接触器 KM 的线圈都能得电并自锁,电动机起动运行;两地停止按钮 SB1 和 SB2 是串联的,即当任意一地按下停止按钮,接触器 KM 的线圈都断电,电动机停止运行。

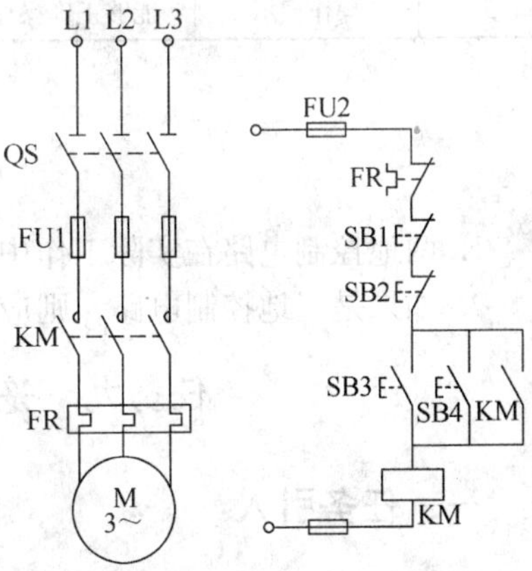

图 5-51 两地控制的电动机电路

四、任务实施

下面进行两地控制电动机电路的设计、安装和调试。

1) 设计出两地控制电动机电路。
2) 根据所设计的两地控制电动机电路列出设备清单,见表 5-19。

表 5-19 两地控制电动机电路设备清单

序 号	名 称	序 号	名 称
1	三相笼型异步电动机(△/380V)	6	甲地起动按钮 SB3
2	电源开关 QS	7	乙地停止按钮 SB2
3	熔断器 FU1	8	乙地起动按钮 SB4
4	熔断器 FU2	9	接触器 KM
5	甲地停止按钮 SB1	10	热继电器 FR

3）根据各校维修电工装置的结构，设计出具体接线图。

4）按照所绘制的电气安装接线图完成电路的接线。接线完成后，仔细检查电路的接线情况，确保各端子接线牢固。

5）通电试车。闭合电源开关，按下甲地起动按钮 SB3，接触器 KM 线圈得电，KM 触头闭合，电动机接通电源起动旋转；按下甲地停止按钮 SB3，接触器 KM 线圈断电，电动机停止运行。按下乙地起动按钮 SB4，接触器 KM 线圈通电，KM 触头闭合，电动机接通电源起动并旋转；按下乙地停止按钮 SB2，接触器 KM 线圈断电，电动机停止运行。

五、任务评价

根据表 5-20 的内容对任务的实施进行各项评价，并将评价结果填入表 5-20 中。

表 5-20　任务评价表

序号	考核内容	考核要求	成绩
1	安全操作	符合安全生产要求,团队合作融洽(10 分)	
2	电气元器件	根据电路能正确合理地选用电气元器件(10 分)	
3	安装电路	电路的布线、安装符合工艺标准(50 分)	
4	调试	根据电路的故障现象能够正确分析判断出故障点并排除故障(20 分)	
5	操作演示	能够正确操作演示,电路分析正确(10 分)	

思考与练习

1. 两地控制电路在实际工作中是如何应用的？
2. 如果是三地控制电路，则应怎样改进才能实现？

任务九　笼型异步电动机的丫-△减压起动

一、任务引入

前面介绍的控制电路都是针对电动机直接起动进行控制的，但是，有些生产机械，特别是大型机械设备，因电动机的功率比较大，供电系统或起动设备无法满足电动机的直接起动要求，此时就必须采用减压起动的方式。

二、任务目标

（1）掌握笼型异步电动机丫-△减压起动的工作原理。
（2）能完成笼型异步电动机丫-△减压起动控制电路的设计、安装及调试任务。

三、相关知识

对笼型异步电动机来说，常用的起动方式有丫-△减压起动、定子串电阻减压起动及自耦变压器减压起动等；对绕线转子异步电动机来说，常用的起动方式有转子串电阻减压起动和转子串频敏变阻器减压起动等。在机床设备中常用丫-△减压起动的方法。丫-△减压起动的电路形式也有很多，图 5-52 是一种比较典型的丫-△减压起动控制电路。

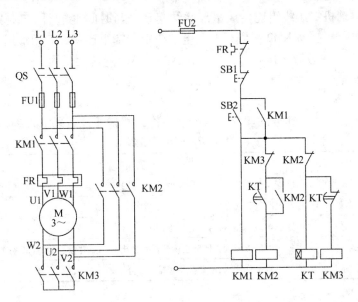

图 5-52　Ｙ-△减压起动控制电路

　　闭合电源开关 QS，按下起动按钮 SB2，KM1、KM3、KT 线圈同时得电，KM1 和 KM3 主触头和辅助触头动作，电动机定子绕组连接成星形并接入三相电源进行减压起动。当电动机转速接近额定转速时，时间继电器 KT 通电，KT 延时常闭触头延时断开，KM3 线圈失电；KT 延时常开触头延时闭合，使 KM2 线圈得电，KM2 常开触头闭合自锁、常闭触头断开、主触头闭合，电动机定子绕组由星形联结转变为三角形联结，电动机全压运行。

四、任务实施

　　下面进行笼型异步电动机Ｙ-△减压起动控制电路的设计、安装和调试。

1）设计出笼型异步电动机Ｙ-△减压起动的控制电路。

2）根据所设计的笼型异步电动机Ｙ-△减压起动控制电路列出设备清单，见表5-21。

表 5-21　笼型异步电动机Ｙ-△减压起动控制电路设备清单

序　号	名　　称	序　号	名　　称
1	三相笼型异步电动机(△/380V)	7	接触器 KM1
2	电源开关 QS	8	时间继电器 KT
3	熔断器 FU1	9	星形联结接触器 KM3
4	熔断器 FU2	10	三角形联结接触器 KM2
5	停止按钮 SB1	11	热继电器 FR
6	起动按钮 SB2		

3）根据各校维修电工装置的结构，设计出具体接线图。

4）按照所绘制的电气安装接线图完成电路的接线。接线完成后，仔细检查电路的接线情况，确保各端子接线牢固。

5）通电试车。闭合上电源开关，按下起动按钮 SB2，接触器 KM1、KM3 和时间继电器

KT 线圈得电，电动机定子绕组连接成星形联结起动。当时间继电器 KT 延时时间到，接触器 KM3 线圈断电，接触器 KM2 线圈得电，电动机定子绕组连接成三角形运行。同时时间继电器 KT 线圈断电。注意观察接触器 KM3 与接触器 KM2 的转换过程。

五、任务评价

根据表 5-22 的内容对任务的实施进行各项评价，并将评价结果填入表 5-22 中。

表 5-22　任务评价表

序号	考核内容	考核要求	成绩
1	安全操作	符合安全生产要求，团队合作融洽(10 分)	
2	电气元器件	根据电路能正确合理地选用电气元器件(10 分)	
3	安装电路	电路的布线、安装符合工艺标准(50 分)	
4	调试	根据电路的故障现象能够正确分析判断出故障点并排除故障(20 分)	
5	操作演示	能够正确操作演示，电路分析正确(10 分)	

思考与练习

1. 丫-△减压起动的工作原理是什么？
2. 减压起动的目的是什么？
3. 除丫-△减压起动外，三相笼型异步电动机还有哪些减压起动方法？

任务十　三相交流异步电动机的反接制动

一、任务引入

当三相交流异步电动机的绕组断开电源后，由于机械惯性的原因，转子常常需要经过一段时间后才能停止旋转，这往往不能满足生产机械迅速停车的要求。无论从提高生产效率，还是从安全及准确停车等方面考虑，都要求电动机在停车时采取有效地制动。三相交流异步电动机的制动有机械制动和电气制动两种方式。其中，电气制动是指在电动机在切断电源后，产生一个与转子旋转方向相反的制动转矩，迫使电动机迅速停转的方式。常用的电气制动有反接制动和能耗制动。本任务就来学习反接制动。

二、任务目标

(1) 掌握三相交流异步电动机反接制动的工作原理。
(2) 能完成三相交流异步电动机电源反接制动控制电路的设计、安装及调试任务。

三、相关知识

1. 速度继电器

速度继电器是一种当转速达到规定值时触头动作的继电器。它常用于电动机反接制动的控制电路中，当反接制动时的转速下降到接近零时，速度继电器能自动及时的切断电源。速度继电器由转子、定子和触头三部分组成，其结构如图 5-53 所示。

　　从结构上看，速度继电器与交流电动机相似。其定子的结构与笼型异步电动机定子相似，是一个笼型空心圆环，由硅钢片冲压而成，并装有笼型绕组。其转子是一个圆柱形的永久磁铁。

　　速度继电器的轴与电动机的轴相连接，用来检测电动机转速的大小。其转子固定在轴上，定子与轴同心。当电动机转动时，速度继电器的转子随之转动，绕组切割磁场产生感应电动势和感应电流，此电流和永久磁铁的磁场作用产生转矩，使定子向轴的转动方向偏摆，通过胶木摆杆拨动触头，使常闭触头断开、常开触头闭合。当电动机转速下降到接近零时，转矩减小，胶木摆杆在弹簧力的作用下恢复原位，触头也复位。速度继电器是根据电动机的额定转速进行选择的。其图形及文字符号如图5-54所示。

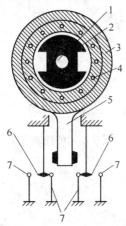

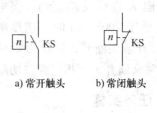

a) 常开触头　　b) 常闭触头

图5-53　速度继电器的结构示意图
1—转轴　2—转子　3—定子　4—绕组
5—胶木摆杆　6—动触头　7—静触头

图5-54　速度继电器的图形与文字符号

　　常用的感应式速度继电器有JY1和JFZ0系列。JY1系列速度继电器能在3000r/min的转速下可靠工作。JFZ0型速度继电器的触头动作速度不受胶木摆杆偏转快慢的影响，触头改用微动开关。JFZ0系列JFZ0—1型速度继电器适用于300～1000r/min的场合，JFZ0—2型适用于1000～3000r/min的场合。速度继电器有两对常开、常闭触头，分别对应于被控电动机的正、反转运行。一般情况下，速度继电器的触头，在转速上升到高于120r/min（称为动作转速）时动作，在转速下降到低于100r/min（称为复位转速）左右时能恢复初始位置。调节弹簧的松紧度就可以调节速度继电器切换触头时的转速，从而改变通断状态的动作值。

2. 反接制动

　　在电动机的三相电源被切断后，立即接通与原相序相反的三相电源，使定子绕组中产生与转子惯性转动方向相反的旋转磁场，利用这个反向制动转矩使电动机迅速停止转动的制动方法就是反接制动。

　　反接制动时，由于转子与旋转磁场的相对速度接近两倍的同步转速，所以定子绕组中将会产生很大的冲击电流。为了减小冲击电流，需要在电动机主电路中串接一定的电阻以限制反接制动电流，这个电阻称为反接制动电阻。另外，这种制动方式必须在电动机转速接近零时，及时切断反接相序电源，否则电动机将会反方向起动旋转，导致事故的发生。

图 5-55 为电源反接制动的控制电路，图中采用了速度继电器 KS 来检测电动机的转速变化。当转速高于 120r/min 时，速度继电器触头动作，当转速低于 100r/min 时，速度继电器触头恢复原位。

闭合电源开关 QS，按下起动按钮 SB2，KM1 线圈得电，其主触头闭合，电动机起动运行，当转速上升到高于 120r/min 时，速度继电器 KS 常开触头闭合，为反接制动作准备。

电动机停车时，按下停止按钮 SB1，SB1 常闭触头断开，KM1 线圈断电，其主触头断开，三相电源被切除；然后，SB1 常开触头闭合，KM2 线圈得电，其主触头闭合，电动机定子串入电阻 R 进行反接制动。当电动机转速低于 100r/min 时，速度继电器 KS 常开触头断开，KM2 线圈断电，其主触头断开，三相电源被切除，反接制动结束。

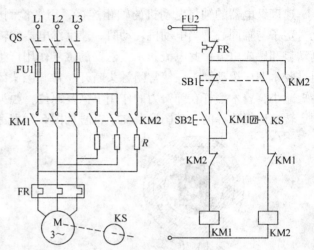

图 5-55　电源反接制动的控制线路

四、任务实施

下面进行电源反接制动控制电路的设计、安装和调试。

1）设计出三相交流异步电动机电源反接制动的控制电路。

2）根据所设计的三相交流异步电动机电源反接制动控制电路列出设备清单，见表 5-23。

表 5-23　三相异步电动机电源反接制动控制电路设备清单

序 号	名 称	序 号	名 称
1	三相笼型异步电动机(△/380V)	7	接触器 KM1
2	电源开关 QS	8	速度继电器 KS
3	熔断器 FU1	9	接触器 KM2
4	熔断器 FU2	10	反接制动电阻 R
5	停止按钮 SB1	11	热继电器 FR
6	起动按钮 SB2		

3）根据各校维修电工装置的结构，设计出具体接线图。

4）按照所绘制的电气安装接线图完成电路的接线。接线完成后，仔细检查电路的接线情况，确保各端子接线牢固。

5）通电试车。闭合电源开关 QS，按下起动按钮 SB2，接触器 KM1 线圈得电，电动机接通电源并起动；当按下停止按钮 SB1 时，接触器 KM1 线圈断电切断电动机电源，同时接触器 KM2 线圈得电，电动机接通反相序电源并串入限流电阻 R，反接制动开始，电动机转速逐渐下降，当电动机转速低于 100r/min 时，接触器 KM2 线圈断电，制动结束。注意观察接触器 KM1 与接触器 KM2 的转换过程及接触器 KM2 线圈的断电情况。

五、任务评价

根据表 5-24 的内容对任务的实施进行各项评价,并将评价结果填入表 5-24 中。

表 5-24 任务评价表

序号	考核内容	考核要求	成绩
1	安全操作	符合安全生产要求,团队合作融洽(10 分)	
2	电气元器件	根据电路能正确合理地选用电气元器件(10 分)	
3	安装电路	电路的布线、安装符合工艺标准(50 分)	
4	调试	根据电路的故障现象能够正确分析判断出故障点并排除故障(20 分)	
5	操作演示	能够正确操作演示,电路分析正确(10 分)	

思考与练习

1. 速度继电器的工作原理是什么?

2. 在电源反接制动的控制电路中,如果速度继电器的常开触头损坏,反接制动的控制电路会出现什么情况?

任务十一 三相交流异步电动机的能耗制动

一、任务引入

反接制动是指在电动机在切断电源后,产生一个与转子旋转方向相反的制动转矩,利用该转矩迫使电动机迅速停车的方式。除了反接制动外,在实际应用中还常采用能耗制动。

二、任务目标

(1)掌握三相交流异步电动机能耗制动的工作原理。

(2)能完成三相交流异步电动机能耗制动控制电路的设计、安装及调试任务。

三、相关知识

在切除电动机的三相电源后,将一直流电源接入定子绕组中,此时,将产生一恒定磁场,利用电动机转子中感应电流与恒定磁场的相互作用使电动机迅速停车的制动方法就是能耗制动。能耗制动可以按时间原则进行控制,也可以按速度原则进行控制,下面介绍以时间原则进行能耗制动的电路。

图 5-56 为以时间原则控制的能耗制动电路。SB2 为起动按钮,SB1 为停止按钮,KM1 为运行接触器,KM2 为能耗制动接触器,U 为桥式全波整流器。

按下起动按钮 SB2,KM1 线圈得电,其主触头闭合,电动机起动运行。若要停车,则需按下停止按钮 SB1,此时 SB1 常闭触头断开,KM1 线圈断电,其主触头断开,三相电源被切除;然后,SB1 常开触头闭合,KM2、KT 线圈同时得电,KM2 主触头闭合,将直流电源接入电动机定子绕组,开始能耗制动,电动机转速迅速下降。当电动机转速接近零时,时间继电器 KT 延时常闭触头延时断开，KM2 线圈断电，其主触头断开，切除直流电源，同时 KM2 辅助常开触头复位，时间继电器 KT 线圈断电，电动机能耗制动结束。

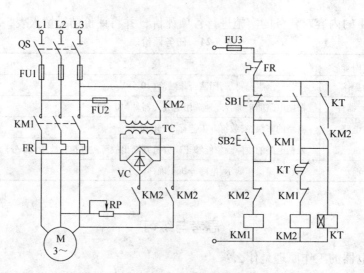

图 5-56　时间原则控制的能耗制动电路

四、任务实施

下面进行能耗制动控制电路的设计、安装和调试。

1）设计出三相交流异步电动机能耗制动的控制电路。

2）根据所设计的三相交流异步电动机能耗制动控制电路列出设备清单，见表 5-25。

表 5-25　三相异步电动机能耗制动控制电路设备清单

序　号	名　称	序　号	名　称
1	三相笼型异步电动机（△/380V）	7	接触器 KM1
2	电源开关 QS	8	时间继电器 KT
3	熔断器 FU1	9	接触器 KM2
4	熔断器 FU2	10	限流电阻 RP
5	停止按钮 SB1	11	热继电器 FR
6	起动按钮 SB2	12	桥式全波整流器 U

3）根据各校维修电工装置的结构设计出具体接线图。

4）按照所绘制的电气安装接线图完成电路的接线。接线完成后，仔细检查电路的接线情况，确保各端子接线牢固。

5）通电试车。闭合电源开关 QS，按下起动按钮 SB2，接触器 KM1 线圈得电，电动机接通电源并起动；当按下停止按钮 SB1 时，接触器 KM1 线圈断电，切断了电动机电源，同时接触器 KM2 线圈得电，时间继电器 KT 线圈得电，延时开始，电动机通入直流电源并串入限流电阻 RP，能耗制动开始。电动机转速逐渐下降，当到达延时时间后，接触器 KM2 线圈断电，制动结束。注意观察接触器 KM1 与接触器 KM2 的转换过程及接触器 KM2 线圈的断电情况。

五、任务评价

根据表 5-26 的内容对任务的实施进行各面评价，并将结果填入表 5-26 中。

表 5-26　任务评价表

序号	考核内容	考 核 要 求	成绩
1	安全操作	符合安全生产要求,团队合作融洽(10 分)	
2	电气元器件	根据电路能正确合理地选用电气元器件(10 分)	
3	安装电路	电路的布线、安装符合工艺标准(50 分)	
4	调试	根据电路的故障现象能够正确分析判断出故障点并排除故障(20 分)	
5	操作演示	能够正确操作演示,电路分析正确(10 分)	

思考与练习

1. 能耗制动的工作原理是什么？

2. 在能耗制动的控制电路中，如果桥式全波整流器中的一个二极管损坏了，能耗制动电路还能否工作？此时的电路状态与正常工作状态相比较有哪些变化？

任务十二　电气控制电路的常见故障与维修

一、任务引入

保证电气控制电路、电气元器件及电动机等电气设备处于良好的工作状态是保证各种生产机械正常、安全和可靠工作的前提。电气控制电路的日常维护和维修是专业技术人员必须掌握的专业技能。

二、任务目标

（1）掌握电气控制电路的日常维护技术和内容。

（2）掌握电气控制电路的常见故障及其排除方法。

三、相关知识

1. 电气设备的维护和保养

各种电气设备在运行过程中常会产生各种各样的故障，致使设备停止运行而影响生产，严重时还会造成人身或设备事故。引起电气设备故障的原因很多，其中一部分故障是由于电气元器件的自然老化所引起的；还有相当一部分是因为忽视了对电气设备的日常维护和保养，导致小毛病发展成大事故；此外，还有一些故障则是由于电气维修人员在处理电气故障时的操作方法不当，或因缺少配件、误判断及误测量而扩大了事故的范围。因此，为了保证设备正常运行，减少因电气修理产生的停机时间以及提高劳动生产率，必须十分重视电气设备的维护和保养。另外，还应根据设备和生产的具体情况储备部分必要的电气元器件和易损配件等。

电力拖动电路和机床电路的日常维护对象有电动机，控制、保护电器及电气控制电路本身。其维护内容如下。

（1）检查电动机　定期检查电动机相绕组之间、绕组对地的绝缘电阻；检查电动机自身转动是否灵活；检查空载电流与负载电流是否正常；检查运行中的温升和响声是否在限定范围之内；检查传动装置是否配合恰当；检查轴承是否磨损，是否有缺油或油质不良的现象；检查电动机外壳是否清洁。

（2）检查控制和保护电器　检查触头系统吸合是否良好，触头接触面有无烧蚀、毛刺和穴坑；检查各种弹簧是否有疲劳、卡住现象；检查电磁线圈是否过热；检查灭弧装置是否损坏；检查电器的有关整定值是否正确。

（3）检查电气控制电路　检查电气控制电路接头与端子板、电器的接线桩接触是否牢靠，有无断落、松动、腐蚀及严重氧化现象；检查线路绝缘是否良好；检查线路上是否有油污或脏物。

（4）检查限位开关　检查限位开关是否能起限位保护作用，重点检查滚轮传动机构和触头的工作是否正常。

2. 电气控制电路的故障检修

电气控制电路是多种多样的，它们的故障又往往和机械、液压及气动系统交错在一起，较难分辨。不正确的检修方法会造成不必要的损失，故必须掌握正确的检修方法。一般的检修方法及步骤如下。

（1）检修前的故障调查　故障调查主要有"问、看、听、摸"几个步骤。

1）问。首先向机床的操作者了解故障发生前后的情况，故障是首次发生还是经常发生；是否有烟雾、跳火、异常声音和气味出现；有何失常和误动；是否经历过维护、检修或线路改动等。

2）看。观察熔断器的熔体是否熔断；电气元器件有无发热、烧毁、触头熔焊、接线松动、脱落及断线等。

3）听。倾听电动机、变压器和电气元器件运行时的声音是否正常。

4）摸。电动机、变压器和电磁线圈等发生故障时，温度是否显著上升，有无局部过热现象。

（2）根据电路、设备的结构及工作原理直观查找故障范围　弄清楚被检修电路、设备的结构和工作原理是循序渐进、避免盲目检修的前提。查找故障时，先从主电路入手，看拖动该设备的几个电动机是否正常。然后逆着电流方向检查主电路的触头系统、热元件、熔断器、隔离开关及电路本身是否有故障。接着根据主电路与控制电路之间的关系检查控制电路的线路接头、自锁或联锁触头及电磁线圈是否正常，检查制动装置、传动机构中工作不正常的范围，从而找出故障部位。如能通过直观检查发现故障点，如线头脱落、触头及线圈烧毁等，则检修速度会更快。

（3）从控制电路动作顺序查找故障范围　通过直接观察无法找到故障点时，在不会造成损失的前提下，切断主电路，让电动机停转。然后通电检查控制电路的动作顺序，观察各元件的动作情况。如某元件该动作时不动作，不该动作时乱动作，动作不正常，行程不到位，虽能吸合但接触电阻过大或有异响等，故障点很可能就在该元件中。当认定控制电路工作正常后，再接通主电路，检查控制电路对主电路的控制效果，最后检查主电路的供电环节是否有问题。

（4）仪表测量检查　利用各种电工仪表测量电路中的电阻、电流及电压等参数，也可进行故障判断。常用的方法有如下几种。

1）电压测量法。电压测量法是根据电压值来判断电气元器件和电路的故障位置的。检查时，把万用表旋钮调到交流电压500V挡位上。电压测量法有分阶测量法、分段测量法和对地测量法三种。

2）电阻测量法。电阻测量法就是在电路断电的情况下，通过测量电路的电阻来判断电路工作状态的一种方法。电阻测量法有分阶电阻测量法、分段电阻测量法和短接法三种。

（5）机械故障检查

在电力拖动系统中，有些信号是机械机构驱动的，如机械部分的联锁机构、传动装置等，若它们发生故障，即使电路正常，设备也不能正常运行。在检修中，应注意机械故障的特征和现象，找出故障点，并排除故障。

思考与练习

1. 电气控制电路常见的故障有哪几种类型？
2. 电气控制电路常用的检修方法有哪些？

模块六　典型机械设备的电气控制系统分析

项目十一　卧式车床电气控制系统

任务一　卧式车床电气控制系统分析

一、任务引入

车床是机械加工中应用最广泛的一种机床，约占机床总数的25%～50%。在各种车床中，应用最多的就是卧式车床。卧式车床主要用来车削外圆、内圆、端面和螺纹等，还可以安装钻头或铰刀进行钻孔和铰孔等加工。

二、任务目标

（1）了解卧式车床的结构。
（2）掌握卧式车床的工作原理。

三、相关知识

1. 卧式车床的主要结构及运动形式

卧式车床主要由床身、主轴箱、挂轮箱、进给箱、溜板箱、溜板与刀架、尾架、光杠和丝杠等部分组成，如图6-1所示。

为了加工各种旋转表面，车床必须具有切削运动与辅助运动。切削运动包括主运动和进给运动，而切削运动以外的其他必需的运动皆为辅助运动。

车床的主运动为工件的旋转运动，由主轴通过卡盘或顶尖去带动工件旋转，并配合刀具的进给运动完成切削加工。车削加工时，应根据被加工零件的材料性质、车刀、工件尺寸、加工方式及冷却条件等来选择切削速度，这就要求主轴能在相当大的范围内变速。对于卧式车床，调速范围一般大于70。车削加工时，一般不要求反转，但在加工螺纹时，为了避免乱扣，要反转退刀，再纵向进刀继续加工，这就要求主轴可以正、反转。主轴旋转是由主轴电动机经传动机构拖动的。车床的进给运动是刀架的纵向或横向直线运动，其运动方式有手动或自动两种。加工螺纹时，工件的旋转速度与刀具的进给速度应有严格的比例关系，所以车床主轴箱输出轴经挂轮箱传给进给箱，再经光杠

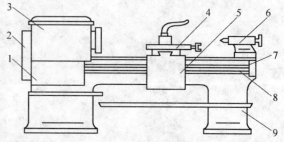

图6-1　卧式车床的结构示意图

1—进给箱　2—挂轮箱　3—主轴箱　4—溜板与刀架

5—溜板箱　6—尾架　7—丝杠　8—光杠　9—床身

传入溜板箱，以获得纵、横两个方向的进给运动。

车床的辅助运动有刀架的快速移动及工件的夹紧与放松。

2. CM6132 型卧式车床电气控制电路

图 6-2 所示为 CM6132 型卧式车床的电气控制原理图。

（1）主轴电动机控制 当断路器 QF 闭合时，车床引入电源。

1）主轴电动机正、反向旋转控制。M1 为主轴电动机，功率 3kW，它拖动车床实现主运动和进给运动。通过操作转换开关 SC1，使接触器 KM1 或 KM2 线圈得电，它们的主触头分别接通电动机定子绕组的正向或反向电源相序而实现主轴电动机的正、反向旋转控制。

转换开关 SC1 的触头动作见表 6-1。

2）主轴电动机的停机制动控制。主轴制动控制采用电磁离合器机械制动的方法来实现。主轴停机时，将 SC4 置于接通，SC1 扳到中间位置，SC1-1 接通，SC1-2、SC1-3 断开，KM1 或 KM2 线圈失电，它们的常开触头断开，主轴电动机 M1 断电停转，KT 线圈失电；同时 KM1 或 KM2 的辅助常闭触头复位闭合，此时 KT 延时断开的常开触头 KT（101—105）尚未断开，从而使整流桥 U 电路接通，电磁离合器 YC 线圈得电，对主轴进行制动。当 KT 延时断开的常开触头 KT（101—105）断开后，整流桥电路被切断，YC 线圈失电，制动结束。

3）主轴的变速控制。主轴的变速是利用液压机构操纵两组拨叉来实现的。变速时只需转动变速手柄，液压变速阀即转到相应的位置，使得两组拨叉都移到相应的位置进行定位，并压动微动开关 SQ1 和 SQ2，HL2 亮，表示变速完成。若滑移齿尚未啮合好，则 HL2 不亮，此时应操作 SC1 来接通 KM1 或 KM2，使主轴稍微转动一点，让齿轮正常啮合，当 HL2 亮时，说明变速结束，就可以进行正常的工作了。

（2）冷却泵电动机的控制 M2 是冷却泵电动机，功率为 0.125kW，单向旋转，由转换开关 SC2 手动控制。M2 的电源接在 KM1、KM2 主触头之后，以满足冷却泵电动机的起动应在主轴电动机起动之后的顺序控制要求。

（3）液压泵电动机的控制 M3 是拖动液压泵的电动机，功率为 0.12kW，单向旋转，用于提供主轴变速箱的润滑用油。因为该电动机容量较小，故采用转换开关 SC1-1 控制中间继电器 KA 来实现对其控制。液压泵电动机的起动、停止通过断路器来控制。

（4）互锁环节、保护环节、信号显示电路与照明电路

1）互锁环节。接触器 KM1、KM2 的常闭触头用于实现主轴电动机正、反向运行的电气互锁。利用转换开关 SC1 的机械定位，实现主轴电动机正、反转与停机的机械互锁。

2）保护环节。通过断路器 QF 实现主轴电动机的短路和过载保护。用熔断器 FU1 实现对 M2 的短路保护，熔断器 FU2 实现对 M3 的短路保护，熔断器 FU3 实现对控制电路及变压器的短路保护，熔断器 FU4 实现对照明电路的短路保护，熔断器 FU5 实现对直流电路的短路保护。热继电器 FR1 实现对 M2 的过载保护，热继电器 FR2 实现对 M3 的过载保护。

转换开关 SC1 与中间继电器 KA 实现零位、零压保护。

3）信号显示电路。信号灯 HL1 为电源显示，HL2 为主轴变速显示。变速完成后，SQ1、SQ2 被压合，HL2 亮。

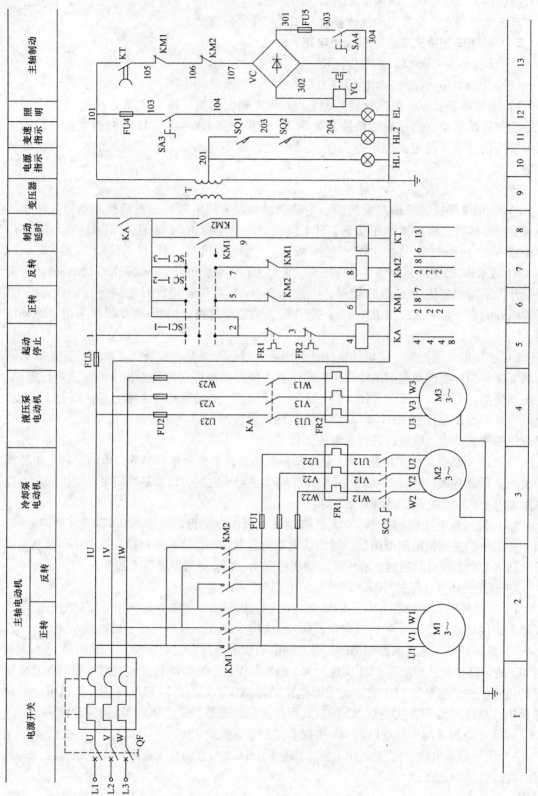

图 6-2 CM6132 型卧式车床电气控制原理图

4）照明电路。通过转换开关 SC3 控制 EL 照明灯电路。

表 6-1　转换开关 SC1 动作表

触　头	操作手柄位置		
	向上	中间	向下
SC1-1(1—2)	-	+	-
SC1-2(2—5)	+	-	-
SC1-3(2—7)	-	-	+

注："＋"表示接通，"－"表示断开。

思考与练习（任务 11.1）

1. CM6132 型卧式车床的主轴电动机发生过载而自动停车后，立即按起动按钮，但电动机不能起动，是什么大原因？

2. CM6132 型卧式车床的主轴电动机正反转是如何控制的？

任务二　卧式车床电气控制电路的安装与常见故障分析

一、任务引入

卧式车床是金属加工过程中最常用的机械加工设备，掌握卧式车床电气系统的安装和常见故障的维修对电气维修技术人员来说是一项必备的技能。

二、任务目标

（1）了解卧式车床电气控制系统的安装步骤。

（2）熟悉卧式车床的常见故障并掌握其维修方法。

三、相关知识

1. 卧式车床电气系统的安装

1）画出 C650 型卧式车床电气控制电路图。

2）列出电气设备明细表，见表 6-2。

表 6-2　C650 型卧式车床电气设备明细表

符号	名　称	型　号	规　格	数量	作　用
M1	主轴电动机	Y200L—2	30kW 380V	1	主轴传动与进给传动
M2	冷却泵电动机	JCB—25	0.12kW 380V	1	带动冷却泵
M3	快速移动电动机	J02—21—4	1.1kW 380V	1	刀架快速移动
QS	隔离开关	HZ2—60/3	60A	1	电源总开关
FU1	熔断器	RL1—60	60A	3	主轴电动机短路保护
FU2	熔断器	RL1—15	4A	2	控制电路短路保护
FU3	熔断器	RL1—15	10A	3	M2、M3 短路保护
SB1	按钮	LA2		1	M2 停止按钮

（续）

符号	名　称	型　号	规　格	数量	作　用
SB2	按钮	LA2		1	M2 起动按钮
SB3	按钮	LA2		1	M1 反转起动按钮
SB4	按钮	LA2		1	M1 正转起动按钮
SB5	按钮	LA2		1	M1 反接制动按钮
SB6	按钮	LA2		1	M1 点动按钮
FR1	热继电器	JR16—60/3	60A	1	M1 过载保护
FR2	热继电器	JR16—10	0.47A	1	M2 过载保护
SQ	限位开关	LX12	5A	1	M3 限位
KA	中间继电器	JZ7—44	380V	1	M1 起动、停止和反转
KT	时间继电器	JS7—1A	380V	1	保护电流表
KM1	交流接触器	CJ10—20	380V	1	M3 起动和停止
KM2	交流接触器	CJ10—10	380V	1	M2 起动和停止
KM3	交流接触器	CJ10—75	380V	1	M1 反转
KM4	交流接触器	CJ10—75	380V	1	短接限流电阻
KM5	交流接触器	CJ10—75	380V	1	M1 正转
A	电流表		60A	1	M1 负载监视
R	电阻	RT—0.125	200Ω 125W	1	反接制动限流
TA	电流互感器	LDZJ1—10	100A/5A	1	检测电动机的工作电流
KS	速度继电器	JY1	380V 2A	1	M1 反接制动检测
TC	控制变压器	BK—50	50V·A 380V/36V	1	低压照明电源变压器

3）根据各校维修电工装置的结构，设计出具体接线图。

4）控制电路的接线与检查。按照所绘制的电气安装接线图完成电路的接线。接线完成后，仔细检查电路的接线情况，确保各端子接线牢固。

5）通电试车。根据对控制电路工作原理的分析，逐一检查电路的工作状态是否与工作原理分析一致，若不一致，检查电路的接线情况和各元器件的状态，直至电路的工作状态与电气控制原理分析的一致为止。

2. 常见故障研究与处理

（1）主轴电动机不能起动

1）研究分析：主要原因之一可能是配电箱或总开关中的熔丝已熔断；再有就是热继电器已动作过，其常闭触头尚未复位；另外，当电源开关接通后，按下起动按钮，接触器没有吸合，则可能是控制电路中的熔断器 FU2 的熔丝已熔断、起动按钮或停止按钮内的触头接触不良以及交流接触器 KM3 和 KM5 的线圈烧毁或触头接触不良等。此外，还有一种可能就是电动机已损坏。

2）检查处理：检查发现热继电器因长期过载已动作。将热继电器复位，电动机就可以起动了。

（2）按下起动按钮，电动机发出"嗡嗡"声，不能起动

1）研究分析：这是因为电动机断相运行造成的。可能的原因是有一相熔丝熔断、接触器有一对主触头接触不良以及电动机接线有一处断线等。

2）检查处理：立即切断电源，检查发现电动机接线有一处断线。重新接线后故障被排除。

（3）主轴电动机起动后不能自锁

1）研究分析：按下起动按钮，电动机能起动；松开按钮，电动机就自行停止。故障的原因是接触器 KM3 和 KM5 自锁用的辅助常开触头接触不良或接线松开。

2）检查处理：检查发现接触器 KM3 和 KM5 自锁用的辅助常开触头接线松开。重新接好后故障被排除。

（4）按下停止按钮，主轴电动机不能停止

1）研究分析：出现此类故障的原因一方面是接触器主触头熔焊、主触头被杂物卡住或有剩磁，使其不能复位。另一方面是停止按钮的常闭触头被卡住，不能断开。

2）检查处理：先断开电源，检查发现接触器主触头熔焊，更换主触头后故障被排除。

（5）照明灯不亮

1）研究分析：这类故障的原因可能是照明灯泡已坏、照明开关 SC3 已损坏、熔断器 FU4 的熔丝已熔断以及变压器一次绕组或二次绕组已烧毁。

2）检查处理：检查发现熔断器 FU2 的熔丝已熔断。更换熔丝后故障被排除。

思考与练习

1. 试分析 C650 型卧式车床主轴没有反接制动的原因。
2. 在 C650 型卧式车床中，造成刀架快速移动电动机不能正常工作的原因有哪些？
3. 在 CM6132 型卧式车床中，转换开关 SA1 的功能是什么？

项目十二　平面磨床电气控制系统

任务一　平面磨床电气控制系统分析

一、任务引入

磨床是用砂轮的周边或端面进行加工的精密机床。砂轮的旋转为主运动，工件或砂轮的往复运动为进给运动，而砂轮架的快速移动及工作台的移动为辅助运动。磨床的种类很多，按其工作性质可分为外圆磨床、内圆磨床、平面磨床、工具磨床以及一些专用磨床，如螺纹磨床、齿轮磨床、球面磨床、花键磨床、导轨磨床及无心磨床等。其中，平面磨床的应用最为普遍，下面以 M7130 型卧轴矩台平面磨床为例进行磨床电气系统的分析与讨论。

二、任务目标

（1）了解平面磨床的结构。
（2）掌握平面磨床的工作原理。

三、相关知识

1. 平面磨床的主要结构及运动情况

图 6-3 为卧轴矩台平面磨床的外形。在箱形床身 1 中装有液压传动装置，工作台 2 通过活塞杆 10 由油压系统驱动做往复运动，床身导轨由自动润滑装置进行润滑。工作台表面有 T 形槽，用以固定电磁吸盘，用电磁吸盘来吸持加工工件。工作台往复运动的行程长度可通过调节装在工作台正面槽中的换向撞块 8 的位置来改变。换向撞块 8 是通过碰撞工作台往复运动换向手柄 9 来改变油路的方向，从而实现工作台的往复运动。

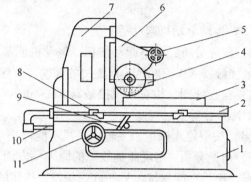

图 6-3 卧轴矩台平面磨床外形

1—床身 2—工作台 3—电磁吸盘 4—砂轮箱 5—砂轮箱
横向移动手轮 6—滑座 7—立柱 8—工作台换向撞块
9—工作台往复运动换向手柄 10—活塞杆
11—砂轮箱垂直进刀手轮

在床身上固定有立柱 7，沿立柱 7 的导轨上装有滑座 6，砂轮箱 4 能沿滑座的水平导轨做横向移动。砂轮轴由装入式砂轮电动机直接拖动。在滑座内部往往也装有液压传动机构。

滑座可在立柱导轨上做上下垂直移动，并可由垂直进刀手轮 11 操作。砂轮箱的水平轴向移动可由横向移动手轮 5 操作，也可通过液压传动作连续或间断的横向移动，连续移动用于调节砂轮位置或修整砂轮，间断移动用于进给。

卧轴矩台平面磨床工作示意图如图 6-4 所示。砂轮的旋转是主运动。进给运

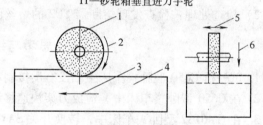

图 6-4 卧轴矩台平面磨床工作示意图

1—砂轮 2—主运动 3—纵向进给运动 4—工作台
5—横向进给运动 6—垂直进给运动

动有垂直进给、横向进给和纵向进给。垂直进给即滑座在立柱上的上下运动；横向进给即砂轮箱在滑座上的水平运动；纵向进给即工作台沿床身的往复运动。工作台每完成一次往复运动，砂轮箱便作一次间断性的横向进给，当加工完整个平面后，砂轮箱作一次间断性的垂直进给。

2. M7130 型平面磨床的电气控制电路

图 6-5 为 M7130 型平面磨床电气控制电路图。其电气设备均安装在床身后部的壁龛内，控制按钮安装在床身前部的电气操纵盒上。电气控制电路图可分为主电路、控制电路、电磁吸盘控制电路及机床照明电路等几部分。

（1）主电路 砂轮电动机 M1、冷却泵电动机 M2 与液压泵电动机 M3 皆为单向旋转。其中，M1、M2 由接触器 KM1 控制，当 KM1 主触头闭合时，还需经接插件 X1 供电给 M2；M3 由接触器 KM2 控制。

三台电动机共用熔断器 FU1 做短路保护。M1、M2 由热继电器 FR1 做长期过载保护，M3 由热继电器 FR2 做长期过载保护。

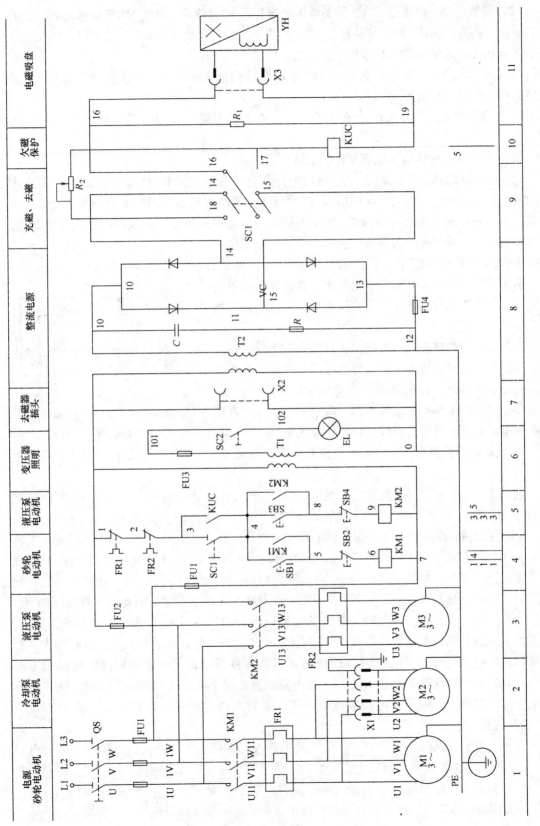

图 6-5 M7130 型平面磨床电气控制电路

（2）控制电路　由按钮 SB1、SB2 与接触器 KM1 构成砂轮电动机 M1 单向起动和停止的控制电路；由按钮 SB3、SB4 与接触器 KM2 构成液压泵电动机 M3 单向起动和停止的控制电路。各电动机的起动必须在下述条件之一成立时才可进行。

1）电磁吸盘 YH 工作，且欠电流继电器 KUC 线圈通电吸合，表明吸盘电流足够大，足以将工件吸牢时，其触头 KUC（3-4）闭合。

2）若电磁吸盘 YH 不工作，转换开关 SC1 置于"退磁"位置，其触头 SC1（3-4）闭合。

（3）电磁吸盘的结构、原理及控制电路

1）电磁吸盘的结构与原理。电磁吸盘的外形有长方形和圆形两种。M7130 型平面磨床采用长方形电磁吸盘。电磁吸盘的结构与工作原理如图6-6所示。图中 1 为钢制吸盘体，在它的中部凸起心体 A 上绕有线圈 2，钢制盖板 3 被隔磁层 4 隔开。在线圈中通入直流电流，心体将被磁化，磁力线经由盖板、工件、盖板、吸盘体和心体闭合，将工件 5 牢牢吸住。盖板中的隔磁层由铅、铜、黄铜及巴氏合金等非磁性材料制成，其作用是使磁力线通过工件再回到吸盘体，不致直接通过盖板闭合，以增强对工件的吸持力。

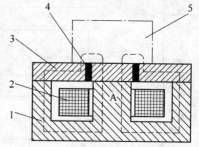

图6-6　电磁吸盘结构与工作原理图
1—钢制吸盘体　2—线圈　3—钢制盖板
4—隔磁板　5—工件

电磁吸盘与机械夹紧装置相比，具有夹紧迅速、不损伤工件以及能同时吸持多个小工件的优点。在加工过程中应用电磁吸盘时，工件发热可自由伸延且加工精度较高。但也存在夹紧程度不及机械装置紧、调节不便、需用直流电源供电以及不能吸持非磁性材料工件等缺点。

2）电磁吸盘控制电路。电磁吸盘控制电路由整流装置、控制装置及保护装置等部分组成。

电磁吸盘的整流装置由整流变压器 T2 与桥式全波整流器 U 组成，输出 DC110V 电压对电磁吸盘供电。

电磁吸盘由转换开关 SC1 控制。SC1 有三个位置，作用分别是充磁、断电与退磁。当转换开关处于"充磁"位置时，触头 SC1（14—16）与 SC1（15—17）接通；当转换开关置于"退磁"位置时，触头 SC1（14—18）、SC1（16—15）及 SC1（4—3）接通；当转换开关置于"断电"位置时，SC1 所有触头都断开。对应 SC1 的各位置，其电路工作情况如下。

当 SC1 置于"充磁"位置时，电磁吸盘 YH 获得 DC110V 电压，其中，19 号线为正极，16 号线为负极，同时欠电流继电器 KUC 与 YH 串联。当吸盘电流足够大时，KUC 动作，触头 KUC（3-4）闭合，表明电磁吸盘的吸力足以将工件吸牢，此时可分别操作按钮 SB1 与 SB3，起动 M1 与 M3 进行磨削加工。当加工完成后，按下停止按钮 SB2 与 SB4，M1 与 M3 停止旋转。为使工件易于从电磁吸盘上取下，需对工件进行退磁，其方法是将 SC1 扳至"退磁"位置。

当 SC1 扳至"退磁"位置时，电磁吸盘中通入反方向电流，并在电路中串入可变电阻 R_2，用以限制并调节反方向退磁电流的大小，达到既退磁又不致反向磁化的目的。退磁结束后，将 SC1 扳到"断电"位置，便可取下工件。若工件对退磁要求严格，在取下工件后，还要用交流退磁器进行退磁。交流退磁器是平面磨床的一个附件，使用时将交流退磁器插头插在床身的插座 X2 上，再将工件放在退磁器上即可退磁。

交流退磁器的构造和工作原理如图 6-7 所示。交流去磁器是由硅钢片制成其铁心 1，铁心上套有线圈 2 并在线圈中通以交流电，在铁心柱上装有极靴 3，在两个极靴间隔有隔磁层 4。退磁时，将工件在极靴平面上来回移动若干次，即达到退磁要求。

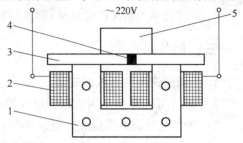

图 6-7　交流退磁器构造与工作原理示意图
1—铁心　2—线圈　3—极靴
4—隔磁层　5—工件

3）电磁吸盘的保护环节。电磁吸盘具有欠流保护、过电压保护及短路保护等。

电磁吸盘的欠电流保护：平面磨床在磨削过程中出现断电事故或吸盘电流减小时，会使电磁吸力减小或消失，导致工件飞出，造成工件、设备及人身事故。针对这些情况，在电磁吸盘线圈电路中串入欠电流继电器 KUC。只有当电磁吸盘的直流电压符合设计要求，吸盘具有足够吸力时，欠电流继电器 KUC 才吸合动作，其触头 KUC（3-4）闭合，为磨削加工做好准备，否则磨床将不能进行加工。若在磨削加工中吸盘电流过小，欠电流继电器 KUC 将会释放，其触头 KUC（3-4）断开，接触器 KM1、KM2 线圈断电，M1、M3 停止旋转，从而避免了事故的发生。

电磁吸盘线圈的过电压保护：电磁吸盘线圈匝数较多，电感 L 较大，通电工作时线圈中储存有较大的磁场能量 $\left(W_L = \dfrac{1}{2}LI^2\right)$。当线圈断电时，由于电磁感应，在线圈两端将产生较大的感应电动势。为此，在电磁吸盘线圈两端设有放电装置，该磨床在电磁吸盘两端并联了电阻 R_1，作为放电电阻。

电磁吸盘的短路保护：在整流变压器 T2 的二次侧或整流装置输出端装有熔断器 FU4 做短路保护。

此外，在整流装置中还设有 RC 串联支路并联在 T2 二次侧，用以吸收交流电路产生的过电压和直流电路通断时在 T2 二次侧产生的浪涌电压，从而实现整流装置的过电压保护。

（4）照明电路　由照明变压器 T1 将 AC380V 电压降为 AC36V 电压，并由开关 S2 控制照明灯 EL。在 T1 的二次侧电路接有熔断器 FU3 做短路保护。

思考与练习

1. M7130 型平面磨床的工作台自动往复是如何实现的？
2. M7130 型平面磨床的电磁吸盘吸力不足会造成什么后果？
3. M7130 型平面磨床电气控制电路中的欠电流继电器 KUC 的作用是什么？

任务二　平面磨床电气控制电路的安装与常见故障分析

一、任务引入

平面磨床是金属磨削加工过程中最常用的机械加工设备，掌握平面磨床电气系统的安装和常见故障的维修对电气维修技术人员来说是一项必备的技能。

二、任务目标

（1）了解平面磨床电气控制系统的安装步骤。

（2）掌握平面磨床的常见故障与维修方法。

三、相关知识

1. 平面磨床电气系统的安装

1）画出 M7130 型平面磨床的电气控制电路图。

2）列出电气设备明细表，见表 6-3。

表 6-3　M7130 型平面磨床电气设备明细表

符号	名　称	型　号	规　格	数量	作　用
M1	液压泵电动机	JO2—21—4	1.1kW 380V	1	带动液压泵
M2	砂轮电动机	JO2—21—2	3kW 380V	1	带动砂轮
M3	冷却泵电动机	JCB—25	0.12kW 380V	1	带动冷却泵
M4	砂轮升降电动机	JO3—81—4	0.75kW 380V	1	带动砂轮升降
FU1	熔断器	RL1—60	60A	3	总电源短路保护
FU2	熔断器	RL1—15	4A	1	照明电路短路保护
FU3	熔断器	RL1—15	10A	1	指示灯电路短路保护
FU4	熔断器	RL1—15	3A	1	整流电路短路保护
SB1	按钮	LA2		1	M1 停止按钮
SB2	按钮	LA2		1	M1 起动按钮
SB3	按钮	LA2		1	M2、M3 停止按钮
SB4	按钮	LA2		1	M2、M3 起动按钮
SB5	按钮	LA2		1	M4 上升起动按钮
SB6	按钮	LA2		1	M4 下降起动按钮
SB7	按钮	LA2		1	电磁工作台停止充磁
SB8	按钮	LA2		1	电磁工作台充磁
SB9	按钮	LA2		1	电磁工作台退磁
FR1	热继电器	JR16—10	2.71A	1	M1 过载保护
FR2	热继电器	JR16—10	6.18A	1	M2 过载保护
FR3	热继电器	JR16—10	0.47A	1	M3 过载保护
KM1	交流接触器	CJ10—10	380V	1	M1 起动和停止
KM2	交流接触器	CJ10—10	380V	1	M2 起动和停止
KM3	交流接触器	CJ10—10	380V	1	M4 上升
KM4	交流接触器	CJ10—10	380V	1	M4 下降
KM5	交流接触器	CJ10—10	380V	1	电磁工作台充磁
KM6	交流接触器	CJ10—10	380V	1	电磁工作台退磁
R	电阻		500Ω 50W	1	放电保护

（续）

符号	名　称	型　号	规　格	数量	作　用
C	电容		$5\mu F\ 600V$	1	放电保护
T	整流变压器	BK—150	380V/130V	1	整流降压
U	硅整流器	$4\times 2CZ11C$		1	整流
KUV	欠电压继电器	LV 型	120V	1	欠电压保护
YH	电磁工作台	LDZJ1—10	100V/5V	1	吸持工件
XS1	插座	CY0—36		1	连接电磁工作台
XS2	插座	CYO—36		1	连接 M3
QS	隔离开关	HZ10—25/3	25A 380V	1	电源总开关
SA	低压照明开关		2A	1	照明灯开关
TC	控制变压器	BK—50	$50V\cdot A\ 380V/36V/6.3V$	1	低压照明电源变压器
HL	指示灯		6.3V	1	指示电路工作状态
EL	照明灯		36V 40W	1	工作照明

3）根据各校维修电工装置的结构设计出具体接线图。

4）控制电路的接线与检查。按照所绘制的电气安装接线图完成电路的接线。接线完成后，仔细检查电路的接线情况，确保各端子接线牢固。

5）通电试车。根据对控制电路工作原理的分析，逐一检查电路的工作状态是否与工作原理分析一致，若不一致，检查电路的接线情况和各元器件的状态，直至电路的工作状态与电气控制原理分析的一致为止。

2. 平面磨床电气控制常见故障分析

（1）磨床中各电动机不能起动

1）研究分析：可能是主电路不正常或是控制电路故障。

2）检查处理：首先检查主电路中各元器件是否有损坏、接线是否松动脱落的现象；再检查控制电路的元器件是否有损坏、触头是否接触良好及接线是否有松动脱落现象。逐一排查，直到电路能够正常工作为止。

（2）砂轮电动机的热继电器 FR1 脱扣

1）研究分析：可能的原因有砂轮电动机前轴瓦磨损，电动机发生堵转而导致电流增大很多；砂轮进刀量太大，使电动机堵转而导致电流很大；更换的热继电器 FR1 规格不符合要求或未调整好。

2）检查处理：检修时应根据具体情况进行处理，直到排除故障为止。

（3）冷却泵电动机不能起动

1）研究分析：可能的原因是冷却泵电动机的插座或电动机已损坏。

2）检查处理：检查发现冷却泵电动机的插座损坏，修复后故障被排除。

（4）液压泵电动机不能起动

1）研究分析：可能是按钮 SB1 或 SB2 的触头接触不良或接线脱落；接触器 KM1 的线圈损坏或接线脱落；液压泵电动机损坏。

2）检查处理：经检查接触器 KM1 接线脱落，重新接线后故障被排除。

（5）电磁工作台没有吸力

1）研究分析：可能是三相交流电源的问题，也可能是整流装置输出不正常，再有可能就是电磁工作台线圈或欠电压继电器线圈接线不良或脱落。

2）检查处理：首先检查三相交流电源是否正常，熔断器是否完好，插头插座接触是否良好；再检查变压器及整流装置有无输出。如经过上述检查均未发现故障，则应进一步检查电磁工作台线圈和欠电压继电器线圈是否完好。检查发现欠电压继电器线圈接线脱落，重新接线后故障被排除。

（6）电磁工作台吸力不足

1）研究分析：常见的原因有三相交流电源电压过低导致的直流电压相应下降，以致吸力不足。若直流电压正常，则可能是插头插座接触不良，也可能是电磁工作台线圈内部存在短路；另一个原因则可能是整流装置故障，使电磁工作台吸力减小。

2）检查处理：首先测量三相交流电源电压；然后测量整流装置的输出电压，空载时应为 130～140V。检查发现整流装置输出电压不正常，更换整流装置后故障被排除。

（7）电磁工作台退磁效果差

1）研究分析：电磁工作台退磁效果差，造成工件难以取下，其故障原因往往在于退磁电压过高或退磁回路断开，导致无法退磁或退磁时间掌握不好等。

2）检查处理：检查发现退磁电压过高，将退磁电压调低后故障被排除。

思考与练习

1. 试分析 M7130 型平面磨床工作时电磁吸盘吸力不足以吸牢工件的原因。
2. 在平面磨床工作时，冷却泵电动机不能正常工作的原因有哪些？

项目十三　铣床电气控制系统

任务一　铣床电气控制系统分析

一、任务引入

在金属切削机床中，铣床在应用数量上占第二位，仅次于车床。铣床可用来加工平面、斜面和沟槽等，装上分度头后还可以铣切直齿齿轮和螺旋面，如果装上圆工作台还可以铣切凸轮和弧形槽。铣床的种类很多，有卧式铣床、立式铣床、龙门铣床、仿形铣床及各种专用铣床等。现以应用广泛的 X62W 型卧式万能铣床为例对其进行分析。

二、任务目标

（1）了解铣床的结构。
（2）掌握铣床的工作原理。

三、相关知识

1. 铣床的主要结构、运动形式及电力拖动形式

X62W 型卧式万能铣床具有主轴转速高、调速范围宽、操作方便和加工范围广等特点，其结构如图 6-8 所示。

这种机床主要由底座、床身、悬梁、刀杆支架、工作台、溜板箱和升降台等部分组成。

床身内装有主轴的传动机构和变速操纵机构。主轴带动铣刀的旋转运动称为主运动，它同工作台的进给运动之间无速度比例协调的要求，故主轴的拖动由一台主电动机实现。因为需要完成顺铣和逆铣，故要求在电气上实现主轴的正反转。为减小负载波动对铣刀转速的影响，主轴上装有飞轮，使得转动惯量很大。因此，为了提高工作效率，要求主电动机有停车制动控制。此外，为了保证主轴变速时齿轮易于啮合，还要求变速时对主电动机进行冲动控制。

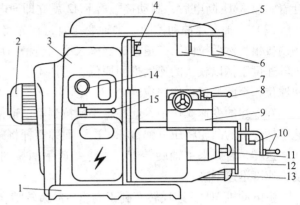

图 6-8 卧式万能铣床外形结构示意图
1—底座 2—主电动机 3—床身 4—主轴 5—悬梁
6—刀杆挂脚 7—工作台 8—工作台左右进给操作手柄
9—滑座 10—工作台前后、上下操作手柄 11—进给变
速手柄及变速盘 12—升降工作台 13—进给电动机
14—主轴变速盘 15—主轴变速手柄

床身的前侧面装有垂直导轨，升降台可沿导轨上下移动。在升降台上面的水平导轨上，装有可在平行于主轴方向移动（横向移动即前后移动）的溜板，溜板上部有可以转动的回转台。工作台装在回转台的导轨上，可作垂直于轴线方向的移动（纵向移动，即左右移动）。工作台上有固定工件的燕尾槽。这样，固定在工作台上的工件就可以作上下、前后及左右三个方向的移动了。各运动部件在三个方向上的运动由同一台进给电动机拖动（正、反转），但在同一时间内，只允许做一个方向上的运动，通过机械和电气方式来实现联锁控制。进给变速时，也需要变速冲动控制。此外，还需要各方向的快速移动。

溜板可绕垂直轴线左右旋转 45°，因此工作台还能在倾斜方向上进给，以加工螺旋槽。工作台上还可以安装圆工作台，使用圆工作台可以铣削圆弧、凸轮。这时，其他三个方向的运动必须停止，要求通过机械和电气方式进行联锁。

2. 主电路分析

图 6-9 为 X62W 型卧式万能铣床的电气原理图。图中 M1 为主电动机，其正反转由换向组合开关 SC5 来实现，正常运行时由 KM1 控制。KM2 的主触头串联两相电阻，与速度继电器配合实现 M1 的停车反接制动，还可以进行主轴变速冲动控制。

M2 为工作台进给电动机，由正、反转接触器 KM3、KM4 主触头控制，YA 为快速电磁铁，由 KM5 控制。

M3 为冷却泵电动机，由 KM6 控制。

3. 控制电路分析

（1）主电动机的起停控制 在非变速状态，同主轴变速手柄关联的主轴变速冲动限位开关 SQ7 未被压下。根据所选用的铣刀，由 SC5 选择电动机转向，闭合 QS，按下 SB1 或 SB2 两地起动按钮就可以使 KM1 通电，从而使主电动机 M1 起动运行。由于铣床较大，为方便操作和提高安全性，可在两地控制 M1 的起停。需停止 M1 时，按下 SB3 或 SB4，KM1 随即断电。但应注意到在主电动机运行时，速度继电器 KS 的正向触头和反向触头总有一个闭合着，故 KM1 断电后，制动接触器 KM2 就立即通电，进行反接制动。

（2）主轴变速冲动控制　主轴变速时，首先将主轴变速手柄微微压下，使它从第一道槽内拔出，然后拉向第二道槽，当落入第二道槽内后，旋转主轴变速盘，选好速度，然后将主轴速度手柄以较快的速度推回原位。若推不上去时，再一次拉回来，推过去，直至手柄推回原位，至此变速操作完成。

在上述的变速操作中，就在将手柄拉到第二道槽或从第二道槽推回原位的瞬间，通过变速手柄连接的凸轮将压下弹簧杆一次，而弹簧杆将碰撞变速冲动限位开关 SQ7，使其动作一次。这样，若原来主轴旋转着，当将变速手柄拉到第二道槽时，主电动机 M1 将被反接制动，速度迅速下降。

主电动机 M1 低速反转有利于变速后的齿轮啮合。由此可见，该铣床可进行不停车的直接变速。若铣床原来处于停车状态，则不难想到，在主轴变速操作中，SQ7 第一次动作时，M1 反转一下，SQ7 第二次动作时，M1 又反转一下，故也可停车变速。当然，若要求主轴在新的速度下运行，则需重新起动主电动机。

（3）工作台运动控制　从图 6-9 中可见，工作台运动控制电路电源的一端（电路节点标号 12）串入了 KM1 的自锁触头，以保证只有主轴旋转后工作台才能进给的联锁要求。工作台进给电动机 M2 由 KM3、KM4 控制，实现正反转。工作台的运动方向通过各操作手柄来选择。有关工作台的操作手柄有两个。一个为左右（纵向）操作手柄，有右、中、左三个位置，当扳向右面时，通过其联动机构将纵向进给离合器合上，同时将向右进给的按钮式限位开关 SQ1 被压下，SQ1 常开触头 SQ1-1 闭合，而常闭触头 SQ1-2 断开；当扳向左面时，SQ2 被压下。另一个为前后（横向）和上下（升降）十字操作手柄，该手柄有五个位置，即上、下、前、后和中间零位，当扳动十字操纵手柄时，通过联动机构，将控制运动方向的机械离合器合上，同时压下相应的限位开关，若向下或向前扳动，则 SQ3 被压下；若向上或向后扳动，则 SQ4 被压下。

图 6-9 中的 SC1 为圆工作台转换开关，它是一种二位式选择开关，当使用圆工作台时，SC1-2 闭合，当不使用圆工作台而使用普通工作台时，SC1-1 和 SC1-3 均闭合。

图 6-9 中的 SQ6 为进给变速冲动限位开关。

1）工作台左右（纵向）运动。此时除了 SC1 置于使用普通工作台位置外，十字操作手柄必须置于中间零位。若要工作台向右进给，则将左右操作手柄扳向右，使得 SQ1 被压下，KM3 通电，M2 正转，工作台向右进给。KM3 得电的电流通路为：12（电路节点标号）→SQ6-2→SQ4-2→SQ3-2→SC1-1→SQ1-1→KM3 线圈→KM4 常闭辅助触头→21（电路节点标号）。

从此电流通路中不难看到，如果操作者同时将十字手柄扳向工作位置，则 SQ4-2 和 SQ3-2 中必有一个断开，KM3 线圈根本不能得电。这样，就通过电气方式实现了工作台左右移动同前后及上下移动之间的联锁。

若此时要快速移动，则要按下 SB5 或 SB6，使得 KM5 以"点动方式"得电，快速电磁铁 YA 线圈得电，接上快速离合器，工作台向右快速移动。当松开按钮以后，就恢复为向右进给状态。

在工作台的左右终端均安装了撞块。当不慎向右进给至终端时，左右进给操作手柄就被右端的撞块撞到中间的停车位置，这样，就用机械的方法使 SQ1 复位，从而使 KM3 断电，实现了限位保护。

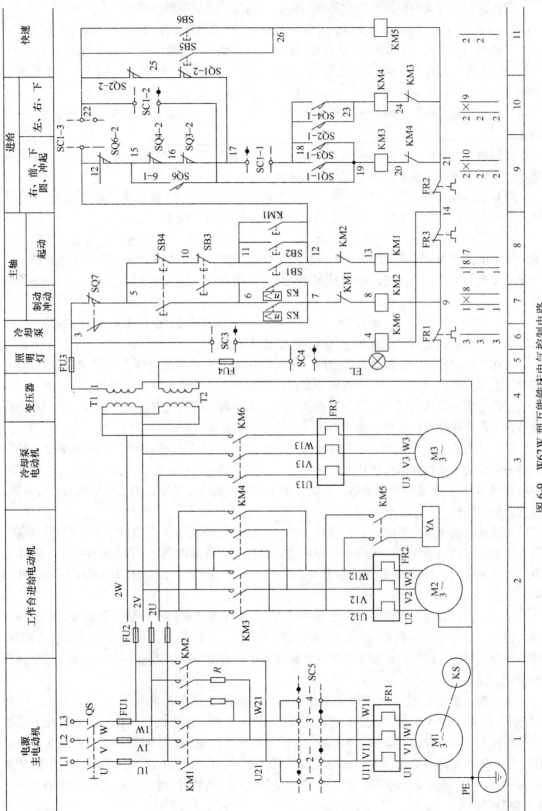

图 6-9　W62W 型万能铣床电气控制电路

工作台向左移动时电路的工作原理与向右时相似，此处不再叙述。

2）工作台前后（横向）和上下（升降）运动。若要工作台向上进给，则将十字手柄扳向上，使得 SQ4 被压下，KM4 得电，M2 反转，工作台向上进给。KM4 得电的电流通路为：

12（电路节点标号）→SC1-3→SQ2-2→SQ1-2→SC1-1→SQ4-1→KM4 线圈→KM3 常闭辅助触头→21（电路节点标号）。

上述电流通路中的常闭触头 SQ2-2 和 SQ1-2 用于工作台前后及上下移动同左右移动之间的互锁。

类似地，若要快速上升，按下 SB5 或 SB6 即可。另外，也设置了上下限位保护用终端撞块。工作台的向下移动控制原理与向上移动控制类似，此处不再叙述。

若要工作台向前进给，则只需将十字手柄扳向前，使得 SQ3 被压下，KM3 通电，M2 正转，工作台向前进给。工作台向后进给，可将十字手柄向后扳动实现。

3）工作台的主轴停车快速进给运动。工作台也可在主轴停车时进行快速进给运动，这时可将主电动机 M1 的换向开关 SC5 扳至停止位置，然后扳动所选方向的进给手柄，按下主轴起动按钮和快速进给按钮，KM3 或 KM4 及 KM5 通电，工作台便可沿选定方向快速进给运动。

（4）工作台各运动方向的联锁　在同一时间内，工作台只允许向一个方向运动，各运动方向之间的联锁是利用机械和电气两种方法来实现的。

工作台的向左、向右控制，是由同一手柄操作的，手柄本身起到左右移动的联锁作用。同理，工作台的前后和上下四个方向的联锁，是通过十字手柄本身来实现的。

工作台的左右移动同上下及前后移动之间的联锁是利用电气方法来实现的，电气联锁原理已在工作台移动控制原理分析中讲过了，此处不再赘述。

（5）工作台进给变速冲动控制　与主轴变速类似，为了使变速时齿轮易于啮合，控制电路中也设置了瞬时冲动控制环节。变速应在工作台停止移动时进行，操作过程是：先起动主电动机 M1，拉出进给变速手柄，同时转动至所需的进给速度，再把手柄用力往外一拉，并立即推回原位。

在手柄拉到极限位置时，其连杆机构推动冲动限位开关 SQ6，使得 SQ6-2 断开，SQ6-1 闭合。由于手柄被很快推回原位，故 SQ6 短时动作，KM3 短时得电，M2 短时冲动。KM3 得电的电流通路为：12（电路节点标号）→SC1-3→SQ2-2→SQ1-2→SQ3-2→SQ4-2→SQ6-1→KM3 线圈→KM4 常闭辅助触头→21（电路节点标号）。

可见，若左右操作手柄和十字手柄中只要有一个不在中间停止位置，此电流通路便被切断。但是，若在工作台朝某一方向运动的情况下进行变速操作，由于没有使进给电动机 M2 停转的电气措施，因而在转动手轮改变齿轮传动比时可能会损坏齿轮，故这种误操作必须严格禁止。

（6）圆工作台控制　在使用圆工作台时，要将圆工作台转换开关 SC1 置于圆工作台"接通"位置，而且必须将左右操作手柄和十字操作手柄置于中间停止位置。然后按下主轴起动按钮 SB1 或 SB2，主电动机 M1 起动，而进给电动机 M2 也因 KM3 的得电而旋转，由于圆工作台的机械传动链已接上，故也跟着旋转。这时，KM3 的电流通路为：12（电路节点标号）→SQ6-2→SQ4-2→SQ3-2→SQ1-2→SQ2-2→SA1-2→KM3 线圈→KM4 常闭辅助触头→21（电路节点标号）。

显见，通路的中 SQ1～SQ4 的常闭触头为互锁触头，起着圆工作台转动与工作台三种移动的联锁保护作用。圆工作台也可通过进给变速手柄变速。另外，当圆工作台转换开关 SC1 置于"断开"位置，而左右操作手柄及十字操作手柄置于中间"零位"时，也可用手动机械方式使它旋转。

（7）冷却泵电动机的控制　冷却泵电动机 M3 的起停由转换开关 SC3 直接控制，无失电压保护功能，不影响安全操作。

4. 辅助电路及保护环节分析

机床的局部照明由变压器 T2 供给 36V 安全电压，照明灯开关为 SC4。

M1、M2 和 M3 为连续工作制，由 FR1、FR2 和 FR3 实现过载保护。当主电动机 M1 过载时，FR1 动作，其常闭触头切除整个控制电路的电源。当冷却泵电动机 M3 过载时，FR3 动作，其常闭触头切除 M2、M3 的控制电源。当进给电动机 M2 过载时，FR2 动作，其常闭触头切除自身的控制电源。

由 FU1、FU2 实现主电路的短路保护，FU3 实现控制电路的短路保护，FU4 实现照明电路的短路保护。

思考与练习

1. X62 型铣床的主轴电动机是如何进行变速冲动控制的？

2. X62 型铣床中有哪些电气联锁措施？如何实现工作台的左右、上下、前后进给控制的？

任务二　铣床电气控制电路的安装与常见故障分析

一、任务引入

铣床是金属铣削加工过程中最常用的机械加工设备，掌握铣床电气系统的安装和常见故障的维修对电气维修技术人员来说是一项必备的技能。

二、任务目标

（1）了解铣床电气控制系统的安装步骤。

（2）熟悉铣床的常见故障并掌握其维修方法。

三、相关知识

1. 铣床电气系统的安装

1）画出铣床 X62W 型卧式万能铣床的电气控制电路。

2）列出电气设备明细表，见表 6-4。

表 6-4　X62W 型卧式万能铣床电气设备明细表

符号	名　称	型　　号	规　格	数量	作　用
M1	主轴电动机	JO2—42—4/T1	5.5kW 380V	1	带动主轴
M2	进给电动机	JO2—22—4/T1	1.5kW 380V	1	进给传动

（续）

符 号	名　称	型　号	规　格	数量	作　用
M3	冷却电动机	JCB—22	0.125kW 380V	1	带动冷却泵
FU1	熔断器	RL1—30	30A	3	总电源短路保护
FU2	熔断器	RL1—15	10A	1	M2、M3 短路保护
FU3	熔断器	RL1—15	6A	1	控制电路短路保护
FU4	熔断器	RL1—15	4A	1	照明电路短路保护
SB1、SB2	按钮	LA2	红色	2	M1 停止按钮
SB3、SB4	按钮	LA2	黑色	2	M1 起动按钮
SB5、SB6	按钮	LA2	绿色	2	快速进给按钮
FR1	热继电器	JR16—20	11A	1	M1 过载保护
FR2	热继电器	JR16—10	5A	1	M2 过载保护
FR3	热继电器	JR16—10	0.415A	1	M3 过载保护
KM1	交流接触器	CJ10—10	380V	1	M3 起、停
KM2	交流接触器	CJ10—20	380V	1	M1 反接制动
KM3	交流接触器	CJ10—20	380V	1	M1 起动
KM4	交流接触器	CJ10—10	380V	1	M2 正转
KM5	交流接触器	CJ10—10	380V	1	M2 反转
KM6	交流接触器	CJ10—10	380V	1	控制 YA
SC1	转换开关	HZ10—10/E16	380V	1	圆工作台控制
SC2	转换开关	HZ10—10/E16	380V	1	工作台手动与自动转换
SC3	转换开关	HZ10—10/E16	380V	1	M3 起、停
SC4	转换开关	HZ10—10/E16	380V	1	照明灯开关
SC5	转换开关	HZ10—25/3	380V	1	M1 正反转控制
SQ1	限位开关	LX1—11K	380V	1	向右进给
SQ2	限位开关	LX1—11K	380V	1	向左进给
SQ3	限位开关	LX2—131	380V	1	向前、向下进给
SQ4	限位开关	LX2—131	380V	1	向后、向上进给
SQ5	限位开关	LX3—11K	380V	1	快速与进给转换
SQ6	限位开关	LX3—11K	380V	1	主轴变速冲动
SQ7	限位开关	LX3—11K	380V	1	进给变速冲动
KS	速度继电器	JY1	380V	1	反接制动
YA	牵引电磁铁	MQ1—5141	380V	1	快速牵引电磁铁
TC1	控制变压器	BK—50	50V·A 380V/36V	1	低压照明电源变压器
TC2	控制变压器	BK—150	150V·A 380V/127V	1	控制电路变压器
R	电阻	ZB2	1.45Ω	2	限流制动电阻
QS	隔离开关	HZ10—60/3	60A	1	电源总开关

3）根据各校维修电工装置的结构设计出具体接线图。

4）控制电路的接线与检查。按照所绘制的电气安装接线图，完成电路的接线。接线完成后，仔细检查电路的接线情况，确保各端子接线牢固。

5）通电试车。根据对控制电路工作原理的分析，逐一检查电路的工作状态是否与工作原理分析一致，若不一致，检查电路的接线情况和各元器件的状态，直至电路的工作状态与电气控制原理分析的一致为止。

2. 铣床的常见电气故障与分析处理

对于电动机不能起动，故障的研究与处理方法与车床类似。

（1）工作台各个方向均不能进给

1）研究分析：从故障现象分析可能是由于主电路接触器接触不良、电动机接线松动脱落和绕组断路等，也可能是由于控制电路电压不正常所造成的。

2）检查处理：先证实圆形工作台控制开关是否在"断开"位置。接着检查控制电路的电压是否正常，若正常，可扳动操作手柄至任一运动方向，观察其相关接触器是否吸合，若吸合则断定控制电路正常。检查主电路，发现电动机接线脱落，重新接好后故障被排除。

（2）工作台不能向上运动

1）研究分析：故障原因一般是由于纵向操作手柄不在零位所造成的，此外就是由于机械磨损等因素使相应的电气元器件动作不正常或触头接触不良所致。

2）检查处理：发现纵向操作手柄位置不正确，将其调整至零位后故障被排除。

（3）工作台前后进给正常但左右不能进给

研究分析：由故障现象分析 M2 的主电路正常。从控制电路中看，故障可能发生在 SQ2-2、SQ3-2、SQ4-2 或 SQ5-1、SQ6-1 上。

检查处理：检查发现限位开关 SQ2 是冲动开关，变速时常受冲击，已损坏。修复后故障被排除。

（4）工作台不能快速进给及主轴制动失灵

研究分析：此故障原因一般是牵引电磁铁工作不正常所造成的。

检查处理：首先应检查牵引电磁铁线圈是否损坏，然后检查牵引电磁铁接线是否松动脱落。检查发现牵引电磁铁线圈损坏，更换后故障被排除。

检查发现整流器有一个二极管损坏，更换后故障排除。

（5）变速时冲动失灵

研究分析：故障的最常见原因是冲动开关的常开触头在瞬间闭合时接触不良。其次是在变速手柄（主轴变速）或变速盘（进给变速）被推回原位的过程中机械装置未碰上冲动开关所致。

检查处理：检查发现是变速手柄未推到位。重新将手柄推到位后，触动冲动开关动作，故障被排除。

思考与练习

1. 试分析 X62W 型卧式万能铣床在工作时造成工作台不能快速移动的原因。

2. 试分析 X62W 型卧式万能铣床主轴变速冲动不正常的原因。

3. X62W 型卧式万能铣床在工作时，主轴正反转正常，但停车时按下停止按钮主轴不能停止，试分析原因。

项目十四　摇臂钻床电气控制系统

任务一　摇臂钻床电气控制系统分析

一、任务引入

钻床是一种用途较广泛的万能机床，可以实现钻孔、扩孔、铰孔、攻螺纹及修刮端面等多种形式的加工。

钻床的结构形式很多，有立式钻床、卧式钻床、深孔钻床及多轴钻床等。摇臂钻床是一种立式钻床，由于它的运动部件较多，常采用多台电动机拖动。下面以使用较广泛的 Z3040 型摇臂钻床为例，分析说明摇臂钻床的电气控制系统。

二、任务目标

（1）了解摇臂钻床的结构。
（2）掌握摇臂钻床的工作原理。

三、相关知识

1. 摇臂钻床的主要结构及运动情况

摇臂钻床主要由底座、内立柱、外立柱、摇臂、主轴箱及工作台等部分组成，如图 6-10 所示。内立柱固定在底座的一端，在它外面套有外立柱，外立柱可绕内立柱回转 360°，摇臂的一端为套筒，它套在外立柱上，并借助升降丝杠的正、反向旋转可沿外立柱作上下移动。由于升降丝杠与外立柱构成一体，而升降螺母固定在摇臂上，所以摇臂只能与外立柱一起绕内内柱回转。主轴箱是一个复合部件，它由主传动电动机、主轴和主轴传动机构、进给和变速机构以及机床的操作机构等部分组成。主轴箱安装于摇臂的水平导轨上，可以通过操作手轮使主轴箱沿摇臂的水平导轨移动。

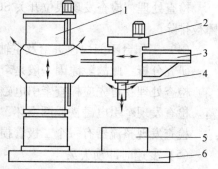

图 6-10　Z3040 型摇臂钻床结构示意图
1—内外立柱　2—主轴箱　3—摇臂
4—主轴　5—工作台　6—底座

钻削加工时，主轴的旋转为主运动，而主轴的直线移动为进给运动，即钻削时钻头一面做旋转运动，一面做纵向进给运动。主轴箱应通过夹紧装置紧固在摇臂的水平导轨上，摇臂与外立柱也应通过夹紧装置紧固在内立柱上。摇臂钻床的辅助运动有：摇臂沿外立柱作上下移动、主轴箱沿摇臂水平导轨横向移动以及摇臂与外立柱一起绕内立柱做回转运动。

2. 摇臂钻床的电力拖动方案与拖动要求

1）为简化机床传动装置的结构采用多电动机拖动的方式。

2）主轴的旋转运动、纵向进给运动及其变速机构均在主轴箱内，由一台主电动机拖动。

3）为了满足多种加工方式的要求，主轴的旋转与进给运动均有较大的调速范围，一般情况下由机械变速机构实现。有时为了简化主轴箱的结构，采用多速笼型异步电动机拖动。

4）加工螺纹时，要求主轴能正、反向旋转，系统中采用机械方法来实现，因此，拖动主轴的电动机只需单向旋转。

5）摇臂的升降由升降电动机拖动，要求电动机能正、反向旋转，该系统采用笼型异步电动机。

6）内外立柱、主轴箱与摇臂的夹紧、松开，可采用手柄机械操作、电气—机械装置、电气—液压装置以及电气—液压—机械装置等控制方式。Z3040 型摇臂钻床采用电动机拖动液压泵通过夹紧机构来实现的，其夹紧与松开是通过控制电动机的正、反转，送出不同流向的压力油，从而推动活塞带动菱形块动作来实现的。因此，拖动液压泵的电动机要求正、反向旋转。

7）摇臂钻床主轴箱、立柱的夹紧与松开由一条油路控制，且同时动作。而摇臂的夹紧、松开是与摇臂升降工作连成一体的，由另一条油路控制。两条油路哪一个处于工作状态，是根据工作要求通过控制电磁铁来操纵的。夹紧机构的液压系统原理如图 6-11 所示。由于主轴箱和立柱的夹紧、松开动作是点动操作的，因此液压泵电动机采用点动控制。

8）根据加工的需要，操作者可以手动操作冷却泵电动机单向旋转。

9）要有必要的联锁和保护环节。

10）钻床还应有安全照明和信号指示电路。

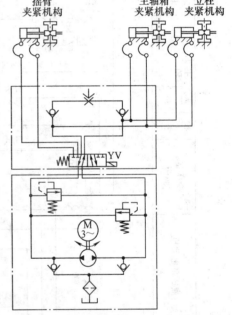

图 6-11 夹紧机构的液压系统原理图

3. Z3040 型摇臂钻床电气控制电路

Z3040 型摇臂钻床的低压电器元件大部分安装在摇臂后面的壁龛内。主轴电动机安装在主轴箱上方，摇臂升降电动机安装在立柱上方，液压泵电动机安装在摇臂后面的壁龛下部，冷却泵电动机安装在底座上。该机床采用先进的液压技术，具有两套液压控制系统，一套由主轴电动机拖动齿轮泵输送压力油，通过操纵机构实现主轴正反转、停车制动、空档与变速；另一套由液压泵电动机拖动液压泵输送压力油，实现摇臂的夹紧与松开及主轴箱和立柱的夹紧与松开。

Z3040 型摇臂钻床的电气控制电路如图 6-12 所示。图中 M1 为主轴电动机，M2 为摇臂升降电动机，M3 为液压泵电动机，M4 为冷却泵电动机，QS 为总电源控制开关。

（1）主轴电动机的控制 主轴电动机 M1 为单向旋转，由按钮 SB1、SB2 和接触器 KM1 实现其起动和停止控制。主轴的正、反转则由 M1 拖动齿轮泵送出压力油，通过液压系统操纵机构配合正、反转摩擦离合器驱动主轴正转或反转。

（2）摇臂升降的控制 摇臂钻床在加工时，摇臂处于夹紧状态才能保证加工精度。但在摇臂需要升降时，又要求摇臂处于松开状态，否则会使电动机负载过大、机械磨损严重而无法进行升降工作。摇臂上升或下降的动作过程是：升降指令发出，先使摇臂与外立柱处于

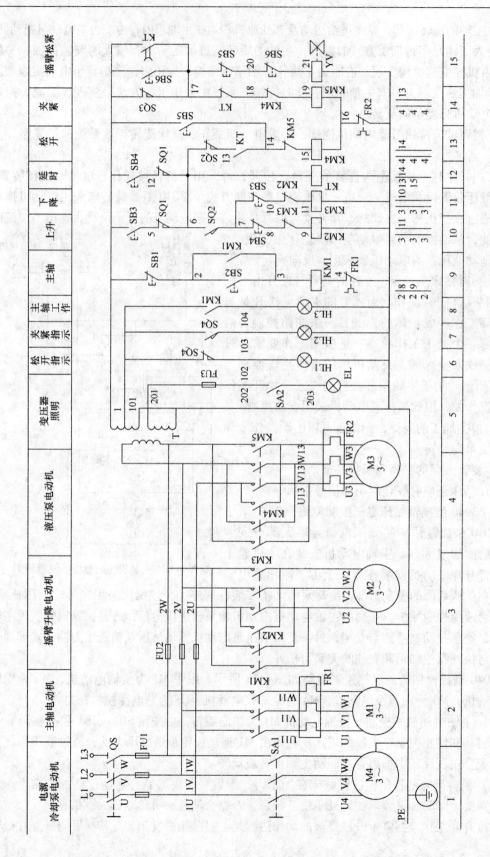

图 6-12　Z3040 型摇臂钻床电气控制电路

松开状态，然后摇臂上升或下降，待升降到位时，摇臂自行重新夹紧。由于松开与夹紧工作是由液压系统来实现，因此，升降控制需与夹紧机构液压系统紧密配合。

M2 为摇臂升降电动机，由按钮 SB3、SB4 点动控制接触器 KM2、KM3 接通或断开，从而使 M2 正、反向旋转，拖动摇臂上升或下降。

M3 为液压泵电动机，通过接触器 KM4、KM5 的接通或断开使 M3 正、反向旋转，从而带动双向液压泵送出压力油，经二位六通阀至摇臂夹紧机构实现夹紧与松开。

下面以摇臂上升为例简述控制过程。

按下按钮 SB3，时间继电器 KT 线圈得电，瞬时动作的常开触头 KT（13-14）闭合，接触器 KM4 线圈得电，液压泵电动机 M3 起动旋转带动液压泵送出压力油；同时，延时断开的 KT 常开触头 KT（1-17）闭合，使电磁阀 YV 线圈得电，液压泵输出的压力油经二位六通阀进入摇臂夹紧机构的松开油缸，推动活塞和菱形块、将摇臂松开。此时，活塞杆通过弹簧片压上限位开关 SQ2，发出摇臂已松开信号，SQ2（6-13）断开，使接触器 KM4 线圈断电，液压泵电动机 M3 停转，油路单向阀保压，摇臂处于松开状态；SQ2（6-7）闭合，接触器 KM2 线圈得电，摇臂升降电动机 M2 起动旋转，带动摇臂上升。待摇臂上升至所需位置时，松开按钮 SB3，KM2 线圈断电，M2 停转，摇臂停止上升。同时 KT 线圈也断电，常闭触头 KT（17-18）瞬时闭合，而其延时断开的常开触头 KT（1-17）仍未断开，电磁阀 YV 继续得电，接触器 KM5 线圈得电，液压泵电动机 M3 反转，带动液压泵送出反向压力油，经二位六通阀反方向推动活塞和菱形块，将摇臂夹紧。KT（1-17）经过 1~3s 延时后断开，同时活塞杆通过弹簧片压下限位开关 SQ3，使触头 SQ3（1-17）也断开，电磁阀 YV 和 KM5 线圈断电，液压泵电动机 M3 停转，摇臂上升后重新夹紧过程结束。

限位开关 SQ2 为摇臂松开信号开关。限位开关 SQ3 为摇臂夹紧信号开关。时间继电器延时断开触头 SA（1-17）的作用是使摇臂在加工前处于夹紧状态。当瞬间操作 SB3 或 SB4 使 KM4 线圈得电后，摇臂开始松开，若此时马上松开 SB3 或 SB4，使 KM4 马上断电，则可能造成摇臂处于半松开状态。有了时间继电器延时断开触头（1-17）后，因该触头能在 KT 线圈断电后的 1~3s 内处于闭合状态，从而可使 KM5 线圈得电，液压泵电动机 M3 反向旋转，使摇臂重新夹紧。直到延时时间到，KT（1-17）断开，SQ3 动作，KM5 断电为止。这样就保证了摇臂在加工工件前总是处于夹紧状态。

（3）夹紧、松开控制　Z3040 型摇臂钻床除了上述的摇臂升降过程需要夹紧、松开控制外，还有主轴箱和立柱的松开、夹紧控制。从液压系统中可以看出，主轴箱和立柱的松开、夹紧是同时进行的。

当按下按钮 SB5 时，接触器 KM4 线圈得电，液压泵电动机 M3 正转，拖动液压泵输送出压力油，压力油经二位六通阀进入主轴箱与立柱的松开油缸，推动活塞和菱形块使主轴箱与立柱实现松开。此时，由于 YV 不得电，压力油不会进入摇臂松开活塞，摇臂仍处于夹紧状态。当主轴箱与立柱松开时，行程开关 SQ4 未被压下，SQ4（101-102）闭合，指示灯 HL1 亮，表示主轴箱与立柱处于松开状态，此时，可以手动操作主轴箱沿摇臂的水平导轨移动至适当位置，同时，推动摇臂使外立柱绕内立柱旋转至适当的位置。然后，按下夹紧按钮 SB6，接触器 KM5 线圈得电，M3 电动机反转，拖动液压泵输送出反向压力油至夹紧油缸，使主轴箱和立柱夹紧。同时，限位开关 SQ4 被压下，触头 SQ4（101-102）断开，HL1 灯灭，而 SQ4（101-103）闭合，HL2 灯亮，指示主轴箱与立柱处于夹紧状态，摇臂钻床可以进行钻削加工了。

（4）冷却泵电动机的控制　冷却泵电动机容量较小（0.125kW），由开关 SA1 控制其单向旋转。

（5）联锁、保护环节　电路中利用 SQ2 实现摇臂松开到位的控制，当摇臂松开到位后，SQ2 常闭触头断开，SQ2 常开触头闭合，实现摇臂升降的联锁控制；当摇臂上升或下降到位后，利用 SQ3 实现摇臂完全夹紧的联锁控制。

通过 KT 延时断开的常开触头 KT（1-17）实现摇臂松开后自动夹紧的联锁控制。摇臂升降除了采用按钮 SB4、SB3 实现机械互锁外，还采用了 KM2、KM3 电气互锁，为双重互锁控制。主轴箱与立柱进行松开、夹紧工作时，为保证压力油不进入摇臂夹紧油路，通过 SB5、SB6 常闭触头切断 YV 线圈电路，从而达到联锁的目的。

电路利用熔断器 FU1 作为总电路和电动机 M1、M4 的短路保护，利用熔断器 FU2 作为电动机 M2、M3 及控制变压器 T 一次侧的短路保护。利用热继电器 FR1 作为电动机 M1 的过载保护，利用 FR2 作为电动机 M3 的过载保护。组合限位开关 SQ1 作为摇臂上升、下降的极限位置保护，SQ1 有两对常闭触头，当摇臂上升或下降至极限位置时，相应触头动作切断与其对应的上升或下降接触器 KM2 或 KM3，使电动机 M2 停止运行，摇臂停止升降，从而实现升降极限位置的保护。电路中失电压或欠电压保护由各接触器实现。

（6）照明与信号指示电路　通过控制变压器 T 降压后提供给照明灯 EL 安全工作电压，由开关 SA2 控制照明电路。熔断器 FU3 作为照明电路的短路保护。

当主轴电动机工作时，KM1（101-104）接通，指示灯 HL3 亮，表示主轴工作。

当主轴箱、立柱处于夹紧状态时，SQ4（101-103）接通，HL2 亮。当主轴箱、立柱处于松开状态时，SQ4（101-102）接通，HL1 亮。

思考与练习

1. Z3040 型摇臂钻床主轴箱和立柱为什么不能松开？试分析其原因。
2. 试分析 Z3040 型摇臂钻床摇臂升降的工作原理。

任务二　摇臂钻床电气控制电路的安装与常见故障分析

一、任务引入

摇臂钻床是金属钻削加工过程中最常用的机械加工设备，掌握摇臂钻床电气系统的安装和常见故障的维修对电气维修技术人员来说是一项必备的技能。

二、任务目标

（1）了解摇臂钻床电气控制系统的安装步骤。

（2）熟悉摇臂钻床的常见故障并掌握其维修方法。

三、相关知识

1. 摇臂钻床电气系统的安装

1）画出 Z3040 型摇臂钻床电气控制电路图。

2）列出电气设备明细表，见表 6-5。

表 6-5　**Z3040 型摇臂钻床电气设备明细表**

符号	名　称	型　号	规　格	数量	作　用
M1	主轴电动机	Y100L2—4	3kW 380V	1	带动主轴
M2	摇臂升降电动机	Y90L—4	1.5kW 380V	1	摇臂升降
M3	液压泵电动机	X802—4	0.125kW 380V	1	带动液压泵
M4	冷却泵电动机	AOB—25	90W 380V	1	带动冷却泵
FU1	熔断器	RL1—60	60A	3	总电源短路保护
SB1	按钮	LA19—11D		1	M1 停止按钮
SB2	按钮	LA19—11D		1	M1 起动按钮
SB3	按钮	LA19—11D		1	M2 正转起动按钮
SB4	按钮	LA19—11D		1	M2 反转起动按钮
SB5	按钮	LA19—11D		1	立柱夹紧按钮
SB6	按钮	LA19—11D		1	立柱松开按钮
FR1	热继电器	JR16—20	11.5A	1	M1 过载保护
FR2	热继电器	JR16—10	1.5A	1	M3 过载保护
KM1	交流接触器	CJ10—20	380V	1	M1 起动和停止
KM2	交流接触器	CJ10—10	380V	1	M2 正转起动按钮
KM3	交流接触器	CJ10—10	380V	1	M2 反转起动按钮
KM4	交流接触器	CJ10—10	380V	1	M3 正向转动
KM5	交流接触器	CJ10—10	380V	1	M3 反向转动
SA1	转换开关	HZ3/3	380V	1	M4 控制开关
QS	隔离开关	HZ10—20/3	380V	1	总电源开关
SQ1	限位开关	LX5—11	380V	1	摇臂上升限位
SQ2	限位开关	LX5—11	380V	1	摇臂松开限位
SQ3	限位开关	LX5—11	380V	1	摇臂夹紧限位
SQ4	限位开关	LX5—11	380V	1	立柱夹紧限位
SQ5	限位开关	LX5—11	380V	1	立柱松开限位
SQ6	限位开关	LX3—11K	380V	1	摇臂下降限位
KT	时间继电器	JS7—2A	380V	1	摇臂升降延时控制
YA	液压阀电磁铁	WFJ1—3	380V	1	控制液压阀
TC	控制变压器	BK—150	150V·A 380V/36V	1	控制变压器
HL	指示灯	JC25	6.3V	1	指示灯

3）根据各校维修电工装置的结构，设计出具体接线图。

4）控制电路的接线与检查。按照所绘制的电气安装接线图，完成电路的接线。接线完成后，仔细检查电路的接线情况，确保各端子接线牢固。

5）通电试车。根据对控制电路工作原理的分析，逐一检查电路的工作状态是否与工作原理分析一致，若不一致，检查电路的接线情况和各元器件的状态，直至电路的工作状态与电气控制原理分析的一致为止。

2. 常见故障研究与处理

（1）主轴电动机不能起动

1）研究分析：常见原因有主轴起动按钮 SB2、停止按钮 SB1 损坏或接触不良；接触器 KM1 的主触头接触不良或接线脱落；熔断器 FU1 的熔丝熔断。

2）检查处理：针对上述情况逐项检查，发现熔断器 FU1 的熔丝熔断，更换后故障被排除。

（2）主轴电动机不能停止

1）研究分析：一般是由于接触器 KM1 的主触头熔焊所造成的。

2）检查处理：检查 KM1 发现其主触头熔焊。断开电源，更换接触器 KM1 的主触头后，故障被排除。

（3）摇臂升降后不能完全夹紧

1）研究分析：主要与摇臂夹紧的组合开关 SQ3 有关。可能是组合开关 SQ3 动触头的位置发生偏移或者转动组合开关 SQ3 的齿轮与拔叉上的扇形齿轮啮合位置发生了偏移，当摇臂未能夹紧时，触头 SQ3-1（摇臂下降）或触头 SQ3-2（摇臂上升）就过早地断开了，摇臂未到夹紧位置电动机 M3 就停转了。

2）检查处理：检查后发现组合开关 SQ3 动触头的位置发生偏移，重新调整后故障被排除。

（4）摇臂升降方向与摇臂升降按钮标示不一致。

1）研究分析：该故障的原因是摇臂升降电动机的电源相序接反了。

2）检查处理：检查发现摇臂升降电动机的电源 U、V 相序接反。在实际应用中，发生这一故障是很危险的，应立即断开电源开关，及时调整好摇臂升降电动机的电源相序。

（5）摇臂升降不能停止

1）研究分析：一般是因为接触器 KM2 和 KM3 的主触头损坏所致。

2）检查处理：检查发现接触器 KM2 主触头熔焊，更换 KM2 主触头后，故障被排除。

（6）液压泵电动机不能起动

1）研究分析：发生故障的原因可能有接触器的主触头接触不良或接线脱落，控制电路中起动按钮接触不良或接线脱落及熔断器的熔体已熔断。

2）检查处理：主电路中用于液压泵电动机短路保护的熔断器熔体已熔断，更换熔断器的熔体后，故障被排除。

（7）液压泵电动机不能停止

1）研究分析：主要原因是接触器 KM4、KM5 的主触头熔焊。

2）检查处理：检查后发现 KM4 主触头熔焊，切断电源，更换接触器主触头后故障排除。

思考与练习

1. 试分析在摇臂钻床控制电路中，为什么摇臂的升降运动和主轴的旋转不能同时进行。

2. 在摇臂钻床的控制电路中，若摇臂上升接触器 KM2 线圈接线松动，则可能出现的故障现象是什么？

项目十五　桥式起重机电气控制系统

一、任务引入

起重机是用来在短距离内提升和移动物体的机械，俗称天车，它能减轻工人的体力劳动，提高生产效率，因而广泛地应用于工矿企业、港口及建筑工地等。起重机的种类很多，起重机都具有提升和移动机构，其中，桥式起重机具有一定的典型性，应用十分广泛，尤其在冶金和机械制造企业中，各种桥式起重机得到了大量地应用。

二、任务目标

（1）了解桥式起重机的结构。

（2）掌握桥式起重机的工作原理。

三、相关知识

起重运输机械是一种起吊和运输重物的设备，它们被大量地应用于生产流水线上，是现代化生产、物流企业中不可缺少重要设备之一。起重设备的种类很多，它具有工作周期短、工作重复，操作频繁等特点。

1. 桥式起重机的结构及形式

桥式起重机主要由驾驶室、辅助滑线架、控制盘、小车、大车电动机、大车端梁、主滑线、大车主梁和电阻箱组成。桥式起重机的结构示意图如图 6-13 所示。

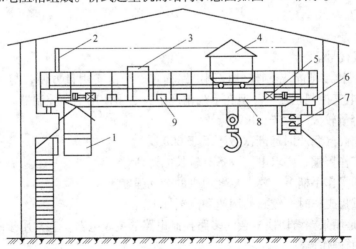

图 6-13　桥式起重机结构示意图

1—驾驶室　2—辅助滑线架　3—控制盘　4—小车　5—大车电动机

6—大车端梁　7—主滑线　8—大车主梁　9—电阻箱

2. 相关器件

（1）凸轮控制器　凸轮控制器在电力拖动控制设备中用于变换主电路和控制电路的接

法以及转子电路中的电阻值，以控制电动机的起动、停止、反向、制动、调速和安全保护。

凸轮控制器由于控制电路简单，维护方便，线路已标准化、系列化和规范化，因而广泛应用于中、小型起重机的平移机构和小型号提升机构。其结构如图 6-14 所示。

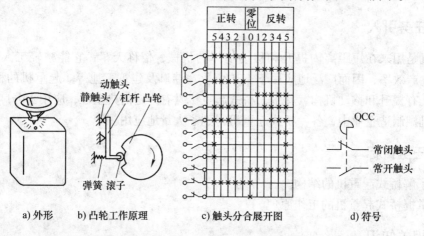

| a) 外形 | b) 凸轮工作原理 | c) 触头分合展开图 | d) 符号 |

图 6-14 凸轮控制器的结构原理和符号

目前国内常用的凸轮控制器为 KT10、KT12、KT14 及 KT16 等系列。此外还有 KTJ1—50/1、KTJ1—50/5 和 KTJ1—80/1 等型号。

下面以 KT14—50J/1 为例来说明凸轮控制器的型号含义。

KT：凸轮控制器。

14：设计序号。

50：额定电流为 50A。

J：交流。

1：控制方式代号。

（2）主令控制器 凸轮控制器的控制电路简单、经济实用且方便，与保护柜配合应用于桥式起重机的电气控制系统中。但在下列情况下，必须使用主令控制器。

1）电动机容量较大（大于 20kW）。

2）操作频率高（每小时通断次数不低于 600 次）。

3）起重机工作繁重，要求电气设备有较长的寿命。

4）起重机的操作手柄多，要求减轻司机的劳动强度。

5）要求起重机工作时有较好的调速和点动性能。

主令控制器是用来频繁切换复杂的多路控制电路的主令电器。它常用于起重机、轧钢机及其他生产机械的操作控制。

目前国内生产的主令控制器主要有 LK1、LK14、LK15 及 LK16 等系列。

下面以 LK14—12/96 为例来说明主令控制器的型号及含义。

L：主令电器。

K：控制器。

14：设计序号。

12：所能控制电路数量。

96：结构形式代号。

3. 桥式起重机的电气控制电路

10t 桥式起重机的电气控制电路如图 6-15 所示。M1 为提升电动机，M2 为小车电动机，M3 和 M4 为大车电动机，$R_1 \sim R_4$ 是四台电动机的调速电阻。电动机转速由三只凸轮控制器（KT14—50J/1）控制：QCC1 控制 M1，QCC2 控制 M2，QCC3 控制 M3 和 M4。停车制动分别用电磁制动器 YB1 ~ YB4 来实现。

QCC1

状态\位置 触头	向上 5	4	3	2	1	0	向下 1	2	3	4	5
1							×	×	×	×	×
2	×	×	×	×	×						
3							×	×	×	×	×
4	×	×	×	×							
5	×	×	×	×							
6	×	×	×	×							×
7	×	×									
8											×
9	×										
10							×	×	×	×	×
11	×	×	×	×	×		×				
12							×				

吊钩凸轮控制器触头闭合表

QCC2

状态\位置 触头	向后 5	4	3	2	1	0	向前 1	2	3	4	5
1							×	×	×	×	×
2	×	×	×	×	×						
3							×	×	×	×	×
4	×	×	×	×							
5	×	×	×	×							
6	×	×	×	×							
7	×	×									
8											×
9	×										
10							×	×	×	×	×
11	×	×	×	×	×		×				
12							×				

小车凸轮控制器触头闭合表

QCC3

状态\位置 触头	向右 5	4	3	2	1	0	向左 1	2	3	4	5
1							×	×	×	×	×
2	×	×	×	×	×						
3							×	×	×	×	×
4	×	×	×	×	×						
5	×	×	×	×							
6	×	×	×	×							
7	×	×	×								×
8	×	×	×								×
9	×										×
10	×	×	×	×							
11	×	×	×								
12	×	×									
13	×										
14											×
15							×	×	×	×	×
16	×	×	×	×	×		×				
17							×				

大车凸轮控制器触头闭合表

总电源	电源	吊钩	小车	大车	保护			
					限位	零位	安全	过流

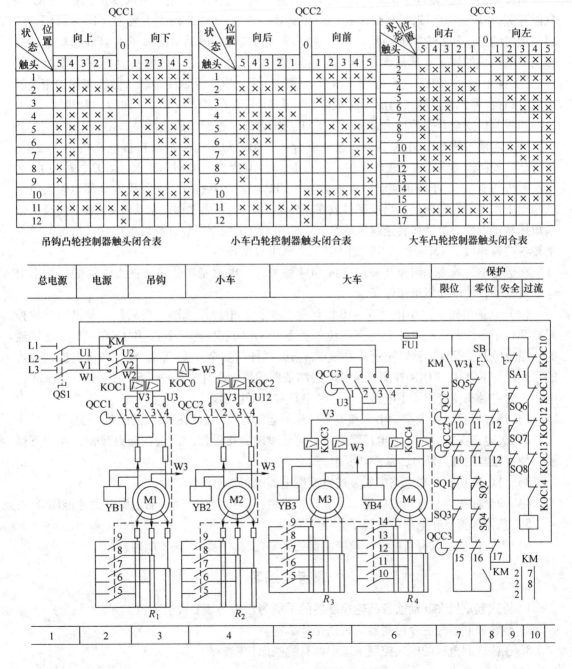

图 6-15　10t 桥式起重机电气控制系统图

三相电源经电源开关 QS、接触器 KM 的主触头和过电流继电器 KOC0 ～ KOC4 的线圈送到各凸轮控制器和电动机的定子。

（1）大车电动机的控制　M3 和 M4 为大车电动机，R_3、R_4 是调速电阻，YB3、YB4 是电磁制动器，扳动 QCC3，它的四副主触头就能控制电动机 M3、M4 的正反转，中间五副触头用于短接转子电阻以调节电动机的转速，由此大车电动机的转向和转速都得到了控制。

（2）小车电动机的控制　M2 是小车电动机，R_2 是调速电阻，YB2 是电磁制动器，KM 是电路接触器，KOC0 与 KOC2 是过电流继电器，SQ6 是舱口安全开关的安全保护，SA1 是急停开关，SB 是起动按钮，QCC2 是凸轮控制器。其中，QCC2 四副主触头（1 ～ 4）用来控制电动机的正反转；中间五副常开触头（5 ～ 9）用来切换电动机的转子电阻以起动电动机和调节电动机的转速；最后面一副常开触头 12 做零位保护用（此触头只有在零位时才接通）；另两个触头（10，11）分别与两个终端限位开关 SQ3 及 SQ4 串联，做终端保护用，触头 10 只有在零位和正转（向前）时接通，触头 11 只有在零位和反转（向后）时接通。

如果舱口安全开关 SQ6 和急停开关 SA1 是闭合的，控制器放在零位，闭合电源开关 QS 后，按下起动按钮 SB，接触器 KM 通电吸合。三相电源中有一相直接接电动机定子绕组。若将凸轮控制器 QCC2 放到正转 1 位，触头 1、3、10 闭合（此时 KM 仅经 SQ3、触头 10 和自保触头通电），定子绕组通电，电磁制动器 YB2 将制动器打开，转子接入全部电阻，电动机起动工作在最低转速挡。当控制器放在正转 2、3、4、5 各挡时，触头 5 ～ 9 逐个闭合，依次短接转子电阻，电动机转速越来越高。将凸轮 QCC2 控制器放在反转各挡时，情况与放在正转各挡时相似（KM 经触头 11 及限位开关 SQ4 自保）。

在运行中，若终端限位开关 SQ3 或 SQ4 被撞开，电磁制动器将在强力弹簧的作用下对电动机制动，使电动机迅速停车。

（3）保护电路　图 6-15 中 7 ～ 10 图区是保护柜的电气原理图。当三台电动机的凸轮控制器都置于零位时，8 图区上的三零位保护触头 QCC1-12、QCC2-12 和 QCC3-17 都是接通的。当急停开关 SA1、舱口安全开关 SQ6、横梁栏杆门安全开关 SQ7、SQ8 和过电流继电器的常闭触头 KOC0 ～ KOC4 在闭合位置时起动条件满足。这时按下按钮 SB 后，接触器 KM 得电，它的主触头便接通了主电路。保护电路具有以下功能。

1）终端保护。在大车、小车和提升机构的运动方向上设置极限位的限位开关。

2）欠电压保护。当电源电压降低到一定程度时，接触器的衔铁在反力弹簧的作用下释放，使接触器的触点断开，从而切断电源。

3）过电流保护。在电路中安装过电流继电器进行过电流保护。

4）安全保护。只有当舱口安全开关、横梁栏杆门安全开关闭合后电源开关才能闭合。

5）急停保护。在电路中设置了急停开关。

6）零位保护。只有当三个凸轮控制器处于零位时，电源开关才能闭合。

思考与练习

1. 桥式起重机在起动前各凸轮控制器的手柄为什么必须要置于零位？
2. 凸轮控制器和主令控制器的区别是什么？
3. 在桥式起重机的电气控制系统中都有哪些保护措施？

模块七　电气控制系统的设计

项目十六　电气控制系统设计概述

任务一　电气控制系统设计的主要内容和要求

一、任务引入

在掌握了电动机相关知识、电气控制电路和常用低压电器的基础知识以后，了解一些简单的电气控制系统设计知识对于电气技术、机电一体化等相关专业学生来说是十分必要的。

二、任务目标

（1）掌握电气控制电路设计的基本方法。
（2）掌握电气控制电路设计的主要内容。
（3）了解电气控制系统设计的规律与注意事项。

三、相关知识

1. 生产机械设备对电气控制电路的基本要求

1）所设计的电气控制电路必须满足生产机械的生产工艺要求。

2）电气控制电路的动作应准确，动作顺序和安装位置要合理。对电气控制电路既要求其电气元器件的动作准确，又要求当个别电气元器件或导线损坏时，不破坏整个电气控制电路的工作顺序。安装电器元器件时，各电器元器件之间既要紧凑又要留有余地。

3）为防止电气控制电路发生故障，对设备和人身造成伤害，电气控制电路各环节之间应具有必要的互锁和各种保护措施。

4）电气控制电路要简单经济。在保证电气控制电路工作安全、可靠的前提下，应尽量使控制电路简单。选用的电气元器件要合理，容量要适当，尽可能减少电气元器件的数量和型号，应采用标准的电气元器件；导线的截面积选择要合理，截面不宜过大等；布线要经济合理。

5）维护和检修方便。

2. 电气控制系统设计的主要内容

1）确定电力设备的拖动方案并选择电动机。

2）设计电气控制电路。

3）选择各种控制电器。

4）确定电气设备的布局，绘制电气安装接线图。

5）安装调试。

3. 电气控制电路设计的一般原则

1）电气控制电路必须满足机械装备的工艺要求。

2）控制电路必须能安全可靠地工作。

3）控制电路应力求在安装、操作和维修时简单、经济及方便。

4. 电气控制电路设计的一般规律

当要求在几个条件中只要具备其中任何一个条件，被控电器的线圈就能得电时，可用几个常开辅助触头并联后与被控电器的线圈串联来实现。

当要求在几个条件中只要具备其中任何一个条件，被控电器的线圈就断电时，可用几个常闭辅助触头与被控电器的线圈串联来实现。

当要求必须同时具备几个条件，被控电器的线圈才能得电时，可用几个常开触头与被控电器的线圈串联来实现。

当要求必须同时具备几个条件，被控电器的线圈才能断电时，可采用几个常闭辅助触头并联后与被控电器的线圈串联来实现。

5. 电气控制电路设计的注意事项

1）合理选择控制电源。

2）防止电器线圈的错误连接。

3）电器触头的布置要尽可能优化。

4）防止出现寄生电路。

5）注意电器触头动作之间的"竞争"问题。

6. 电气控制电路的设计方法

电气控制电路的设计方法通常有两种：分析设计法和逻辑代数设计法。分析设计法也称一般设计法、经验设计法，其步骤如下。

1）根据确定的拖动电动机与拖动方案设计主电路。

2）根据主电路和工艺动作的要求，对控制电路的各个环节逐个进行设计。

3）将控制电路的各个环节拼合成一个整体的设计草图。

4）设计好的草图经检查和验证后才能转入施工设计。

逻辑代数设计法是从生产机械的工艺资料（工作循环图、液压系统图）出发，根据控制电路中的逻辑关系并经逻辑函数式的化简，再绘制出相应的电路图逻辑代数设计法适合于较复杂控制系统的设计，但目前在较复杂的控制系统中已逐步采用 PLC 控制。

思考与练习

1. 在电气控制电路的设计过程中应注意哪些问题？

2. 电气控制电路的设计规律有哪些？

3. 电气控制电路的设计方法有哪些？在设计中如何灵活的应用？

任务二　电动机的选择

一、任务引入

在电气系统的控制方案确定好以后，电动机的形式和电气参数的选择就是电气控制系统设计的主要内容。

二、任务目标

（1）根据生产机械的具体控制要求和工艺要求能够准确的选择电动机。

（2）能够准确地选择电动机的电气参数。

三、相关知识

1. 电动机的选择

电动机是生产机械电力拖动系统中的拖动元件，正确地选择电动机是电气控制系统安全、可靠、经济和合理工作的保证，也是实现自动化控制的基础。

只有电动机选择得合理，才能达到既经济又高效的目的。电动机的选择主要从以下几个方面来考虑。

（1）电动机的工作制 电动机的发热和冷却情况不但与其所拖动的负载大小有关，而且与拖动负载所持续的时间有关。拖动负载持续时间不同，电动机的发热情况就不同。因此，还要对电动机的工作方式进行分析。为了便于电动机的系列化生产和供用户使用，按国家标准将电动机的工作方式分为以下三类。

1）连续工作制。连续工作制是指电动机工作时间 t_g 相对较长，即 $t_g > (3 \sim 4)T$，一般 t_g 可达几小时、几昼夜，甚至更长的时间。连续工作制电动机的温升可以达到稳态温升，所以，该工作制又称为长期工作制。此外，这种电动机所拖动的负载可以是恒定不变的，也可以是周期性变化的。电动机铭牌上对工作方式没有特殊标注的都属于连续工作制电动机，如水泵、通风机及大型机床的主轴拖动电动机等。

2）短时工作制。短时工作制是指电动机的工作时间较短，即 $t_g < (3 \sim 4)T$，在工作时间内，电动机的温升达不到稳态值。而停歇时间 t_0 相当长，即 $t_0 > (3 \sim 4)T$，在停歇时间里足以使电动机各部分的温升降到零，使其温度和周围介质温度相同。电动机在短时工作时，其容量往往只受过载能力的限制，因此这类电动机应设计成有较大的允许过载系数。国家规定的短时工作制的标准时间为 15min、30min、60min 和 90min 四种。属于这种工作制的电动机有车床的夹紧装置、水闸闸门等机构的拖动电动机。

3）断续工作制。断续工作制是指电动机工作与停歇周期性交替进行，但时间都比较短。工作时间即 $t_g < (3 \sim 4)T$，温升达不到稳态值；停歇时间 $t_0 < (3 \sim 4)T$，电动机的温升也降不到零。按国家标准规定，每个工作与停歇的周期不能超过 10min，即 $(t_g + t_0) \leqslant$ 10min。断续工作制又称为重复短时工作制。电动机经过一个周期时间 $(t_g + t_0)$ 后，温度有所上升。经过若干个周期后，电动机温升在最高温升 τ_{max} 和最低温升 τ_{min} 之间波动，达到周期性变化的稳定状态。其最高温升仍低于拖动同样负载连续工作制时的稳态温升 τ_w。

在断续工作制中，负载工作时间与整个周期之比称为负载持续率，即

$$JC\% = \frac{t_g}{t_g + t_0}$$

$JC\%$ 按国家标准规定为 15%、25%、40% 和 60% 四种，如果 $JC\%$ 大于 70%，则可认为是连续工作制；如果 $JC\%$ 小于或等于 10%，则按短时工作制处理。

起重机、电梯、轧钢机辅助机械以及某些机床的工作机构的拖动电动机都属于断续工作

制。

（2）电动机容量的选择　正确地选择电动机的容量具有很重要的意义。在电气系统的设计中，为某台生产机械选配电动机时，首先需要考虑的是电动机的额定功率，也就是电动机的容量。如果电动机容量选择得过大，虽能保证机械设备的正常运行，但电动机长期处于欠载运行状态，功率不能得到充分利用，将导致效率降低。如果电动机容量选择得过小，电动机将长期处于过载运行状态，这可能引起电动机的损坏，且不能保证机械设备的正常运行。因此，合理选择电动机的容量，使其与机械设备相匹配，是电气系统设计中的一项重要内容。但是，要合理地选择电动机的容量还是比较困难的，因为大多数机械设备的负载情况都比较复杂。以金属切削机床为例，因为切削量变化很大，所以机床传动系统损失就很难计算得十分准确。因此，通常采用分析与计算相结合或采用调查、统计及类比的方法来确定电动机的容量。

1）连续工作制电动机容量的选择。在这种状态下，负载的大小是恒定的或负载基本恒定不变。此时，电动机的容量选择是比较简单的，只要电动机的额定功率等于生产机械的负载功率加上拖动系统的能量损耗即可。通常情况下负载功率 P_L 是已知的，拖动系统的能量损耗可由传动效率 η 求得。实际上，在 P_L 和 η 已知时，可按 $P_N = P_L/\eta$ 来计算电动机的额定功率 P_N。然后，根据产品目录选择一台电动机，使电动机的功率等于或大于生产机械所需要的功率，即

$$P_N \geqslant P_L$$

对于变动负载条件下长期运行的电动机，在选择功率时常采用等效负载法。也就是个假设一个恒定负载来代替实际的变动负载，这个恒定负载的发热量应与变动负载的发热量相同，然后按恒定负载的条件来选择电动机。另外，在选择电动机的额定功率时，除了考虑发热外，还要考虑电动机的过载能力。

2）短时工作制电动机容量的选择。短时工作制电动机的温升在电动机工作期间未能达到稳态值，而当电动机停止运行时，则完全冷却到周围环境的温度。电动机在短时运行时，可允许过载，但最大的过载量必须小于电动机的最大转矩。

3）断续工作制电动机容量的选择。专门用于断续工作制的交流异步电动机为 JZR 系列和 JZ 系列。标准的负载持续率为 15%、25%、40% 和 60% 四种，运行周期不大于 10min，电动机的功率也应当用等效负载法来选择。

（3）选择电动机容量的统计法和类比法　前面所讨论选择电动机的方法是以电动机的发热和冷却理论为基础的。但在实际应用中，由于电动机的运行情况总是与理想状况有差别，而所推导的容量选择公式都是在某些限定条件下得到的，这就会使计算结果存在一定的误差。而且因为公式运算比较复杂，计算量都很大。另外，在某些特殊情况下，要准确确定电动机的负载是比较困难的。所以在实际选择电动机额定功率时，往往采用统计法或类比法。

1）统计法。我国机床制造厂对不同类型的机床常采用表 7-1 中的统计分析公式来计算机床主电动机的额定功率。

机床进给电动机功率的选择如下：

机床进给运动的传动效率约为 0.15 ~ 0.20，甚至更低；而对于进给运动电动机的功率，车床、钻床约为主电动机功率的 3% ~ 5%，铣床则为 2% ~ 25%；快速移动电动机所需的功

率可按表7-2来选择。

表 7-1　不同机床的主电动机功率

机床类型	主电动机的额定功率/kW	备　注
卧式车床	$P_N = 36.5 D_m^{1.54}$	D_m 为工件最大直径（m）
立式车床	$P_N = 20 D_m^{0.88}$	D_m 为工件最大直径（m）
摇臂钻床	$P_N = 0.0646 D_m^{1.19}$	D_m 为最大钻孔直径（mm）
卧式镗床	$P_N = 0.004 D_m^{1.7}$	D_m 为镗杆直径（mm）
龙门铣床	$P_N = \dfrac{B^{1.15}}{166}$	B 为工作台宽度（mm）
外圆磨床	$P_N = 0.1KB$	B 为砂轮宽度（mm） 砂轮主轴用滚动轴承时，$K = 0.8 \sim 1.1$ 砂轮主轴用滑动轴承时，$K = 1.0 \sim 1.3$

表 7-2　不同机床的快速移动电动机功率

机床类型		运动部件	移动速度/（m/min）	快速移动电动机功率/kW
普通车床	$D_m = 400\text{mm}$	溜板	$6 \sim 9$	$0.6 \sim 1$
	$D_m = 600\text{mm}$	溜板	$4 \sim 6$	$0.8 \sim 1.2$
	$D_m = 1000\text{mm}$	溜板	$3 \sim 4$	3.2
摇臂钻床 $D_m = 35 \sim 75\text{mm}$		摇臂	$0.5 \sim 1.5$	$1 \sim 2.8$
升降台铣床		工作台	$4 \sim 6$	$0.8 \sim 1.2$
		升降台	$1.5 \sim 2$	$1.2 \sim 1.5$
龙门铣床		横梁	$0.25 \sim 0.5$	$2 \sim 4$
		横梁上的铣头	$1 \sim 1.5$	$1.5 \sim 2$
		立柱上的铣头	$0.5 \sim 1$	$1.5 \sim 2$

2）类比法。类比法就是在调查同类型生产机械所采用电动机额定功率的基础上，对主要参数和工作条件进行类比，从而确定新的生产机械所采用的电动机额定功率。

2. 电动机其他参数的选择

（1）种类的选择

1）对不要求电动机进行电气调速的场合或对起动性能要求不高的情况下，优先选用三相笼型异步电动机。三相笼型异步电动机具有结构简单、价格便宜、维护方便和运行可靠等优点，且三相交流电源是最普遍的动力电源，可以直接作为三相笼型异步电动机的电源。

2）对要求有较大的起动转矩和制动转矩、且要求过载能力大及可进行电气调速的生产机械，必须选用三相绕线转子异步电动机，以满足生产机械的要求。典型的生产机械如桥式起重机、电梯等都选用的是三相绕线转子异步电动机。

3）对于要求调速范围宽、调速平滑性好及控制精度高的生产机械，就要优先选用直流电动机。典型的生产机械如造纸机械、龙门刨床和电动车辆等都选用了直流电动机。

（2）电动机类型的选择　为了保证电动机可靠正常地工作以及防止周围介质对电动机的损害，必须根据不同的环境选择适当的电动机防护形式。

1）开启式。这类电动机的价格便宜，散热性好，但容易渗透水气、铁屑、灰尘及油垢等，从而影响电动机的寿命和正常运行。因此，它只能用于干燥及清洁的环境中。

2）防护式。这类电动机可防滴、防雨和防溅，并能防止外界物体从上面落入电动机内部，但不能防止潮气及灰尘的侵入。因此这类电动机适用于干燥、灰尘不多且没有腐蚀性和爆炸性气体的环境。在一般情况下均可选择这种类型的电动机。

3）封闭式。这类电动机又分为自扇冷却、他扇冷却及封闭式三种。前两种可用于潮湿、多腐蚀性、多灰尘和易受风雨侵蚀的环境中，第三种常用于浸入水中的环境中。这种电动机的价格较贵，一般情况下尽量少用。

4）防爆式。这种电动机主要应用于易燃易爆等危险的环境中。

思考与练习

1. 电动机的容量选择有哪些方法？
2. 电动机的工作制式有哪些？在设计中如何确定电动机的工作制式？

附　　录

附录 A　电气控制电路中的常用图形符号和文字符号

名　称	图形符号	文字符号	名　称	图形符号	文字符号
交流发电机	(G)	G	接机壳或接地板	⊥ 或 ⊥	PE
交流电动机	(M~)	M	单极控制开关	╱	SA
三相笼型异步电动机	(M 3~)	MC	三极控制开关	╱╱╱	SA
三相绕线转子异步电动机	(M 3~)	MW	隔离开关	╱	QS
直流发电机	(G)	GD	三极隔离开关	╱╱╱	QS
直流电动机	(M)	MD	负荷开关	╱	QSF
直流伺服电动机	(SM)	M	三极负荷开关	╱╱╱	QSF
交流伺服电动机	(SM~)	M	断路器	╱✕	QF
直流测速发电机	(TG)	G	三极断路器	╱╱╱	QF
交流测速发电机	(TG~)	G	双绕组变压器	⧖ 或 ⌇⌇	T
步进电动机	(M)	M	限位开关常开触头	╱	SQ

（续）

名　　称	图形符号	文字符号	名　　称	图形符号	文字符号
限位开关常闭触头		SQ	延时闭合常开触头		KT
作双向机械操作的限位开关		SQ	延时断开常开触头		KT
常开按钮		SB	延时闭合常闭触头		KT
常闭按钮		SB	延时断开常闭触头		KT
复合按钮		SB	接地一般符号		E
交流接触器线圈		KM	保护接地		PE
接触器常开主触头		KM	热继电器热元件		FR
接触器常闭主触头		KM	热继电器常闭触头		FR
中间继电器线圈		KA	熔断器		FU
电压互感器		TV	中间继电器常开触点		KA
欠电压继电器线圈	$U<$	KUV	中间继电器常闭触点		KA
断电延时继电器线圈		KT	过电流继电器线圈	$I>$	KOC
通电延时继电器线圈		KT	电流表	A	PA

（续）

名　称	图形符号	文字符号	名　称	图形符号	文字符号
电压表	(V)	PV	电磁制动器		YB
电能表	Wh	PJ	电磁离合器		YC
晶闸管		VTH	照明灯	⊗	EL
端子	°	X	信号灯		HL
电流互感器	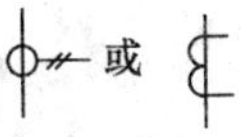 或	TA	二极管		VD
电阻器	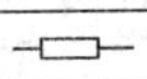	R	NPN 型晶体管		VT
电位器	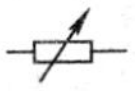	RP	NPN 型晶体管		VT
压敏电阻	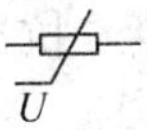 U	RV	控制电路用电源整流器		U
电容器一般符号		C			
电铃、蜂鸣器		HA	电抗器	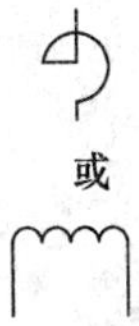 或	L
电磁铁		YA	极性电容器		C

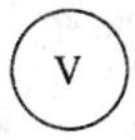

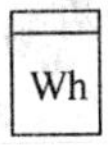

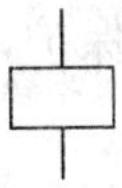

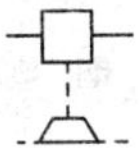

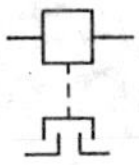

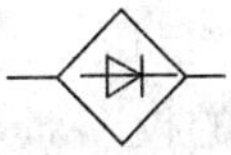

附录 B　中级维修电工试题

维修电工中级理论知识试卷

一、单项选择题（将正确答案的序号填入括号内）

1. 在商业活动中，不符合待人热情要求的是（　　）。

　A. 严肃待客，表情冷漠　　　　　　　B. 主动服务，细致周到

　C. 微笑大方，不厌其烦　　　　　　　C. 亲切友好，宾至如归

2. 下列关于勤劳节俭的论述中，正确的选项是（　　）。

　A. 勤劳一定能使人致富　　　　　　　B. 勤劳节俭有利于企业持续发展

C. 新时代需要巧干，不需要勤劳　　　　　D. 新时代需要创造，不需要节俭

3. 电路的作用是实现能量的传输和转换、信号的（　　　）和处理。

A. 连接　　　　　　B. 传输　　　　　　C. 控制　　　　　　D. 传递

4. 电阻器反映导体对（　　　）起阻碍作用的大小。

A. 电压　　　　　　B. 电动势　　　　　C. 电流　　　　　　D. 电阻率

5. （　　　）反映了在含电源的一段电路中，电流与该电路两端电压及电阻的关系。

A. 欧姆定律　　　　　　　　　　　　　B. 楞次定律

C. 部分电路的欧姆定律　　　　　　　　D. 全电路的欧姆定律

6. 用右手握住通电导体，让拇指指向电流方向，则弯曲四指的指向就是（　　　）。

A. 磁感应　　　　　B. 磁力线　　　　　C. 磁通　　　　　　D. 磁场方向

7. 稳压管虽然工作在反向击穿区，但只要（　　　）不超过允许值，PN 结就不会过热而损坏。

A. 电压　　　　　　B. 反向电压　　　　C. 电流　　　　　　D. 反向电流

8. 按钮联锁正反转控制电路的优点是操作方便，缺点是容易产生电源两相（　　　）的事故。

A. 断路　　　　　　B. 短路　　　　　　C. 过载　　　　　　D. 失电压

9. 各种绝缘材料机械强度的指标是（　　　）等各种强度指标。

A. 抗张、抗压、抗弯　　　　　　　　　B. 抗剪、抗撕、抗冲击

C. 抗张、抗压　　　　　　　　　　　　D. 含 A、B 两项

10. 丝锥的校准部分具有（　　　）的牙形。

A. 较大　　　　　　B. 较小　　　　　　C. 完整　　　　　　D. 不完整

11. 在供电为短路接地的电网系统中，人体触及外壳带电设备的触电方式为（　　　）。

A. 单相触电　　　　B. 两相触电　　　　C. 接触电压触电　　D. 跨步电压触电

12. 岗位的质量要求通常包括操作程序、工作内容、工艺规程及（　　　）等。

A. 工作计划　　　　B. 工作目的　　　　C. 参数控制　　　　D. 工作重点

13. 劳动安全卫生管理制度对未成年工给予了特殊的劳动保护，规定严禁一切企业招收未满（　　　）的劳动者。

A. 14 周岁　　　　　B. 15 周岁　　　　　C. 16 周岁　　　　　D. 18 周岁

14. 电工仪表按测量的机构和工作原理分，有（　　　）等。

A. 直流仪表和电压表　　　　　　　　　B. 电流表和交流仪表

C. 磁电系仪表和电动系仪表　　　　　　D. 安装式仪表和可携带式仪表

15. 为了提高被测值的精度，在选用仪表时，要尽可能使被测量值在满度值的（　　　）。

A. 1/2　　　　　　　B. 1/3　　　　　　　C. 2/3　　　　　　　D. 1/4

16. 直流仪表的准确度等级一般不低于 1.5 级，在缺少 1.5 级仪表时，可用 2.5 级仪表对其加以调整，使其在正常条件下误差达到（　　　）的标准。

A. 0.1 级　　　　　　B. 0.5 级　　　　　　C. 1.5 级　　　　　　D. 2.5 级

17. X6132 型卧式万能铣床的工作台变换进给速度时，当蘑菇形手柄向前拉至极限位置且在反向推回之前，借孔盘推动限位开关 SQ6 瞬时接通接触器（　　　），则进给电动机瞬时转动，使齿轮容易啮合。

A. KM2　　　　　　　B. KM3　　　　　　　C. KM4　　　　　　　D. KM5

18. 在 MGB1420 万能磨床的自动循环工作电路中，通过微动开关 SQ1、SQ2，限位开关 SQ3，万能转换开关 SC4，时间继电器（　　）和电磁阀 YV 与油路、机械方面配合实现磨削自动循环工作。

A. KA　　　　　　　　B. KM　　　　　　　　C. KT　　　　　　　　D. KP

19. 在 MGB1420 万能磨床系统中，工作电动机的转速为（　　）。

A. 0～1100r/min　　B. 0～1900r/min　　C. 0～2300r/min　　D. 0～2500r/min

20. 在 MGB1420 万能磨床晶闸管直流调速系统控制电路的辅助环节中，由 C_{15}、（　　）、R_{27} 及 RP5 等组成电压微分负反馈环节，以改善电动机运行时的动态性能。

A. R_{19}　　　　　　　B. R_{26}　　　　　　　C. RP2　　　　　　　D. R_{37}

21. 绘制电气原理图时，通常把主电路和控制电路分开，主电路用粗实线绘制在控制电路的左侧或上部，控制电路用（　　）绘制在主电路的右侧或下部。

A. 粗实线　　　　　　B. 细实线　　　　　　C. 点画线　　　　　　D. 虚线

22. 直流电动机转速不正常原因主要有（　　）等。

A. 换向器表面有油污　　　　　　　　B. 接线错误

C. 无励磁电流　　　　　　　　　　　　D. 励磁绕组短路

23. 直流电动机温升过高，发现通风冷却不良，此时应检查（　　）。

A. 起动、停止是否过于频繁　　　　　　B. 风扇扇叶是否良好

C. 绕组有无短路现象　　　　　　　　　D. 换向器表面是否有油污

24. 判断波形绕组开路故障时，在六极电动机中，换向器上应有（　　）烧毁的黑点。

A. 两个　　　　　　　B. 三个　　　　　　　C. 四个　　　　　　　D. 五个

25. 判断波形绕组短路故障时，对于六极电枢，当测量到短路线圈的两个线端中间的任何一根的时候，电压表上的读数大约等于（　　）。

A. 最大值　　　　　　　　　　　　　　B. 正常值的一半

C. 正常值的三分之一　　　　　　　　　D. 零

26. 造成交磁电机扩大机空载电压很低或没有输出的主要原因有（　　）。

A. 控制绕组断路　　B. 换向绕组短路　　C. 补偿绕组过补偿　　D. 换向绕组接反

27. X6123 型卧式万能铣床主轴停车时没有制动，若主轴电磁离合器 YC1 两端无直流电压，则应检查接触器（　　）的常闭触头是否接触良好。

A. KM1　　　　　　　B. KM2　　　　　　　C. KM3　　　　　　　D. KM4

28. 在进行 MGB1420 型磨床电气故障检修时，如果冷却泵电动机输入端电压不正常，则可能是（　　）接触不良，检测后可进一步检查、修理。

A. QS1　　　　　　　B. QS2　　　　　　　C. QS3　　　　　　　D. QS4

29. 在对称三相电路中，可采用一只单相功率表测量三相无功功率，其实际三相功率应是测量值乘以（　　）。

A. 2　　　　　　　　B. 3　　　　　　　　C. 4　　　　　　　　D. 5

30. 直流双臂电桥适用于测量（　　）的电阻。

A. 0.1Ω 以下　　　　B. 1Ω 以下　　　　C. 10Ω 以下　　　　D. 100Ω 以下

31. 晶体管图示仪在使用时，应合理选择峰值电压范围旋钮开关挡位。测量前，应当先

将峰值电压调节旋钮调到（ ），测量时逐渐增大，直至调到曲线出现击穿为止。

A. 零位   B. 中间位置   C. 最大   D. 任意位置

32. 总是在电路输出端并联一个（ ）二极管。

A. 整流   B. 稳压   C. 续流   D. 普通

33. 单相桥式全控整流电路的优点是提高了变压器的利用率，不需要带中间抽头的变压器，且（ ）。

A. 减少了晶闸管的数量   B. 降低了成本

C. 输出电压振动小   D. 不需要维护

34. 在制作 X6132 型卧式万能铣床电气控制板前，应当准备电工工具一套和钻孔工具一套。其中，钻孔工具包括手枪钻、（ ）及丝锥等。

A. 螺钉旋具   B. 电工刀   C. 台钻   D. 钻头

35. 在制作 X6132 型卧式万能铣床的电气控制板时，画出安装标记后进行钻孔、攻螺纹、去毛刺及修磨等工作，将电气控制板两面刷防锈漆，并在正面喷涂（ ）。

A. 黑漆   B. 白漆   C. 蓝漆   D. 黄漆

36. 在敷设 X6132 型卧式万能铣床电路时，垂直于面板方向的导线高度应与面板（ ）。

A. 相差 5mm   B. 相同   C. 相差 10mm   D. 相差 3mm

37. X6132 型卧式万能铣床电路的导线与端子连接时，如果导线较多，位置狭窄，不能很好地布置成束，则应采用（ ）的方式。

A. 单层分列   B. 多层分列   C. 横向分列   D. 纵向分列

38. 在安装 X6132 型卧式万能铣床的限位开关前，应检查限位开关的（ ）和撞块是否完好。

A. 支架   B. 动触头   C. 静触头   D. 弹簧

39. X6132 型卧式万能铣床床身立柱上的电气部件与升降台部件之间的连接导线用金属软管保护，其两端按有关规定应该用（ ）固定好。

A. 绝缘胶布   B. 卡子   C. 导线   D. 塑料套管

40. 起重机轨道的连接包括同一根轨道上接头处的连接和两根轨道之间的连接。两根轨道之间的连接通常采用 30mm × 30mm 扁钢或（ ）以上的圆钢。

A. 5mm   B. 8mm   C. 10mm   D. 20mm

41. 接地体制作完成后，应将接地体垂直打入土壤中，至少打入（ ）接地体，接地体之间相距 5m。

A. 2 根   B. 3 根   C. 4 根   D. 5 根

42. 以 20/5t 桥式起重机导轨为基础对供电导管进行调整，调整导管水平高度时，以悬吊梁为基准，在悬吊梁处测量并校准，直至误差（ ）。

A. ≤2mm   B. ≤2.5mm   C. ≤4mm   D. ≤6mm

43. 20/5t 桥式起重机限位开关的安装要求是：依据设计位置安装固定限位开关，限位开关的型号、规格要符合设计要求，以保证安全撞压、动作灵敏及（ ）。

A. 绝缘良好   B. 安装可靠   C. 触头使用合理   D. 便于维护

44. 桥式起重机导线进入接线端子箱时，线束用（ ）捆扎。

A. 绝缘胶布　　　　　　B. 蜡线　　　　　　　C. 软导线　　　　　　D. 硬导线

45. 橡胶软电缆供、馈电线路采用拖缆安装方式时，其结构两端的钢支架应采用 50mm ×50mm×5mm 角钢或槽钢焊制而成，并通过（　　）固定在桥架上。

A. 底脚　　　　　　　　B. 钢管　　　　　　　C. 角钢　　　　　　　D. 扁铁

46. 根据导线共管敷设的原则，下列各线路中不得共管敷设的是（　　）。

A. 有联锁关系的电力电路及控制电路　　B. 用电设备的信号电路和控制电路

C. 同一照明方式的不同支路　　　　　　D. 工作照明电路

47. 对小容量晶闸管调速电路的要求是：调速平滑、（　　）及稳定性好。

A. 可靠性高　　　　B. 抗干扰能力强　　　C. 设计合理　　　　D. 适用性好

48. 小容量晶体管调速器电路中的电压负反馈环节由 R_{16}、R_3 和（　　）组成。

A. RP6　　　　　　　　B. R_9　　　　　　　　C. R_{16}　　　　　　　D. R_{20}

49. 在小容量晶体管调速器电路的电流截止反馈环节中，信号从主电路电阻 R_{15} 和并联的 RP_5 取出，经二极管（　　）进入 VT1 的基极，VD_{15} 起电流截止反馈的开关作用。

A. VD_8　　　　　　　B. VD_{11}　　　　　　C. VD_{13}　　　　　　D. VD_{15}

50. 在 X6132 型卧式万能铣床的主轴制动时，元件动作的顺序为：SB1（或 SB2）动作 →KM1、M1 失电→（　　）常闭触头闭合→YC1 得电。

A. KM1　　　　　　　　B. KM2　　　　　　　C. KM3　　　　　　　D. KM4

51. X6132 型卧式万能铣床工作台进给变速冲动时，先将蘑菇形手柄向外拉出并转动手柄，将转盘调到所需进给速度，然后将蘑菇形手柄拉到极限位置，这时连杆机构压合 SQ6，（　　）接通正转。

A. M1　　　　　　　　B. M2　　　　　　　　C. M3　　　　　　　D. M4

52. 在 MGB1420 万能磨床工作台快速进给时，将操作手柄扳倒相应位置，按下按钮 SB5，（　　）得电，其辅助触头接通 YC3，工作台就按选定的方向快进。

A. KM1　　　　　　　　B. KM2　　　　　　　C. KM3　　　　　　　D. KM4

53. 在进行 MGB1420 万能磨床电动机转速稳定调整时，调节（　　）可调节电压微分负反馈，以改善电动机运行时的动态性能。

A. RP1　　　　　　　　B. RP2　　　　　　　C. RP4　　　　　　　D. RP5

54. 在 MGB1420 万能磨床中，一般在触发大容量的晶闸管时，C 应选得大一些，如晶闸管是 50A 的，C 应选（　　）。

A. $0.47\mu F$　　　　　B. $0.2\mu F$　　　　　C. $2\mu F$　　　　　　D. $5\mu F$

55. 对 20/50t 桥式起重机电动机定子回路调试时，在断电的情况下，顺时针方向扳动凸轮控制器操作手柄，同时用万用表 $R\times1\Omega$ 挡测量 2L-3W 及 2L1-U，在（　　）挡速度内应始终保持导通。

A. 2　　　　　　　　　B. 3　　　　　　　　　C. 4　　　　　　　　D. 5

56. 在 20/50t 桥式起重机主钩下降控制过程中，空载慢速下降，可以利用制动"2"挡配合强力下降（　　）挡交替操纵实现控制。

A. "1"　　　　　　　　B. "3"　　　　　　　C. "4"　　　　　　　D. "5"

57. 在进行较复杂机械设备电气控制电路的调试前，应准备的仪器主要有（　　）。

A. 钳形电流表　　　　B. 电压表　　　　　　C. 万用表　　　　　　D. 调压表

58. 在进行较复杂机械设备的开环调试时，应用示波器检查整流器与（　　）二次侧相对相序、相位是否一致。

    A. 脉冲变压器　　　　　B. 同步变压器　　　　　C. 旋转变压器　　　　　D. 自耦变压器

59. CA6140 型车床控制系统中，三相交流电源通过电源开关引入端子板，并分别接到接触器 KM1 和熔断器 FU1 上，从接触器 KM1 引出的导线应接到热继电器 FR1 上，并与电动机（　　）相连接。

    A. M1　　　　　　　　B. M2　　　　　　　　C. M3　　　　　　　　D. M4

60. 电气测绘时，一般先测绘（　　），后测绘各回路。

    A. 输入端　　　　　　　B. 主干线　　　　　　　C. 简单后复杂　　　　　D. 主线路

二、判断题（将判断结果填入括号中；正确的填"√"，错误的填"×"）

61. 在职业活动中一贯地诚实守信会损害企业的利益。（　　）

62. 要做到办事公道，在处理公私关系时，要公私不分。（　　）

63. 创新既不能墨守成规，也不能标新立异。（　　）

64. 磁感应强度只决定于电流的大小和线圈的几何形状，与磁介质无关，而与磁导率有关。（　　）

65. 读图的基本步骤有：看图样说明、看主电路和看安装接线。（　　）

66. 电伤是造成触电死亡的主要原因，是最严重的触电事故。（　　）

67. 在爆炸危险场所，若有良好的通风装置，则能降低爆炸性混合物的浓度，场所危险等级可以降低。（　　）

68. 在电气设备上工作，应填用工作票或按命令执行，其方式有两种。（　　）

69. 劳动者的基本义务中不应包括卷宗职业道德。（　　）

70. 从仪表的测量对象上分，电流表可以分为直流电流表和交流电流表。（　　）

71. 非重要电路的 2.5 级电流表允许使用 3.0 级的电流互感器。（　　）

72. 在 500V 及以下的直流电路中，不允许使用直接接入的带分流器的电流表。（　　）

73. X6132 型卧式万能铣床进给运动时，用于控制工作台向后和向上运动的限位开关是 SQ3。（　　）

74. X6132 型卧式万能铣床工作台向上运动时，压下 SQ2 手柄，工作台即可按选择方向做进给运动。（　　）

75. X6132 型卧式万能铣床的冷却泵和机床照明灯使用同一开关控制。（　　）

76. 在 MGB1420 万能磨床的内外磨砂轮电动机控制电路中，FR1 ～ FR4 四只热继电器均起过载保护作用。（　　）

77. 在 MGB1420 万能磨床晶闸管直流调速系统控制电路的同步信号输入环节中，FR1 ～ FR3 三只热继电器均起过载保护作用。（　　）

78. 在 MGB1420 万能磨床晶闸管直流调速系统控制电路的同步信号输入环节中，当控制电路交流电源电压过零的瞬间反向电压为 0，V36 瞬时导通，电容 C_3 放电，以清除残余脉冲电压。（　　）

79. 在 MGB1420 万能磨床晶闸管直流调整系统控制电路的电源部分，由 V9 经 R_{20}、V30 稳压后取得 +15V 电压，以供给定信号电压和电流截止负反馈等电路使用。（　　）

80. 当切削液进入电刷时，会造成直流伺服电动机运行噪声过大。（　　）

81. 复查及调整交磁电机扩大机的电刷中心线位置时，通常使用感应法进行校正。（　　）

82. 电机扩大机总是按欠补偿调整的，故其比值总是大于1。（　　）

83. 当 X6132 型卧式万能铣床工作台不能快速进给时，经检查 KM2 已吸合，则应检查 KM1 的主触头是否接触不良。（　　）

84. 晶闸管的性能与温度有较大的关系，测量时为了得出正确的结果，可将晶闸管放在恒温箱内加热到 $60 \sim 80℃$（不得超过 $100℃$）后，再测量阳极和阴极之间的正反向电阻。
（　　）

85. 使用双踪示波器可以直接观测两路信号的时间差值，一般情况下，被测信号频率较低时采用交替方式。（　　）

86. 同步测速发电机可分为永磁式、感应式和脉冲式三种。（　　）

87. 双向晶闸管的额定电流是指正弦半波平均值。（　　）

88. 过电压保护的作用是：一旦有大电流产生威胁晶闸管时，能在允许时间内快速地将过电流切断，以防晶闸管损坏。（　　）

89. 桥式起重机支架安装要求牢固、水平和排列整齐。（　　）

90. 起重机照明及信号电路所取得的电源，严禁利用起重机壳体或轨道作为工作零线。
（　　）

91. 桥式起重机电线管路固定后，要求不妨碍运动部件和操作人员活动。（　　）

92. 供、馈电线路接好线后，移动小车，观察拖缆拖动情况，吊环不阻滞、电缆受力合理即可准备试车。（　　）

93. 绕线转子电动机转子的导线允许电流，不能按电动机的工作制确定。（　　）

94. 断续工作制的周期时间 $T_g \leqslant 10\text{min}$、工作时间 $t_g \leqslant 4\text{min}$ 时，导线的允许电流由下述情况确定：截面积等于 10mm^2 的导线，其允许电流按连续工作制计算。（　　）

95. X6132 型卧式万能铣床工作台纵向移动由横向操作手柄来控制。（　　）

96. X6132 型卧式万能铣床工作台的快速移动是通过点动与连续控制实现的。（　　）

97. MGB1420 万能磨床试车时，将 SA1 转到"关"的位置，中间继电器 KA1 接通电位器 RP_6。（　　）

98. MGB1420 万能磨床的电动机空载通电调试时，给定电压信号逐渐上升，电动机速度应平滑上升，无振动、噪声等异常情况。否则，应反复调节 RP_6，直到达到最佳状态为止。

99. 20/5t 桥式起重机保护功能校验与零位启动校验两者步骤不同。

100. CA6140 型车床的公共控制电路是 0 号线。

试 题 库

一、判断题（对的画 ✓，错的画 ×）

1. 电压继电器有过电压和欠电压两种，一般都采用电磁式。与电流继电器的不同之处在于：电压继电器的线圈匝数多且线径小。（　　）

2. 磁路和电路一样，也有开路状态。（　　）

3. 变压器的故障可分为内部故障和外部故障。（　　）

4. 电压调整率是变压器的主要性能指标之一，对于电力变压器，由于一、二次绕组的

电阻和漏抗都很小，因此额定负载时，电压调整率约为 4% ~ 6%。 （　　）

5. 变压器温度的测量主要是通过对其油温的测量来实现的。如果发现油温较平时相同条件下高出 10℃时，应考虑变压器内发生了故障。 （　　）

6. 在变压器空载试验时，为了便于选择仪表和设备以及保证安全，一般都在低压侧接仪表和电源，而将高压侧开路。 （　　）

7. 变压器的铜耗是通过空载试验测得的，而变压器的铁耗则是通过短路试验测得的。
（　　）

8. 变压器铁心性能试验的主要内容是测试空载电源和空载损耗。 （　　）

9. 变压器在运行中其总损耗是随负载的变化而变化的，其中铁耗是不变的，而铜耗是变化的。 （　　）

10. 随着负载的变化，变压器的效率也在发生变化。当可变损耗大于不变损耗时，其效率将达到最高。 （　　）

11. 电焊变压器必须有较高的电抗，而且可以调节，其外特性应是陡降的。 （　　）

12. 从空载到满载，变压器的磁滞损耗和涡流损耗是基本不变的。 （　　）

13. 变压器同心绕组常把低压绕组装在里面，高压绕组装在外面。 （　　）

14. 从变压器的下部截门补油会使变压器底的脏物冲入绕组内，影响变压器的绝缘和散热。 （　　）

15. 电力系统的不正常工作状态不是故障，但不正常工作状态可能会上升为故障。
（　　）

16. 线圈绝缘处理工艺主要包括预烘、浸漆和干燥三个过程。 （　　）

17. 触头的电磨损是由触头间电弧的高温使触头金属汽化和蒸发造成的。机械磨损是由于触头接触面撞击造成的。 （　　）

18. 自耦变压器具有多个抽头，以获得不同的电压比。笼型电动机采用自耦变压器减压起动时，其起动电流和起动转矩均按电压比的 $\frac{1}{K}$ 变化。 （　　）

19. 采用自耦变压器减压起动的方法适用于容量较大的、工作时定子绕组为 △ 联结的笼型电动机。 （　　）

20. 气体继电器装在电力变压器的油箱和储油柜之间的连接管道中间。 （　　）

21. 三相定子绕组的磁极数越多，则其对应的极距 τ 就越大。 （　　）

22. 双层绕组可以选择最有利的节距，以使电动机的旋转磁场波形接近正弦波。（　　）

23. 对于三相绕线转子异步电动机，无论其定子绕组还是转子绕组均由三相结构完全相同、空间互差 120° 电角度的绕组构成。 （　　）

24. 三相变极多速异步电动机不管采用什么办法，当 $f = 50$Hz 时，电动机最高转速只能低于 3000r/min。 （　　）

25. 气隙磁场为脉振磁场的单相异步电动机能自行起动。 （　　）

26. 双值电容电动机既具有较大的起动转矩，又具有较高的效率和功率因数。 （　　）

27. 变阻调速不适合笼型异步电动机。 （　　）

28. 电枢回路串电阻的调速方法，由于能量损耗小，所以应用很广泛。 （　　）

29. 单相罩极异步电动机具有结构简单、制造方便等优点，所以在洗衣机上也被采用。
（　　）

30. 深槽式与双笼型三相异步电动机,起动时由于趋肤效应而增大了转子电阻,因此具有较高的起动转矩。 （ ）

31. 三相异步电动机定子绕组的磁极数越多,其对应的转距就越大。 （ ）

32. 电动机在工作过程中,温升越低越好。 （ ）

33. 三相笼型异步电动机在运行时,若电源电压下降,则定子电流变小。 （ ）

34. 三相笼型异步电动机直接起动时,其起动转矩为额定转矩的 4～7 倍。 （ ）

35. 对于三相笼型异步电动机,无论其定子绕组还是转子绕组均由三相结构完全相同、空间互差 120°电角度的绕组构成。 （ ）

36. 根据生产机械的需要选择电动机时,应优先选用三相笼型异步电动机。 （ ）

37. 气隙磁场为旋转磁场的三相异步电动机能自行起动。 （ ）

38. 变阻调速适合于绕线转子异步电动机。 （ ）

39. 直流发电机的电枢绕组中通过的是电动势。 （ ）

40. 直流发电机的电枢绕组中通过的是直流电。 （ ）

41. 并励直流发电机绝对不允许短路。 （ ）

42. 直流发电机的过载保护采用热继电器。 （ ）

43. 直流发电机的弱磁调速保护采用欠电流继电器。 （ ）

44. 要改变他励直流发电机的旋转磁场方向,必须同时改变电动机电枢电压的极性和励磁电压的极性。 （ ）

45. 一台并励直流电动机,若改变电源极性,则电动机转向也一定改变。 （ ）

46. 直流电动机的人为机械特性比固有机械特性软。 （ ）

47. 提升位能负载时的工作点在第一象限内,而下放位能负载时的工作点在第四象限内。 （ ）

48. 他励直流电动机的减压调速属于恒转矩调速方式,因此只能拖动恒转矩负载运行。 （ ）

49. 他励直流电动机的减压调速或串电阻调速时,最大静差率数值越大,调速范围也越大。 （ ）

50. 两相对称绕组通入两相对称交流电流,其合成磁动势为旋转磁动势。 （ ）

51. 改变电源相序可以改变三相旋转磁动势的转向。 （ ）

52. 不管异步电动机转子是旋转还是静止,转子磁动势都是相对静止的。 （ ）

53. 三相异步电动机的转子不动时,经由气隙传递到转子侧的电磁功率全部转化为转子铜耗。 （ ）

54. 三相异步电动机的最大电磁转矩 T_m 的大小与转子电阻 R_2 阻值无关。 （ ）

55. 通常三相笼型异步电动机定子绕组和转子绕组的相数不相等,而三相绕线转子异步电动机定子绕组和转子绕组的相数相等。 （ ）

56. 变频调速适合于笼型异步电动机。 （ ）

57. 变极调速只适合于笼型异步电动机。 （ ）

58. 改变转差率调速只适合于绕线转子异步电动机。 （ ）

59. 当三相异步电动机转子不动时,转子绕组电流的频率与定子绕组电流的频率相同。 （ ）

60. 直流电动机的电磁转矩是驱动性质的。因此，稳定运行时，大的电磁转矩对应的转速就高。　　　　　　　　　　　　　　　　　　　　　　　　　　　　　　　（　　　）

61. 三相异步电动的转子转速不可能大于其同步转速。　　　　　　　　　（　　　）

62. 三相异步电动机频敏变阻器起动，起动过程中其等效电阻的变化是从大变小，其电流变化是从小变大。　　　　　　　　　　　　　　　　　　　　　　　　（　　　）

63. 绕线转子异步电动机采用频敏变阻器起动，若起动时转矩过大则会产生机械冲击。　　　　　　　　　　　　　　　　　　　　　　　　　　　　　　　　（　　　）

64. 桥式起重机下放重物时，电动机产生的电磁转矩和重物力矩方向相反，电动机串入电阻越多，重物下降的速度越慢。　　　　　　　　　　　　　　　　　　　（　　　）

65. 双速三相异步电动机调速时，将定子绕组由原来的△联结改成丫丫联结，可使电动机的极对数减少一半，使转速增加一倍。　　　　　　　　　　　　　　　　　（　　　）

66. 在统一供电系统中，三相负载接成星形和三角形所吸收的功率是相等的。　（　　　）

67. 在中、小型电力变压器的检修中，用起重机吊起器身时，应尽量把吊钩装得高些，使吊器身所用钢绳的夹角不大于45°，以避免油箱盖板弯曲变形。　　　　　　（　　　）

68. 当加到二极管上的反向电压增大到一定数值时，反向电流会突然增大，该反向电压值称为反向击穿电压，此现象被称为反向击穿现象。　　　　　　　　　　　（　　　）

69. 只要在三相交流异步电动机的每相定子绕组中都通入交流电流，便可产生定子旋转磁场。　　　　　　　　　　　　　　　　　　　　　　　　　　　　　　　（　　　）

70. 为使晶闸管能够可靠地触发，要求触发脉冲具有一定的幅度和宽度，尤其是带感性负载时，脉冲具有一定的宽度更为重要。　　　　　　　　　　　　　　　　　（　　　）

71. 只要一、二次额定电压有效值相等的三相变压器，就可以多台并联运行。　（　　　）

72. 直流弧焊发电机电刷磨损后，应同时换掉全部电刷。　　　　　　　　　（　　　）

73. 直流电动机的电刷一般用石墨粉压制而成。　　　　　　　　　　　　　（　　　）

74. 三相笼型异步电动机铭牌标明：额定电压380/220V，丫-△联结，是指当电源电压为380V时，这台异步电动机可以采用丫-△减压起动。　　　　　　　　　　　（　　　）

75. 三相笼型异步电动机采用减压起动的目的是为了降低起动电流，同时增加起动转矩。　　　　　　　　　　　　　　　　　　　　　　　　　　　　　　　　（　　　）

76. 采用丫-△减压起动时，起动电流和起动转矩都减小为直接起动时的1/3。　（　　　）

77. 三相异步电动机在满载运行时，若电源电压突然降低到允许范围以下，则三相异步电动机的转速将下降，三相电流同时减小。　　　　　　　　　　　　　　　（　　　）

78. 三相异步电动机在运行中若发生一相断路，则电动机将会停止运行。　　（　　　）

79. 长期闲置的异步电动机，使用时可以直接起动。　　　　　　　　　　　（　　　）

80. 三相异步电动机采用熔丝保护，当其电流达到熔丝额定电流时，熔丝立即熔断。　　　　　　　　　　　　　　　　　　　　　　　　　　　　　　　　　（　　　）

81. 接触器一般只能对电压的变化做出反应，继电器可以在相应的各种电量或非电量作用下动作。　　　　　　　　　　　　　　　　　　　　　　　　　　　　　（　　　）

82. 三相绕线转子异步电动机转子串入频敏变阻器起动，实质上是串入一个随转子电流频率变化的可变电阻，与转子回路串入可变电阻起动的效果是相似的。　　　　（　　　）

83. 绕线转子异步电动机可以改变极对数进行调速。　　　　　　　　　　　（　　　）

84. 主令电器主要用来接通和分断主电路。（　　）

85. 一台使用不久且绝缘未老化的直流电机，若一两个线圈有短路故障，则检修时可以切断短路线圈，在与其连接的两个换向片上接以跨接线，使其继续使用。（　　）

86. 若变压器一次电压低于额定电压，则不论负载如何，它的输出功率一定低于额定功率，温升也必然小于额定温升。（　　）

87. 对于异步电动机，其定子绕组匝数增多会造成嵌线困难、浪费铜线，并会增大电动机漏抗，从而降低最大转矩和起动转矩。（　　）

88. 三相异步电动机的定子绕组无论是单层还是双层，其节距都必须是整数。（　　）

89. 具有电抗器的电焊变压器，若减少电抗器的铁心气隙，则漏抗增加，焊接电流增大。（　　）

90. 桥式起重机在下坡轻载或空载时，电动机的电磁转矩和负载转矩方向相同，电动机串入的电阻越多，负载的下降速度越慢。（　　）

91. 单量程交流电压表测量 6kV 电压时，应使用电压互感器。（　　）

92. 准确度等级为 1.0 级、量程为 10A 的电流表测量 8A 电流时的最大相对误差为 ±1%。（　　）

93. 仪器仪表的存放位置不应在强磁场周围。（　　）

94. 单相交流电路计算有功功率的公式是 $P = UI$。（　　）

95. 交流耐压试验是鉴定电气设备绝缘强度最有效和最直接的方法。（　　）

96. 三相电压互感器的联结组别是指一、二次绕组线电压间的相位关系。（　　）

97. 仪表在使用一段时间或检修后，按规定都要进行校验，检查其准确度和其他技术指标是否符合要求。（　　）

98. 测量 1000V 以上的电力电缆绝缘电阻时，应选用 1000V 的绝缘电阻表进行测量。（　　）

99. 介质损失角正切值的测量，通常采用西林电桥，又称高压交流平衡电桥。（　　）

100. 交流耐压试验调压设备的容量应等于或稍大于试验变压器的容量。（　　）

101. 当晶闸管导通后，可以靠管子本身的放大作用来维持其导通状态。（　　）

102. 当单结晶体管的发射极电压高于峰值电压时就导通。（　　）

103. 晶闸管的导通角 θ 越大，其控制角 α 就越大。（　　）

104. 晶闸管门极上的触发电压一般都超过 10V。（　　）

105. 将 T 触发器一级一级地串联起来，就可以组成一个异步二进制加法计数器。（　　）

106. 把直流电变成交流电的电路称为整流电路。（　　）

107. 触发导通的晶闸管，当阳极电流减小到低于维持电流时，晶闸管仍然维持状态。（　　）

108. TTL 与非门输入端全部接高电平时，输出为低电平。（　　）

109. 或非门 RS 触发器的触发信号为正脉冲。（　　）

110. 直流单臂电桥的比例选择原则是：使比较臂的电阻值乘以比例级数等于被测电阻的值。（　　）

111. 改变直流单臂电桥的供电电压值对电阻的测量准确度也会产生影响。（　　）

112. 用晶体管图示仪观察共发射极放大电路的输入特性时，X 轴作用开关应置于基极电压，Y 轴作用开关应置于基极电流或基极电源电压。（　　）

113. 电磁系仪表既可以测量直流电量，也可以测量交流电量，且测交流时的刻度与测直流时的刻度相同。（　　）

114. 使用示波器时，应将被测信号接入 Y 轴输入端钮。（　　）

115. 同步示波器一般采用了连续扫描方式。（　　）

116. 克服零点漂移最有效的措施是采用交流负反馈电路。（　　）

117. 硅稳压管稳压电路只适合于负载较小的场合，且输出电压不能任意调节。（　　）

118. 普通示波器所要显示的是被测电压信号随频率变化的波形。（　　）

119. 直流双臂电桥可以精确地测量电阻值。（　　）

120. 晶闸管触发电路的形式很多，但都由脉冲形成同步移相和脉冲移相几部分组成。（　　）

121. 用直流单臂电桥测量电阻时，如果按下电源和检流计按钮后，若指针正偏，则应减小比较臂的电阻值；反之应增大比较臂的电阻值。（　　）

122. 二极管正向动态电阻的大小，随流过二极管的电流变化而变化，是不固定的。（　　）

123. 用示波器测量电信号时，被测信号必须通过专用探头引入示波器，不用探头就不能测量。（　　）

124. 电桥的灵敏度只取决于所用检流计的灵敏度，而与其他因素无关。（　　）

125. 工厂企业的供电方式一般有一次降压供电方式和二次降压供电方式两种。（　　）

126. 负荷开关主触头和辅助触头的动作顺序是：合闸时主触头先接触；分闸时主触头先分离，辅助触头后分离。（　　）

127. 电压互感器的高压侧熔断器连续熔断时，必须查明原因，不得擅自加大熔断器的容量。（　　）

128. 避雷器可用来防止直击雷。（　　）

129. 用隔离开关可以拉、合无故障的电压互感器和避雷器。（　　）

130. 电流互感器在使用时允许二次侧开路。（　　）

131. 发电厂和变电装设消弧圈是用来平衡故障电流中因电路对地电容所产生的超前电流分量。（　　）

132. 为了防止断路器电磁机构的合、分铁心生锈和卡阻，在检修维护时，铁心上应涂抹润滑漆。（　　）

133. 生产管理是对企业产品生产的计划、组织和控制。（　　）

134. PLC 基本模拟量处理功能：通过模拟量 I/O 模块可对温度、压力、速度及流量等连续变化的模拟量进行控制，编程非常方便。（　　）

135. 重复使用 MRD 指令，可多次使用同一运算结果，当使用完毕时，一定要用 MPP 指令。（　　）

136. PLC 内存容量是存放用户程序的容量。在 PLC 中，程序指令是按条件存放的（一条指令往往不止一"步"），一"条"占用一个地址单元，一个地址单元一般占用两个字节。（　　）

137. 寄存器的配置是衡量 PLC 硬件功能的一个指标。（　　）

138. PLC 的档次越高，所用的 PLC 的位数越多，运算速度越快，功能越强。（　　）

139. PLC 配有用户存储器和系统存储器两种存储器。前者用来存放系统程序，后者用来存放用户编制的控制程序。常用类型有 ROM RAM、EPROM 和 EEPROM。（　　）

140. EPROM 称做电可擦除只读存储器，除可用紫外线擦除外，还可用电擦除，它不需要专用写入器，只要用编程器就能方便地对所存储的内容实现"在线修改"，所写入的数据内容能在断电情况下保持不变，目前在 PLC 中广泛使用。（　　）

141. PLC 的输出形式是继电器触头输出。（　　）

142. PLC 采用循环扫描工作方式。（　　）

143. X120 表示输入继电器（寄存器）WX12 的第 0 位。（　　）

144. 定时器与计数器的编号是统一编排的，出厂时按照计数器在前，定时器在后进行编号。（　　）

145. 索引寄存器还可以以索引指针的形式与寄存器或常数一起使用，可起到寄存器地址或常数的修正作用。（　　）

146. 所有寄存器（word）和 T、C 的编号均为十六进制数，只有 X、Y、R 触头（bit）编号的最后一位是十进制数。（　　）

147. 基本顺序控制指令是以字（word）为单位的逻辑操作，是构成继电器控制电路的基础。（　　）

148. OR 是串联常开触头指令，把原来保存在结果寄存器中的逻辑操作结果与指定的继电器内容相"与"，并把这一逻辑运算结果存入结果存入寄存器。（　　）

149. AN 是并联常开触头指令，把结果寄存器的内容与指定继电器的进行逻辑"或"，并把操作结果存入结果寄存器。（　　）

150. 指令 ORS 可实现多个指令块的"与"运算。（　　）

151. 车间配电装置的基本要求是：布局合理、整齐美观、安装牢固、维修方便和安全可靠。（　　）

152. 高压断路器在电路中的作用是：在正常负荷下闭合和断开电路，在电路发生短路故障时通过继电器保护装置的作用将电路自动断开。故高压断路器承担着控制和保护的双重任务。（　　）

二、选择题（将正确答案的序号填入括号内）

1. 测量 1Ω 以下的电阻，如果要求准确度高，应选用（　　）。

A. 万用表 $R \times 1\Omega$ 挡　　B. 毫伏表及电流表　　C. 单臂电桥　　D. 双臂电桥

2. 工厂中进行日常检修时的电工测量，应用最多的是（　　）。

A. 指示仪表　　　　　　B. 比较仪表　　　　　C. 示波器　　　　D. 电桥

3. 为了保证测量准确度，选择测量仪表时的标准为（　　）。

A. 准确度等级越高越好

B. 准确度等级越低越好

C. 不必考虑准确度等级

D. 根据实际工作环境及测量要求选择一定准确度等级的测量仪表

4. MF30 型万用表采用的是（　　）测量机构。

A. 电磁系　　　　　　B. 磁电系　　　　　　C. 感应系　　　　　　D. 电动系

5. 便携式交流电压表通常采用（　　）测量机构。

A. 电动系　　　　　　B. 电磁系　　　　　　C. 静电系　　　　　　D. 磁电系

6. 在正弦交流电的波形图上，若两个正弦量正交，则说明这两个正弦量的相位差是（　　）。

A. 180°　　　　　　　B. 60°　　　　　　　C. 90°　　　　　　　D. 0°

7. 测量三相四线制不对称负载的无功电能，应用（　　）。

A. 具有60°相位的三相无功电能表　　　　B. 三相有功电能表

C. 具有附加电流线圈的三相无功电能表　　D. 单相有功电能表

8. 对电缆进行直流耐压试验时，其优点之一是避免（　　）对良好绝缘起永久性破坏作用。

A. 直流电压　　　　　B. 交流低压　　　　　C. 交流高压　　　　　D. 交流电流

9. 一功耗2000W、电压为80V的负载，应按第（　　）种方案选择功率表量限来测量该负载功率。

A. 5A，150V　　　　　B. 5A，300V　　　　　C. 10A，150V　　　　D. 10A，300V

10. 对交流电器而言，若操作频率过高会导致（　　）。

A. 铁心过热　　　　　B. 线圈过热　　　　　C. 触头过热　　　　　D. 触头烧毛

11. 修理变压器时，若保持额定电压不变，而一次绕组匝数比原来少了一些，则变压器的空载电流与原来相比（　　）。

A. 增大一些　　　　　B. 减少一些　　　　　C. 不变

12. 变压器绕组若采用交叠式放置，为了绝缘方便，一般在上下磁轭的位置安放（　　）。

A. 低压绕组　　　　　B. 高压绕组　　　　　C. 中压绕组

13. 在三相绕线转子异步电动机的各个起动过程中，频敏变阻器的等效阻抗变化趋势（　　）。

A. 由小到大　　　　　B. 由大到小　　　　　C. 恒定不变

14. 三相异步电动机温升过高或冒烟，可能原因是（　　）。

A. 绕组受潮　　　　　　　　　　　　　　B. 转子不平衡

C. 定子与绕组相擦　　　　　　　　　　　D. 三相异步电动机断相运行

15. 变压器的短路试验是在（　　）的条件下进行的。

A. 低压侧开路　　　　B. 高压侧开路　　　　C. 低压侧短路　　　D. 高压侧短路

16. 直流发电机在原动机的拖动下旋转，电枢切割磁力线产生（　　）。

A. 正弦交流电　　　　B. 非正弦交流电　　　C. 直流电　　　　　　D. 脉动直流电

17. 直流电机的换向极绕组必须与电枢绕组（　　）。

A. 串联　　　　　　　B 并联　　　　　　　C. 垂直　　　　　　　D. 磁通方向相反

18. 并励直流电动机的机械特性为硬特性，当电动机负载增大时，其转速（　　）。

A. 下降很多　　　　　B. 下降很少　　　　　C. 不变　　　　　　　D. 略有上升

19. 已知某台电动机的电磁功率为9kW，转速为900r/min，则其电磁转矩为（　　）N·m。

A. 10　　　　　　　B. 30　　　　　　　C. 100　　　　　　D. $300/\pi$

20. 三相异步电动机反接制动时，采用对称电阻接法可以在限制制动转矩的同时限制（　　　）。

A. 制动电流　　　　B. 起动电流　　　　C. 制动电压　　　　D. 起动电压

21. 一台并励直流发电机空载运行于某一电压下，若将其转速升高 10%，则发电机的端电压将（　　　）。

A. 升高 10%　　　　　　　　　　　　B. 不变

C. 升高，且大于 10%　　　　　　　　D. 升高，但小于 10%

22. 一台并励直流电动机若改变电源极性，则电动机的转向（　　　）。

A. 变　　　　　　　B. 不变　　　　　　C. 不确定

23. 一台直流电动机需进行转速的调节，为了得到较好的稳定性，应采用（　　　）。

A. 电枢回路串电阻　　B. 改变电压　　　　C. 减弱磁通

24. 直流电动机调压的人为机械特性和固有机械特性相比（　　　）。

A. 软　　　　　　　B. 相同　　　　　　C. 硬

25. 他励直流电动机的转速为（　　　）时，发生回馈制动。

A. $n = n_0$　　　　　B. $n < n_0$　　　　　C. $n > n_0$

26. 直流电动机带位能性恒转矩负载采用能耗制动时，稳态运行工作点在（　　　）。

A. 第一象限　　　　B. 第二象限　　　　C. 第三象限　　　D. 第四象限

27. 他励直流电动机采用电枢回路串电阻调速时，其机械特性斜率（　　　）。

A. 增大　　　　　　B. 减小　　　　　　C. 不变

28. 一台他励直流电动机采用降压调速后，电动机的转速（　　　）。

A. 升高　　　　　　B. 降低　　　　　　C. 不变

29. 直流电动机转子串电阻的人为机械特性和固有机械特性相比（　　　）。

A. 软　　　　　　　B. 相同　　　　　　C. 硬

30. 直流电动机带位能性恒转矩负载采用能耗制动时，瞬间工作点在（　　　）。

A. 第一象限　　　　B. 第二象限　　　　C. 第三象限　　　D. 第四象限

31. 直流电动机电刷在几何中心线上，如果磁路饱和，这时电枢的反应是（　　　）。

A. 退磁　　　　　　B. 助磁　　　　　　C. 不退磁也不助磁

32. 他励直流电动机的人为机械特性与固有机械特性相比，其理想空载转速和斜率均发生了变化，那么该人为机械特性一定是（　　　）。

A. 串电阻的人为机械特性　　　　　　B. 降电压的人为机械特性

C. 弱磁的人为机械特性

33. 直流电动机电枢的波绕组并联支路对数是（　　　）。

A. $a = 1$　　　　　B. $a = p$　　　　　C. $a > p$　　　　　D. $a < 1$

34. 在下列选项中，（　　　）不是他励直流电动机的制动方法。

A. 能耗制动　　　　B. 反接制动　　　　C. 回馈制动　　　D. 电磁制动

35. 直流电动机带负载后，气隙中的磁场是（　　　）。

A. 励磁磁场　　　　B. 电枢磁场　　　　C. 励磁磁场和电枢磁场共同作用

36. 4 极三相异步电动机定子圆周对应的电角度为（　　　）。

A. 360°　　　　　　　　B. 720°　　　　　　　C. 1440°

37. 直流电动机的过载保护是指电动机的（　　　）。

A. 过电压保护　　　　B. 过电流保护　　　　C. 超载保护　　　　D. 短路保护

38. 三相异步电动机的定子绕组若为双层绕组，则一般采用（　　　）。

A. 整距绕组　　　　　B. 短距绕组　　　　　C. 长距绕组

39. 三相异步电动机的额定功率是指（　　　）。

A. 输入的视在功率　　　　　　　　　　　B. 输入端有功功率

C. 产生的电磁功率　　　　　　　　　　　D. 输出的机械功率

40. 三相异步电动机负载不变而电源电压降低时，转子转速将（　　　）。

A. 增大　　　　　　　B. 减小　　　　　　　C. 不变　　　　　D. 不一定

41. 三相异步电动机的转子电阻增大时，其最大转矩（　　　）。

A. 增大　　　　　　　B. 降低　　　　　　　C. 不变　　　　　D. 不一定

42. 三相异步电动机反接制动时，其转差率为（　　　）。

A. 小于 0　　　　　　B. 等于 0　　　　　　C. 等于 1　　　　D. 大于 1

43. 交流调速控制的发展方向是（　　　）。

A. 变频调速　　　　　B. 交流晶闸管调速　　　C. 电抗器调速

44. 在三相异步电动机运行中把定子两相反接，则转子的转速会（　　　）。

A. 升高　　　　　　　　　　　　　　　　　B. 降低一直到停转

C. 下降到零后在反向旋转　　　　　　　　　D. 下降到某一稳定转速

45. 由于交叉式绕组是由各相绕组中不同节距的同心线圈连接而成，因此它主要用于
（　　　）。

A. $q = 2$ 的绕组中　　　B. $q = 3$ 的绕组中　　　C. $q = 4$ 的绕组中

46. 三相异步电动机定子绕组若为单层绕组，则实际相当于采用（　　　）。

A. 整距绕组　　　　　B. 短距绕组　　　　　C. 长距绕组

47. 由于链式绕组是由各相绕组中不同节距的同心线圈连接而成，因此它主要用于
（　　　）。

A. $q = 2$ 的绕组　　　B. $q = 3$ 的绕组　　　C. $q = 4$ 的绕组

48. 三相异步电动机在适当范围内增加转子电阻时，其最大转矩（　　　）。

A. 增大　　　　　　　B. 减小　　　　　　　C. 不变　　　　　D. 不一定

49. 三相异步电动机再生制动时，其转差率为（　　　）。

A. 小于 0　　　　　　B. 等于 0　　　　　　C. 等于 1　　　　D. 大于 1

50. 与固有机械特性相比，人为机械特性上的最大电磁转矩减小，临界转差率不变，则
该人为机械特性是异步电动机的（　　　）。

A. 定子串接电阻的人为机械特性　　　　　B. 转子串接电阻的人为机械特性

C. 降低电压的人为机械特性

51. 一台三相笼型异步电动机的数据为 $P_N = 20kW$，$U_N = 380V$，$\lambda_T = 1.15$，$K_i = 6$，定
子绕组为三角形联结。当拖动额定负载转矩起动时，电源容量为 600kW，最好的起动方法
是（　　　）。

A. 直接起动　　　　　　　　　　　　　　B. Ｙ-△减压起动

C. 串电阻减压起动　　　　　　　　　　　　D. 自耦变压器减压起动

52. 一台三相异步电动机拖动额定负载转矩起动时，若电源电压下降了15%，则电动机的电磁转矩（　　）。

A. $T_{em} = T_N$　　　　B. $T_{em} = 0.7225 T_N$　　　　C. $T_{em} = 0.85 T_N$　　　　D. $T_{em} = 0.75 T_N$

53. 电磁调速异步电动机转差离合器的电枢是由（　　）拖动的。

A. 测速发电机　　　　　　　　　　　　　　B. 工作机械

C. 三相笼型异步电动机　　　　　　　　　　D. 转差离合器的磁极

54. 三相绕线转子异步电动机拖动起重机的主钩提升重物时，电动机运行于正向电动机状态，若在转子回路串接三相对称电阻下放重物时，电动机运行状态是（　　）。

A. 能耗制动运行　　　　B. 反接回馈制动运行　　　　C. 倒拉反接运行

55. 三相异步电动机空载时，气隙磁通的大小主要取决于（　　）。

A. 电源电压　　　　　　　　　　　　　　　B. 气隙大小

C. 定、转子铁心材料　　　　　　　　　　　D. 定子绕组的漏抗

56. 三相异步电动机带位能性负载的稳定运行区域在（　　）。

A. 第一象限　　　　　　B. 第二象限　　　　　　C. 第三象限　　　　　　D. 第四象限

57. 三相异步电动机的最大电磁转矩 T_m 的大小与转子（　　）的值无关。

A. 电压　　　　　　　　B. 电流　　　　　　　　C. 电阻

58. 伺服电动机输入的是（　　）。

A. 电压信号　　　　　　B. 速度信号　　　　　　C. 脉冲信号

59. 对于同一台三相反应式步进电动机，频率特性最差的是（　　）。

A. 单三拍控制方式　　　B. 六拍控制方式　　　　C. 双三拍控制方式

60. 在交磁扩大机转速负反馈调速系统中，直流电动机转速的改变是靠（　　）。

A. 改变反馈系数　　　　　　　　　　　　　B. 改变发电机的转速

C. 改变给定电压　　　　　　　　　　　　　D. 改变绕组的匝数

61. 三相异步电动机采用丫-△减压起动时，其起动电流是全压起动时的（　　）。

A. 1/3　　　　　　　　　B. $1\sqrt{3}$　　　　　　　C. $1/\sqrt{2}$　　　　　　　D. 倍数不定

62. 变压器的最高效率发生在其负载系数为（　　）时。

A. $\beta = 0.2$　　　　　　B. $\beta = 0.6$　　　　　　C. $\beta = 1$　　　　　　D. $\beta > 1$

63. 三相异步电动机空载运时，其转差率为（　　）。

A. 0　　　　　　　　　　B. 0.004 ~ 0.007　　　　C. 0.01 ~ 0.07　　　　D. 1

64. 三相异步电动机起动转矩不够大的主要原因是（　　）。

A. 起动时电压低　　　　　　　　　　　　　B. 起动时电流不大

C. 起动时磁通小　　　　　　　　　　　　　D. 起动时功率因数低

65. 在大修后，若将摇臂升降电动机的三相电源相序接反了，则（　　），采用换相方法可以解决。

A. 电动机不转动　　　　B. 使上升和下降颠倒　　　C. 会发生短路

66. 万能铣床的操作方法是（　　）。

A. 全用按钮　　　　　　　　　　　　　　　B. 全用手柄

C. 既有按钮又有手柄　　　　　　　　　　　D. 用限位开关

67. 桥式起重机多采用（　　）拖动。

A. 直流电动机　　　　　　　　　　　B. 三相笼型异步电动机

C. 三相绕线转子异步电动机　　　　　D. 控制电机

68. 桥式起重机主钩电动机下放空钩时，电动机工作在（　　）状态。

A. 正转电动　　　　B. 反转电动　　　　C. 倒拉反接　　　　D. 再生发电

69. 双速电动机属于（　　）调速方法。

A. 变频　　　　B. 改变转差率　　　　C. 改变磁极对数　　D. 降低电压

70. 起重机上采用电磁抱闸制动是（　　）。

A. 电力制动　　　　B. 反转制动　　　　C. 能耗制动　　　　D. 机械制动

71. 变压器油闪点越高越好，一般规定不得低于（　　）℃。

A. 100　　　　B. 110　　　　C. 135　　　　D. 140

72. 少油断路器属于（　　）。

A. 高压断路器　　　B. 高压负荷开关　　C. 高压隔离开关　　D. 高压熔断器

73. 干燥油浸式电力变压器时，其绕组温度不应超过（　　）℃。

A. 110　　　　B. 100　　　　C. 95　　　　D. 80

74. 高压隔离开关在电路中的作用是（　　）电路。

A. 控制　　　　B. 隔离　　　　C. 保护　　　　D. 隔离和控制

75. 在异步电动机空载试验时，其试验时间应不小于（　　）h。

A. 0.5　　　　B. 1.0　　　　C. 2.0　　　　D. 2.5

76. 容量为800kV·A以下的电力变压器，空载电流为额定电流的（　　）。

A. 5%以下　　　B. 5~10%　　　C. 3~6%　　　D. 10%以上

77. 母线相序的色别规定，中性线为（　　）。

A. 红色　　　　B. 黄色　　　　C. 黑色　　　　D. 绿色

78. 高压设备发生接地时，为了防止跨步电压触电，室外不得接近故障点（　　）以内。

A. 3m　　　　B. 5m　　　　C. 8m　　　　D. 10m

79. 运输变压器时倾斜角不宜超过（　　）。

A. 30°　　　　B. 45°　　　　C. 15°　　　　D. 60°

80. 当变压器内部发生绝缘击穿或匝间短路时，起保护作用的是（　　）继电器。

A. 过电流　　　　B. 电压　　　　C. 热　　　　D. 气体

81. 根据供电质量要求，中小容量系统的频率偏差允许值为（　　）。

A. ±0.2Hz　　　B. ±0.5Hz　　　C. ±0.4Hz　　　D. ±1Hz

82. 避雷针是用来防止（　　）。

A. 感应雷　　　　B. 直击雷　　　　C. 雷电波　　　　D. 其他雷

83. 同频率而额定转速不同的四台电动机，其中空载电流最小的是转速为（　　）的电动机。

A. 736r/min　　　B. 980r/min　　　C. 1460r/min　　　D. 2970r/min

84. 解决晶体管放大器截止失真的方法是（　　）。

A. 增大集电极电阻　　　　　　　　　B. 增大上偏电阻

C. 减小上偏电阻　　　　　　　　　　　　　D. 减小集电极电阻

85. 单相半波晶闸管整流电路通过改变触发延迟角 α，则负载电压可在（　　）间连续可调。

A. $(0 \sim 0.45)U_2$　　　　B. $(0 \sim 0.9)U_2$　　　　C. $(0 \sim 2.34)U_2$　　D. $(0 \sim 1.1)U_2$

86. 指令 PUSH 的功能是（　　）。

A. 实现多个指令块的"或"运算　　　　　　B. 读出由 PUSH 指令存储的运算结果

C. 读出并清除由 PUSH 指令存储的运算结果　D. 存储该指令处的运算结果

87. 指令 ORS 的功能是（　　）。

A. 实现多个指令块的"或"运算　　　　　　B. 实现多个指令块的"与"运算

C. 进行逻辑"与"　　　　　　　　　　　　D. 进行逻辑"或"

88. DF 指令是（　　）指令。

A. 前沿微分　　　　B. 下降沿微分　　　　C. 上升沿微分　　　　D. 后沿微分

89. TMY 指令是（　　）的指令。

A. 以 0.01s 为单位　　B. 以 0.1s 为单位　　C. 以 1s 为单位　　D. 以 0.05s 为单位

90. 单相半桥逆变器（电压型）的直流端接有两个相互串联的（　　）。

A. 容量足够大的电容　　　　　　　　　　　B. 大电感

C. 容量足够小的电容　　　　　　　　　　　D. 小电感

91. 集成运算放大器是一种具有（　　）耦合放大器。

A. 高放大倍数的阻容　　　　　　　　　　　B. 低放大倍数的阻容

C. 高放大倍数的直接　　　　　　　　　　　D. 低放大倍数的直接

92. 在硅稳压管稳压电路中，限流电阻 R 的作用是（　　）。

A. 既限流又降压　　　B. 既限流又调压　　　C. 既降压又调压　　D. 既调压又调流

93. TTL 与非门输入端全部接高电平时，输出为（　　）。

A. 零电平　　　　　　B. 低电平　　　　　　C. 高电平　　　　　　D. 低电平或高电平

94. 或非门 RS 触发器的触发信号为（　　）。

A. 正弦波　　　　　　B. 正脉冲　　　　　　C. 锯齿波　　　　　　D. 负脉冲

95. 多谐振荡器（　　）。

A. 有一个稳态　　　　　　　　　　　　　　B. 有两个稳态

C. 没有稳态，有一个暂稳态　　　　　　　　D. 没有稳态，有两个暂稳态

96. 数码寄存器的功能主要是（　　）。

A. 产生 CP 脉冲　　　　　　　　　　　　　B. 寄存数码

C. 寄存数码和移位　　　　　　　　　　　　D. 移位

97. 最常用的显示器件是（　　）数码显示器。

A. 五段　　　　　　　B. 七段　　　　　　　C. 九段　　　　　　　D. 十一段

98. 已经触发导通的晶闸管，当阳极电流减小到低于维持电流时，晶闸管的状态是（　　）。

A. 继续维持导通　　　　　　　　　　　　　B. 转为关断

C. 只要阳极-阴极仍有正向电压，管子能继续导通　　D. 不能确定

99. 在多级放大电路的级间耦合中，低频电压放大电路主要采用（　　）耦合方式。

A. 阻容　　　　　　　B. 直接　　　　　　　C. 变压器　　　　　　D. 电感

100. 互感器线圈的极性一般根据（　　）来判定。

A. 右手定则　　　　　B. 左手定则　　　　　C. 楞次定律　　　　　D. 同名端

101. JT—1 型晶体管图示仪输出集电极电压的峰值是（　　）V。

A. 100　　　　　　　B. 200　　　　　　　C. 500　　　　　　　D. 1000

102. 示波器面板上的"辉度"是调节（　　）的电位器旋钮。

A. 控制栅极负电压　　B. 控制栅极正电压　　C. 阴极负电压　　　　D. 阳极正电压

103. 通常在使用 SBT—5 型同步示波器观察被测信号时，"X 轴选择"应置于（　　）挡。

A. 1　　　　　　　　B. 10　　　　　　　　C. 100　　　　　　　D. 扫描

104. 用 RS—8 型双踪示波器观察频率较低的信号时，触发方式开关放在（　　）位置较为有利。

A. 高频　　　　　　　B. 自动　　　　　　　C. 常态　　　　　　　D. 随意

105. 一般要求模拟放大器的输入电阻（　　）。

A. 大些好，输出电阻小些好　　　　　　　　B. 小些好，输出电阻大些好

C. 和输出电阻都大些好　　　　　　　　　　D. 和输出电阻都小些好

106. 在正弦波振荡器中，反馈电压与原输入电压之间的相位差是（　　）。

A. 0°　　　　　　　　B. 90°　　　　　　　C. 180°　　　　　　　D. 270°

107. 多谐振荡器是一种产生（　　）的电路。

A. 正弦波　　　　　　B. 锯齿波　　　　　　C. 矩形脉冲　　　　　D. 尖脉冲

108. 频敏变阻器主要用于（　　）控制。

A. 笼型转子异步电动机的起动　　　　　　　B. 绕线转子异步电动机的调整

C. 直流电动机的起动　　　　　　　　　　　D. 绕线转子异步电动机的起动

109. 低压熔断器中的电磁脱扣器承担（　　）保护作用。

A. 过流　　　　　　　B. 过载　　　　　　　C. 失电压　　　　　　D. 欠电压

110. 电路中的继电保护装置在该电路发生故障时，能迅速将故障部分切除并（　　）。

A. 自动重合闸一次　　B. 发出信号　　　　　C. 使完好部分继续运行

111. 工厂供电系统对一级负荷供电的要求是（　　）。

A. 要有两个电源供电　　　　　　　　　　　B. 必须有两个独立电源供电

C. 必须要有一台备用发电机供电　　　　　　D. 必须有两台变压器供电

112. 大容量大面积 10kV 供电系统中，其变压器中性点应（　　）。

A. 直接接地　　　　　　　　　　　　　　　B. 对地绝缘

C. 经消弧线圈接地　　　　　　　　　　　　D. 经高电阻接地

113. 对于 10kV 电网，当接地电流大于（　　）时，应采用补偿接地。

A. 5A　　　　　　　　B. 10A　　　　　　　C. 20A　　　　　　　D. 30A

114. 中性点经消弧线圈接地的运行方式，一般采用（　　）方式。

A. 过补偿　　　　　　B. 欠补偿　　　　　　C. 全补偿　　　　　　D. 任意

115. 在中性点不接地系统中，当一相故障接地时，规定可以继续运行（　　）h。

A. 0.5　　　　　　　B. 1　　　　　　　　C. 2　　　　　　　　D. 4

116. 中性点不接地系统中，当一相故障直接接地时，另外两相对地电压为原有电压的（　　）倍。

A. 1　　　　　　　　　B. $\sqrt{2}$　　　　　　　　　C. $\sqrt{3}$　　　　　　　　　D. 2

117. 在 380/220V 的三相四线制系统中，中性线截面积为相线的（　　）倍。

A. 0.5　　　　　　　　B. 1　　　　　　　　　C. 2　　　　　　　　D. 3

118. 大容量高压变压器应该选用（　　）联结。

A. Yyn0　　　　　　　B. Yd11　　　　　　　C. YNy0　　　　　　D. YNd11

119. SF6 断路器的灭弧能力是一般低压断路器灭弧能力的（　　）倍。

A. 10　　　　　　　　B. 20　　　　　　　　C. 50　　　　　　　D. 100

120. 真空断路器适合于（　　）。

A. 频繁操作，开断容性电流　　　　　　　　B. 频繁操作，开断感性电流

C. 频繁操作，开断电动机负载　　　　　　　D. 变压器的开断

121. 户外高压跌落式熔断器的代号是（　　）。

A. RW　　　　　　　　B. RN　　　　　　　　C. RM　　　　　　　D. RT

122. 变压器下列缺陷中能够由工频耐压试验考核的是（　　）。

A. 线圈匝间绝缘损伤

B. 高压线圈与高压分接导线之间绝缘薄弱

C. 高压与低压导线之间绝缘薄弱

D. 同相间绝缘薄弱

123. 1kV 以下低压系统中性点直接接地的三相四线制系统中，变压器中性点接地装置的接地电阻一般不宜大于（　　）。

A. 0.5Ω　　　　　　　B. 4Ω　　　　　　　　C. 10Ω　　　　　　　D. 30Ω

124. 变电所通常采用（　　）对直接雷击进行保护。

A. 避雷针　　　　　　B. 管型避雷器　　　　C. 阀型避雷器　　　D. 消雷器

125. 无功补偿从技术上合理的方面来讲，应该采取（　　）方式。

A. 就地补偿　　　　　B. 集中补偿　　　　　C. 分组补偿　　　　D. 车间补偿

126. 架空线路自动重合闸次数不得超过（　　）次。

A. 1　　　　　　　　　B. 2　　　　　　　　　C. 13　　　　　　　D. 4

127. 在补偿电容电路中串联一组电抗器的作用是（　　）。

A. 限制短路电流　　　　　　　　　　　　　　B. 消除谐波影响

C. 防止电容器断路　　　　　　　　　　　　　D. 抑制谐波

128. 变压器的避雷装置应该装设（　　）。

A. 管型避雷器　　　　B. 阀型避雷器　　　　C. 氧化锌避雷器　D. 消雷器

129. 变压器纵差保护的范围是（　　）。

A. 变压器过载　　　　　　　　　　　　　　　B. 变压器供电部分三相短路

C. 变压器供电部分过电压短路　　　　　　　D. 变压器相间、层间及匝间短路

130. 容量在 10000kV·A 以上的变压器必须装设（　　）。

A. 气体保护　　　　　B. 纵差保护　　　　　C. 速断保护　　　　D. 过电流保护

131. 若发现变压器的油温较平时相同负载和相同冷却条件下高出（　　）时，应考虑

变压器内部已发生故障。

    A. 5°C   B. 10°C   C. 15°C   D. 20°C

132. 户外安装且容量在（　　）kV·A 及以上的电力变压器应装设气体继电器。

    A. 400   B. 800   C. 1000   D. 7500

133. 当线路故障出现时，保护装置动作将故障切除，然后重合闸。若为稳定性故障，则立即加速保护装置动作将断路器断开，叫做（　　）。

    A. 二次重合闸保护   B. 一次重合闸保护

    C. 重合闸前加速保护   D. 重合闸后加速保护

134. 一般 35kV/10kV 变电所操作电源应采用（　　）方式。

    A. 蓄电池直流   B. 硅整流

    C. 交流   D. 装设补偿电容器的硅整流

135. 一般 10kV 中性点不接地系统电压互感器的接线方式是（　　）。

    A. 一个单相电压互感器

    B. 两个单相电压互感器 V 形，即 V/V 型

    C. 三个单相电压互感器接成 Y 形，接地，即 YN/Yn 型

    D. YNynd 型

136. 对于中小型电力变压器，投入运行后每隔（　　）要大修一次。

    A. 1 年   B. 2~4 年   C. 5~10 年   D. 15 年

137. 电子设备防外界磁场的影响一般采用（　　）材料作成磁屏蔽罩。

    A. 顺磁   B. 逆磁   C. 铁磁   D. 绝磁

138. 真空断路器灭弧室的玻璃外壳起（　　）作用。

    A. 真空密封   B. 绝缘   C. 真空密封和绝缘双重

139. 对 10kV 变配电所，选用有功电能表准确度等级为 C 级，对应配用电压和电流互感器的准确度等级为（　　）级。

    A. 0.2   B. 0.5   C. 1   D. 2

140. 国内外 PLC 各生产厂家都把（　　）作为第一用户编程语言。

    A. 梯形图   B. 指令表   C. 逻辑功能图   D. C 语言

141. 缩短基本时间的措施有（　　）。

    A. 提高工艺编程水平   B. 缩短辅助时间

    C. 减少准备时间   D. 减少休息时间

142. 变电站（所）设备接头和线夹的最高允许温度为（　　）。

    A. 85°C   B. 90°C   C. 95°C   D. 105°C

143. 高压 10kV 及以下隔离开关交流耐压试验的目的是（　　）。

    A. 可准确地测出隔离开关绝缘电阻值   B. 可准确地考验隔离开关的绝缘强度

    C. 可更有效地控制电路的分合状态   D. 使高压隔离开关操作部分更灵活

144. 运行中的 FN1—10 型高压负荷开关在检修时，使用 2500V 绝缘电阻表测得的绝缘电阻应不小于（　　）MΩ。

    A. 200   B. 300   C. 500   D. 800

145. 交磁电机扩大机的补偿绕组与（　　）。

A. 控制绕组串联　　　　B. 控制绕组并联　　　　C. 电枢绕组串联　　D. 电枢绕组并联

146. 桥式起重机上采用（　　）实现过载保护。

A. 热继电器　　　　　　B. 过电流继电器　　　　C. 熔断器　　　　　D. 低压断路器

147. X62W 型卧式万能铣床的工作台前后进给正常，但左右不能进给，其故障范围是（　　）。

A. 主电路正常、控制电路故障　　　　　　B. 控制电路正常、主电路故障

C. 主电路、控制电路均故障　　　　　　　D. 主电路、控制电路以外的均故障

148. Z35 型摇臂钻床电路中的零电压继电器的功能是（　　）。

A. 失电压保护　　　　　B. 零励磁保护　　　　　C. 短路保护　　　　D. 过载保护

149. 为了提高生产设备的功率因数，通常在电感负载的两侧（　　）。

A. 串联电容　　　　　　　　　　　　　　B. 串联电感

C. 并联适当的电容　　　　　　　　　　　D. 并联适当的电感

150. 生产作业的管理属于车间生产管理的（　　）。

A. 生产作业管理　　　　B. 生产现场管理　　　　C. 生产计划管理　　D. 物流管理

中级维修电工模拟试卷样卷

一、判断题（正确的填"√"，错误的填"×"；每题 1 分，共 20 分）

1. 处在磁场中的铁心都有涡流现象发生而使铁心发热。　　　　　　　　　　（　　）

2. 不同频率的电流流过导线时，导线所表现出来的电阻大小是不一样的。　　（　　）

3. 精密测量一般都采用比较仪器。　　　　　　　　　　　　　　　　　　　（　　）

4. 直流双臂电桥中，四个桥臂的可调电阻是单独进行调整的。　　　　　　　（　　）

5. 当调整到检流计指针指示在零位时，读得电桥上比较臂的数值就是被测电阻的值。　　　　　　　　　　　　　　　　　　　　　　　　　　　　　　　　（　　）

6. 只要示波器正常，所用电源也符合要求，通电后示波器即可投入使用。　　（　　）

7. 示波器显示的图形、波形若不稳定，应该调节仪表板面上的"整步"调节旋钮。　　　　　　　　　　　　　　　　　　　　　　　　　　　　　　　　　（　　）

8. 晶体管放大电路通常都采用双电源方式供电。　　　　　　　　　　　　　（　　）

9. 设置放大器静态工作点，可使输出信号不产生饱和失真或截止失真。　　　（　　）

10. 晶体管放大的实质是将低电压放大成高电压。　　　　　　　　　　　　　（　　）

11. OTL 功率放大电路中与负载串联的电容就是用来传输音频信号的。　　　（　　）

12. 晶闸管的门极加上触发信号后，晶闸管就导通。　　　　　　　　　　　　（　　）

13. 在晶闸管可控整流电路中，减小晶闸管的触发延迟角，输出电压的平均值将降低。　　　　　　　　　　　　　　　　　　　　　　　　　　　　　　　　（　　）

14. 变压器所带负载的功率因数越低，从空载到满载二次电压下降得越多。　　（　　）

15. 直流电动机的电枢绕组中通过的是直流电流。　　　　　　　　　　　　　（　　）

16. 变极调速只适用于笼型异步电动机。　　　　　　　　　　　　　　　　　（　　）

17. 在三相四线制供电系统中，三根相线和一根中性线上都必须安装熔断器。　（　　）

18. 对称三相负载无论做星形联结还是三角形联结，其三相有功功率的值都相同。　　　　　　　　　　　　　　　　　　　　　　　　　　　　　　　　　（　　）

19. 由于反接制动消耗能量大，不经济，所以适用于不经常起动与制动的场合。（　　）

20. 要改变他励直流电动机的旋转方向，必须同时改变电动机电枢电压的极性和励磁的极性。　　　　　　　　　　　　　　　　　　　　　　　　　　　　　　（　　）

二、选择题（将正确答案的序号填入括号内；每题1分，共80分）

1. 在多级放大电路的级间耦合中，低频电压放大电路主要采用（　　）耦合方式。

A. 阻容　　　　　　B. 直接　　　　　　C. 变压器　　　　　　D. 电感

2. 射极输出器（　　）放大能力。

A. 具有电压　　　　B. 具有电流　　　　C. 具有功率　　　　D. 不具有任何

3. 推挽功率放大电路若不设置偏置电路，输出信号将会出现（　　）。

A. 饱和失真　　　　B. 截止失真　　　　C. 线性失真　　　　D. 交越失真

4. 电路能形成自激振荡的主要原因是在电路中（　　）。

A. 引入负反馈　　　B. 引入了正反馈　　C. 电感线圈起作用　　D. 供电电压正常

5. 在需要较低频率的振荡信号时，一般都采用（　　）振荡电路。

A. LC　　　　　　B. RC　　　　　　C. 石英晶体　　　　D. 变压器

6. 当晶闸管导通后，可依靠管子本身的（　　）作用维持其导通状态。

A. 放大　　　　　　B. 正反馈　　　　　C. 负反馈　　　　　D. 开关

7. 当单结晶体管的发射极电压高于（　　）电压时，单结晶体管就导通。

A. 额定　　　　　　B. 峰点　　　　　　C. 谷点　　　　　　D. 安全

8. 晶体管作开关使用时，通常都采用（　　）接法。

A. 共发射极　　　　B. 共基极　　　　　C. 共集电极

9. 测定变压器的电压比应该在变压器处于（　　）的情况下进行。

A. 短路状态　　　　B. 轻载状态　　　　C. 满载状态　　　　D. 空载状态

10. 变压器的最高效率发生在其负载系数为（　　）时。

A. $\beta = 0.2$　　　B. $\beta = 0.6$　　　C. $\beta = 1$　　　D. $\beta > 1$

11. 三相异步电动机空载运行时，其转差率为（　　）。

A. 0　　　　　　　B. 1　　　　　　　C. 0.01 ~ 0.07　　D. 0.004 ~ 0.007

12. 大型及复杂设备的调速方法较多采用（　　）。

A. 电气调速　　　　　　　　　　　　B. 机械调速

C. 电气与机械调速相结合的调速　　　D. 液压调速

13. 直流电动机的过载保护就是电动机的（　　）。

A. 过电压保护　　　B. 过电流保护　　　C. 超速保护　　　D. 短路保护

14. 修理变压器时，若保持额定电压不变，而一次绕组匝数比原来少了一些，则变压器的空载电流与原来相比（　　）。

A. 减小一些　　　　B. 增大一些　　　　C. 小于　　　　　　D. 不变

15. 钻床采用十字开关操作的优点是（　　）。

A. 节省按钮　　　　B. 操作方便　　　　C. 不误动作　　　　D. 省电

16. 万能铣床的操作方法是（　　）。

A. 全用按钮　　　　B. 全用手柄　　　　C. 既有按钮又有手柄　　D. 用限位开关

17. X62W型卧式万能铣床工作台进给必须在主轴起动后才允许，是为了（　　）。

A. 电路安装的需要　　B. 加工工艺的需要　　C. 安全的需要　　　　D. 工作方便

18. T68 型镗床主轴电动机点动时，M1 定子绕组接成（　　）。

A. 星形　　　　　　　　B. 三角形　　　　　　C. 双星形　　　　　　D. 双三角形

19. 桥式起重机多采用（　　）拖动。

A. 直流电动机　　　　　　　　　　　　　B. 三相笼型电动机

C. 三相绕线转子异步电动机　　　　　　　D. 控制电机

20. 桥式起重机主钩电动机下放空钩时，电动机工作在（　　）状态。

A. 正转电动　　　　　　B. 反转电动　　　　　C. 倒拉反接　　　　　D. 再生发电

21. 在交磁扩大机转速负反馈系统中，直流电动机转速的改变是靠（　　）。

A. 改变反馈系数　　　　　　　　　　　　B. 改变发电机的转速

C. 改变给定电压　　　　　　　　　　　　D. 改变绕组匝数

22. 变压器的铁心通常采用（　　）材料制作。

A. 抗磁化　　　　　　　B. 硬磁化　　　　　　C. 软磁化　　　　　　D. 硬磁化的铁氧体

23. 绕制小型变压器时，对铁心绝缘及绕组间的绝缘，按对地电压的（　　）倍来选用。

A. 1.5　　　　　　　　B. 2　　　　　　　　C. 3　　　　　　　　D. 4

24. 三相异步电动机反接制动时，采用对称电阻接法，可以在限制制动转矩的同时也限制（　　）。

A. 制动电流　　　　　　B. 起动电流　　　　　C. 制动电压　　　　　D. 起动电压

25. 三相异步电动机温升过高或冒烟，可能原因是（　　）。

A. 三相异步电动机断相运行　　　　　　　B. 转子不平衡

C. 定子与绕组相擦　　　　　　　　　　　D. 绕组受潮

26. 交流伺服电动机的转子通常做成（　　）式。

A. 罩极　　　　　　　　B. 凸极　　　　　　　C. 线绕　　　　　　　D. 鼠笼

27. 频敏变阻器主要用于（　　）控制。

A. 笼型转子异步电动机的起动　　　　　　B. 绕线转子异步电动机的调整

C. 直流电动机的起动　　　　　　　　　　D. 绕线转子异步电动机的起动

28. 低压断路器中的电磁脱扣器承担保护（　　）的作用。

A. 过电流　　　　　　　B. 过载　　　　　　　C. 失电压　　　　　　D. 欠电压

29. 电路中的继电保护装置在该电路发生故障时，能迅速将故障部分切除并（　　）。

A. 自动重合闸一次　　　B. 发出信号　　　　　C. 使完好部分继续运行

30. 电子设备防外界磁场的影响一般采用（　　）材料作成磁屏蔽罩。

A. 顺磁　　　　　　　　B. 逆磁　　　　　　　C. 铁磁　　　　　　　D. 绝磁

31. 工厂供电系统对一级负荷供电的要求是（　　）。

A. 要有两个电源　　　　　　　　　　　　B. 必须要有两个独立电源

C. 必须要有一台备用发电机　　　　　　　D. 必须要有两台变压器供电

32. 对于中小型电力变压器，投入运行后每隔（　　）要大修一次。

A. 1 年　　　　　　　　B. 2 ~ 4 年　　　　　C. 5 ~ 10 年　　　　　D. 15 年

33. 三相异步电动机拖动恒转矩负载进行变极调速时，应采用的连接方式为（　　）。

A. Y-YY　　　　　　　B. △-YY　　　　　　C. 顺串Y-顺串Y

34. 三相异步电动机的空载电流比同容量变压器大的原因是（　　　）。

A. 异步电动机是旋转的　　　　　　　　B. 异步电动机的损耗大

C. 异步电动机有气隙　　　　　　　　　D. 异步电动机的漏抗

35. 三相异步电动机空载时的气隙磁通的大小主要取决于（　　　）。

A. 电源电压　　　　　　　　　　　　　B. 气隙大小

C. 定、转子铁心材料　　　　　　　　　D. 定子绕组的漏抗

36. 三相异步电动机的额度功率是指（　　　）。

A. 输入的视在功率　　　　　　　　　　B. 输入的有功功率

C. 产生的电磁功率　　　　　　　　　　D. 输出的机械功率

37. 直流电动机采用降低电源电压的方法起动，其目的是（　　　）。

A. 为了使起动过程平稳　　　　　　　　B. 为了减小起动电流

C. 为了减小起动转矩

38. 当电动机的电枢回路铜耗比电磁功率或机械功率都大时，电动机处于（　　　）。

A. 能耗制动状态　　　　B. 反接制动状态　　　　C. 回馈制动状态

39. 他励直流电动机拖动恒转矩负载进行串级调速，设调速前、后的电枢电流分别为 I_1 和 I_2，那么（　　　）。

A. $I_1 < I_2$　　　　　　B. $I_1 = I_2$　　　　　　C. $I_1 > I_2$

40. 直流电动机的电刷在几何中心线上，如果磁路不饱和，这时电枢反应是（　　　）。

A. 退磁　　　　　　　B. 助磁　　　　　　　C. 不退磁也不助磁

41. Ｙ-△减压起动时，起动电流和起动转矩为直接起动时的（　　　）。

A. 1/3 倍　　　　　　　B. 1/2 倍　　　　　　C. 1/6 倍

42. 三相异步电动机进行能耗制动时，直流励磁电流越大，则（　　　）。

A. 初始制动转矩越大　　　　　　　　　B. 初始制动转矩越小

C. 初始制动转矩不变

43. 直流电动机要实现反转，需要对调电枢电源的极性，其励磁电源的极性（　　　）。

A. 保持不变　　　　　　B. 同时对调　　　　　　C. 变与不变均可

44. 在（　　　）中，由于电枢电源极小，换向较容易，同时都不设换向极。

A. 串励直流电动机　　　B. 直流测速发电机　　　C. 直流伺服电动机　　　D. 交磁电机扩大机

45. 通态平均电压值是衡量晶闸管质量好坏的指标之一，其值（　　　）。

A. 越大越好　　　　　　B. 越小越好　　　　　　C. 适中为好

46. 真空断路器的触头常采用（　　　）。

A. 桥式触头　　　　　　B. 指形触头　　　　　　C. 瓣形触头　　　　　　D. 对接式触头

47. 真空断路器灭弧室的玻璃外壳起（　　　）作用。

A. 真空密封　　　　　　B. 绝缘　　　　　　　　C. 真空密封和绝缘双重

48. 交流电弧焊机实际上就是一种特殊的降压变压器，同普通变压器比较主要有以下特点：陡降特性、良好的动特性、（　　　）及输出电流可调。

A. 容量大　　　　　　　B. 输出电流大　　　　　C. 电压比高　　　　　　D. 允许短时间短路

49. JT—1 型晶体管图示仪输出集电极电压的峰值是（　　　）V。

A. 100　　　　　　　　　B. 200　　　　　　　　　C. 500　　　　　　　　　D. 1000

50. 示波器面板上的"辉度"是调节（　　　）的电位器旋钮。

A. 控制栅极负电压　　　B. 控制栅极正电压　　C. 阴极负电压　　　　　　D. 阴极正电压

51. 对于同一台三相反应式步进电动机，频率特性最好的是（　　　）。

A. 单三拍控制方式　　　B. 六拍控制方式　　　C. 双三拍控制方式

52. 用符号或带注释的框概略地表示系统、分系统、成套装置或设备的基本组成、相互关系及主要特征的一种简图称为（　　　）。

A. 电路图　　　　　　　B. 装配图　　　　　　C. 位置图　　　　　　　D. 系统图

53. 变压器的基本工作原理是（　　　）。

A. 电磁感应　　　　　　B. 电流的热效应　　　C. 电流的磁效应　　　　D. 能量平衡

54. 解决晶体管放大器截止失真的方法是（　　　）。

A. 增大集电极电阻　　　B. 增大上偏电阻　　　C. 减小上偏电阻　　　　D. 减小集电极电阻

55. 单相半波晶闸管整流电路通过改变触发角 α，则负载电压可在（　　　）间连续可调。

A. $(0 \sim 0.45)U_2$　　B. $(0 \sim 0.9)U_2$　　C. $(0 \sim 2.34)U_2$　　D. $(0 \sim 1.1)U_2$

56. PUSH 指令的功能是（　　　）。

A. 实现多个指令块的"或"运算　　　　　B. 读出由 PUSH 指令存储的运算结果

C. 读出并清除由 PUSH 指令存储的运算结果　　D. 存储该指令的运算结果

57. 电工指示仪表的准确度等级通常分为七级，它们分别是0.1级、0.2级、0.5级和（　　　）等。

A. 0.6级　　　　　　　B. 0.8级　　　　　　C. 1.0级　　　　　　　D. 0.9级

58. 单相半桥逆变器（电压型）的直流端接有两个相互串联的（　　　）。

A. 容量足够大的电容　　B. 大电感　　　　　　C. 容量足够小的电容　　D. 小电感

59. 集成运算放大器是一种具有（　　　）的放大器。

A. 高放大倍数的阻容　　　　　　　　　　　B. 低放大倍数的阻容

C. 高放大倍数的直接　　　　　　　　　　　D. 低放大倍数的直接

60. 伺服电动机的输入信号是（　　　）。

A. 电压信号　　　　　　B. 速度信号　　　　　C. 脉冲信号

61. 三相异步电动机拖动恒转矩负载进行变频调速时，为了保证过载能力和主磁通不变，则 U_1 应随 f_1 按（　　　）。

A. 正比例规律调节　　　B. 反比例规律调节　　C. 正弦规律调节

62 拖动恒转矩负载的三相异步电动机，为了保证电动机都能稳定运行，其转差率 s 应在（　　　）。

A. $s < s_m$　　　　　　B. $s > 0$　　　　　　C. $0 < s < s_m$

63. 对于绕线转子三相异步电动机，如果电源电压一定，转子回路电阻适当增大，则起动转矩增大，最大转矩（　　　）。

A. 增大　　　　　　　　B. 减小　　　　　　　C. 不变

64. 一台他励直流电动机采用降压调速后，电动机的转速（　　　）。

A. 升高　　　　　　　　B. 降低　　　　　　　C. 不变

65. 交流伺服电动机三种控制方式中特性最好的是（　　　）。

A. 幅值控制　　　　　　B. 相位控制　　　　　C. 幅相控制

66. 电气设备的巡视一般均由（　　）进行。

A. 1 人　　　　　B. 2 人　　　　　C. 3 人　　　　　D. 4 人

67. 指令 ORS 的功能是（　　）。

A. 实现多个指令块的"或"运算　　　　　B. 实现多个指令块的"与"运算

C. 进行逻辑"与"运算　　　　　D. 进行逻辑"或"运算

68. 当电源容量一定时，功率因数值越大，说明电路中用电设备的（　　）。

A. 无功功率大　　　B. 有功功率大　　　C. 有功功率小　　　D. 视在功率大

69. 晶体管输出特性曲线放大区中，平行线的间隔可直接反映出晶体管（　　）的大小。

A. 基极电流　　　B. 集电极电流　　　C. 电流放大倍数　　　D. 电压放大倍数

70. 推挽功率放大电路若不设置偏置电路，输出信号将会出现（　　）。

A. 饱和失真　　　B. 截止失真　　　C. 交越失真　　　D. 线性失真

71. 用普通示波器观测波形，若荧光屏显示由左到右不断移动的不稳定波形，应当调整
（　　）旋钮。

A. X 位移　　　B. 扫描范围　　　C. 整步增幅　　　D. 同步选择

72. 在 RL 串联电路中，下列计算功率因数的公式中错误的是（　　）。

A. $\cos\varphi = \dfrac{U_R}{U}$　　　　B. $\cos\varphi = \dfrac{P}{S}$　　　　C. $\cos\varphi = \dfrac{R}{Z}$　　　　D. $\cos\varphi = \dfrac{S}{P}$

73. 电桥所用的电池电压若超过电桥说明书上要求的规定值时，可能造成电桥的
（　　）。

A. 灵敏度上升　　　B. 灵敏度下降　　　C. 桥臂电阻损坏　　　D. 检流计被击穿

74. 为了降低铁心中的（　　），叠片间要相互绝缘。

A. 涡流损耗　　　B. 空载损耗　　　C. 短路损耗　　　D. 无功损耗

75. 变压器器身测试应在器身温度为（　　）以上时才能进行。

A. 0℃　　　　　B. 10℃　　　　　C. 25℃　　　　　D. 35℃

76. SB3 型三相步进电动机，定子磁极对数 $p=3$，转子齿数 $Z=40$，采用三相六拍通电
方式，此时步距角 $\theta = $（　　）。

A. 3°　　　　　B. 1.5°　　　　　C. 1°　　　　　D. 0.5°

77. 槽满率是衡量导体在槽内填充程度的重要指标，三相异步电动机定子槽满率一般应
控制在（　　）较好。

A. 大于 0.7　　　B. 小于 0.8　　　C. 小于 0.7　　　D. 小于 0.6

78. 直流电动机换向器片间云母板一般采用含胶量少、密度高且厚度均匀的（　　），
也称换向器云母板。

A. 柔软云母板　　　B. 塑型云母板　　　C. 硬质云母板　　　D. 衬垫云母板

79. 三相异步电动机能耗制动是利用（　　）相配合完成的。

A. 直流电源和转子回路电阻　　　　　B. 交流电源和转子回路电阻

C. 直流电源和定子回路电阻　　　　　D. 交流电源和定子回路电阻

80. 伺服电动机的拆装要极其小心，因为它的（　　）往往有测速发电机、旋转变压器
（或脉冲编码器）等。

A. 电动机端部　　　B. 前轴伸端　　　C. 后轴伸端　　　D. 电动机尾部

参 考 文 献

[1] 许晓峰. 电机及拖动[M]. 北京：高等教育出版社，2004.

[2] 连赛英. 机床电气控制技术[M]. 北京：机械工业出版社，2002.

[3] 郁汉琪. 机床电气控制技术[M]. 北京：高等教育出版社，2006.

[4] 徐建俊. 电机与电气控制项目教程[M]. 北京：机械工业出版社，2008.

[5] 何焕山. 工厂电气控制设备[M]. 北京：高等教育出版社，2004.

[6] 马来焕. 机床电气控制技术[M]. 西安：陕西人民教育出版社，2007.

[7] 马玉春. 电机与电气控制[M]. 北京：北京交通大学出版社，2010.

[8] 许晓峰. 中级维修电工[M]. 北京：高等教育出版社，2004.

[9] 许廖. 工厂电气控制设备[M]. 北京：机械工业出版社，1991.

[10] 徐虎. 电机及拖动基础[M]. 北京：机械工业出版社，2002.